ABITUR-TRAINING

Biologie 2

Evolution
Angewandte Genetik
Reproduktionsbiologie

Werner Bils

STARK

Autor:
Dr. Werner Bils hat die Kenntnisse und didaktische Erfahrung, die den beiden Bänden des „Abitur-Trainings Biologie" zugrunde liegen, vor allem durch seine Tätigkeit als Lehrer an Gymnasien, als Fachberater für das Fach Biologie am Regierungspräsidium Tübingen und als Fachleiter in der Ausbildung von Referendaren erworben. Zur Zeit ist er als Lehrbeauftragter für die Didaktik der Biologie an der Universität Tübingen sowie als Schulbuchautor tätig. Schwerpunkte seiner Arbeit sind die erklärende Darstellung biologischer Sachverhalte sowie die Erstellung von Aufgaben für die Kontrolle des Lernerfolgs.

Bildnachweis
Umschlagbild: http://en.wikipedia.org/wiki/File:Astropecten_lorioli.jpg; Autor: Didier Descouens; lizenziert unter der Creative Commons Attribution-Share Alike 3.0 Unported, 2.5 Generic, 2.0 Generic und 1.0 Generic Lizenz

ISBN 978-3-86668-563-5

Inhalt

Fortsetzung nächste Seite

Autor: Dr. Werner Bils

Vorwort

Liebe Schülerin, lieber Schüler,

der in Baden-Württemberg geltende **Bildungsplan** stellt einige Anforderungen an den Biologieunterricht der Kursstufe, die für Sie wichtig sind. Es geht vor allem um den **Erwerb von Kompetenzen**, die anhand von konkreten Inhalten vermittelt werden. Zudem soll der Unterricht über die Orientierung an Fakten hinaus auch erklärenden Charakter haben, sich an grundlegenden **biologischen Prinzipien** orientieren sowie Kenntnisse und Methoden anderer naturwissenschaftlicher Fächer einbeziehen.

Diese Ausrichtung des Bildungsplans ist anspruchsvoll, denn es wird erwartet, dass Sie Kenntnisse und fachliche Fähigkeiten, aber auch allgemeine Kompetenzen eigenverantwortlich erlernen oder üben. Die beiden Trainingsbücher Biologie 1 und Biologie 2 (Verlagsnr. 847018 und 847028) helfen Ihnen, sich selbstständig auf den **Unterricht**, auf **Klausuren** und auf die **Abiturprüfung** vorzubereiten.

Die beiden Bände behandeln **alle im Bildungsplan erwähnten Themen** und berücksichtigen die übergeordneten **biologischen Prinzipien**.
Inhalte, die über die Anforderungen des zweistündigen Fachs hinausgehen, sind durch einen **farbigen Balken** am Seitenrand gekennzeichnet.

Die **Texte und Abbildungen** sind **leicht verständlich** gestaltet. In der Regel werden sie durch deutlich markierte, ausführliche **Beispiele** anschaulich gemacht und vertieft. Im Anschluss an jedes Kapitel werden die **wichtigsten Fakten** noch einmal in Kurzform **zusammengefasst**. Diese Übersichten dienen als Gedächtnisanker. Sie helfen Ihnen dabei, neue Fakten leichter zu erlernen und sicher zu behalten.

Eine besondere Bedeutung kommt den **Übungsaufgaben** zu. Sie decken alle Inhalte des jeweils vorangehenden Kapitels ab. Die **themenübergreifende Ausrichtung** einiger Aufgaben zeigt die **enge Vernetzung** der verschiedenen **Teildisziplinen** der Biologie und soll zum Verständnis übergeordneter Gesetzmäßigkeiten beitragen.

Fortsetzung nächste Seite

Die Art der Aufgabenstellung bereitet Sie auf die schriftliche Abiturprüfung in Baden-Württemberg vor. Mithilfe der Aufgaben überprüfen Sie nicht nur, ob Sie in der Lage sind, die erforderlichen **Kenntnisse wiederzugeben**, sondern auch, ob Sie ihr **Wissen anwenden** können. Häufig werden Sie daher in den Aufgaben und in den ausführlichen Lösungen eine andere Betrachtungsweise, andere Beispiele und andere Formulierungen als im erklärenden Text finden. Zusätzlich sollen die Aufgaben Sie dabei unterstützen, eigenverantwortlich Ihren **Kenntnisstand festzustellen**. Dadurch trainieren Sie die von Ihnen geforderte Kompetenz zur Selbstdiagnose im Bereich von **Reproduktion, Reorganisation und Transfer**.

Zur **Vorbereitung auf die schriftliche Abiturprüfung** oder auf **Klausuren** empfehle ich Ihnen, Ihre Kenntnisse mithilfe des erklärenden Textes aufzufrischen, um sie danach anhand der Aufgaben zu prüfen. Es ist aber auch möglich, zunächst die Aufgaben zu lösen, und erst bei aufkommenden Schwierigkeiten die einführenden Texte zurate zu ziehen.

Für Ihre Prüfungen wünsche ich Ihnen viel Erfolg.

Ihr

Dr. Werner Bils

Dr. Werner Bils

Hinweis: Die in diesem Buch angegebenen Verweise auf weitere relevante Textstellen sowie das Stichwortverzeichnis beziehen sich gleichzeitig auf den Band **Biologie 1**, Verlags-Nr. 847018. Die Fundstellen werden daher durch die vor der Seitenzahl in Klammern aufgeführten Ziffern 1 (für Biologie 1) bzw. 2 (für Biologie 2) gekennzeichnet.

Evolution

Wandelnde Blätter sind Gespenstschrecken, die im asiatischen Raum verbreitet sind. Sie ernähren sich von Laubblättern und tarnen sich durch Mimese vor ihren Fressfeinden. Bei dieser Evolutionsstrategie ahmen die Insekten das Blattwerk ihres Lebensraums in Farbe, Gestalt und Bewegung perfekt nach und verschmelzen so optisch mit der Umwelt.

1 Vielfalt und systematische Ordnung der Organismen

Seit der Antike versucht der Mensch, Ordnung in die ungeheure Vielfalt der Organismen zu bringen. Zunächst entstanden dabei künstliche, katalogartige Ordnungssysteme. Heute bemüht man sich um ein **natürliches System**. Grundlage dieser Ordnung sind die **Verwandtschaftsbeziehungen** zwischen den Organismen.

1.1 Die Art als Grundeinheit des natürlichen Systems

Die kleinste systematische Einheit im natürlichen System der Organismen ist die **Art**. Der **biologische Artbegriff** besagt, dass sich die Individuen einer Art nicht mit Angehörigen einer anderen Art kreuzen können, dass die verschiedenen Arten also bezogen auf die Fortpflanzung (reproduktiv) voneinander isoliert sind. Er berücksichtigt ausschließlich natürliche Bedingungen. Individuen, die sich nur in Gefangenschaft oder durch künstliche Befruchtung bzw. Bestäubung, Zellvermehrung o. Ä. fortpflanzen, gehören nicht zur gleichen Art. Nachkommen von Individuen derselben Art müssen ihrerseits fruchtbar sein, d. h. sie müssen miteinander Nachkommen hervorbringen können.

Beispiel

Zuweilen paaren sich Individuen zwar erfolgreich, haben aber sterile Nachkommen. So gehen z. B. aus einer Kreuzung zwischen Pferd und Esel das Maultier bzw. der Maulesel hervor. Diese Tiere können sich aber nicht fortpflanzen, Pferd und Esel sind demnach unterschiedliche Arten.

Biologischer Artbegriff: Alle Individuen, die unter natürlichen Bedingungen **fruchtbare Nachkommen** erzeugen können, gehören einer **Art** an.

Binäre Nomenklatur

Die heute international gültige Form der Benennung von Arten geht auf den schwedischen Botaniker Carl von LINNÉ zurück. Er hat Mitte des 18. Jahrhunderts als Erster jeder ihm bekannten Tier- und Pflanzenart einen „Doppelnamen" gegeben und damit die **binäre Nomenklatur** eingeführt. Der erste Teil des Namens gibt die **Gattung** an, der zweite die **Art**. Gattungsnamen beginnen immer mit Großbuchstaben, Artnamen werden kleingeschrieben. Großbuchstaben hinter den Doppelnamen verweisen auf den Autor, der die Art benannt und beschrieben hat. „L." steht z. B. für Carl von LINNÉ.

Beispiel

Corvus corax L. = Kolkrabe
Corvus corone L. = Aaskrähe
Pyrrhocorax pyrrhocorax L. = Alpenkrähe
Pyrrhocorax graculus L. = Alpendohle
Der Kolkrabe und die Aaskrähe gehören demnach zur gleichen Gattung *Corvus*. Die Alpendohle und die Alpenkrähe werden in einer anderen Gattung, der *Pyrrhocorax* zusammengefasst.

Ein wissenschaftlicher Artname besteht aus **zwei Teilen**. Der erste gibt die **Gattung** an, der zweite die **Art**.

Unterarten

Innerhalb von Arten können Gruppen auftreten, die sich in ihrem Aussehen, Verhalten oder ähnlichen Merkmalen unterscheiden. Sie werden als **Unterarten**, bei Tieren als **Rassen**, bei Pflanzen häufig als **Sorten**, bezeichnet und erhalten eine dritte Bezeichnung

Beispiel

Corvus corone corone (Rabenkrähe) und *Corvus corone sardonis* (Nebelkrähe) sind Rassen derselben Art *Corvus corone* (Aaskrähe).

1.2 Hierarchische Gliederung der Organismen

Vereinfachte Gliederung in fünf Reiche

Am weitesten oben in der Hierarchie stehen die **Reiche**. Sie bilden die umfassendsten Gruppen. Heute werden die auf der Erde lebenden Organismen in die folgenden fünf Reiche eingeteilt:

- Pflanzen
- Tiere
- Pilze
- Bakterien
- Einzeller (pflanzlich, tierisch) mit Zellkern

Nach dem Bau ihrer Zellen können die Organismen in einen Stammbaum eingeordnet werden, der die Nähe ihrer Verwandtschaftsverhältnisse angibt. Diese Anordnung wird als **„natürliches System“** bezeichnet. Pflanzen, Tiere, Pilze und Einzeller bilden gemeinsam die Großgruppe der **Eukaryoten**. Ihre Zellen besitzen einen Zellkern. Die Bakterien sind die **Prokaryoten**. Sie bestehen aus einer Zelle **ohne** Zellkern (siehe S. (1) 2).

Systematische Kategorien

Von den Arten ausgehend stellt man Gruppen zusammen, die in hierarchischer Ordnung immer umfassender werden. Arten werden zu Gattungen zusammengefasst, Gattungen zu Familien. Mehrere Familien bilden eine Ordnung, mehrere Ordnungen eine Klasse. Weiter übergeordnet sind die Stämme und die Reiche.

Beispiele

Systematische Einordnung des Wolfes und der Heckenrose (Hundsrose):

	Wolf	Heckenrose
Reich	**Tiere** (z. B. Chordatiere, Weichtiere, Ringelwürmer, Gliederfüßer)	**Pflanzen** (z. B. Samenpflanzen, Moose, Farne)
Stamm	**Chordatiere** (z. B. Wirbeltiere, Manteltiere)	**Samenpflanzen** (z. B. Bedecktsamer, Nacktsamer)
Unterstamm	**Wirbeltiere** (umfasst: Säuger, Vögel, Reptilien, Amphibien, Fische)	**Bedecktsamer** (umfasst: Zweikeimblättrige und Einkeimblättrige)
Klasse	**Säuger** (z. B. Raubtiere, Insektenfresser, Primaten, Nagetiere, Huftiere, Wale)	**Zweikeimblättrige** (z. B. Rosenartige, Hülsenfrüchte, Doldenblütler, Buchengewächse, Hahnenfußgewächse)
Ordnung	**Raubtiere** (z. B. Hunde, Bären, Marder, Katzen, Hyänen, Robben)	**Rosenartige** (z. B. Rosengewächse, Dickblattgewächse, Steinbrechgewächse)
Familie	**Hunde** (z. B. Canis, Füchse, Wüstenfüchse)	**Rosengewächse** (z. B. Rosa, Fingerkraut, Brombeere, Weißdorn, Apfelbaum, Kirschbaum, Erdbeere)
Gattung	**Canis** (umfasst: *Canis lupus*, *Canis familiaris* [Haushund], *Canis aureus* [Goldschakal], *Canis latrans* [Kojote])	**Rosa** (z. B. *Rosa canina*, *Rosa arvensis*)
Art	***Canis lupus*** – Wolf	***Rosa canina*** – Hundsrose, Heckenrose

Tab. 1: Die systematischen Kategorien, in die sich der Wolf bzw. die Heckenrose einordnen lassen.

Stammesgeschichtliche (phylogenetische) Systematik

Das Ziel der heutigen Forschung im Bereich der Systematik ist, die Lebewesen nach dem **Grad ihrer Verwandtschaft** zu ordnen. Natürliche Verwandtschaftsverhältnisse werden in sogenannten **Kladogrammen** dargestellt, in dem nur Abstammungsgemeinschaften als **Gruppen** (Taxa) auftreten. Alle Mitglieder einer Gruppe (Taxon) lassen sich auf eine gemeinsame Stammart zurückführen, die sich an den jeweiligen Gabelungen des Kladogramms in zwei oder mehr Arten gespalten hat. In der Abb. 1 ist dies für die **Wirbeltiere** beispielhaft gezeigt.

Beispiel

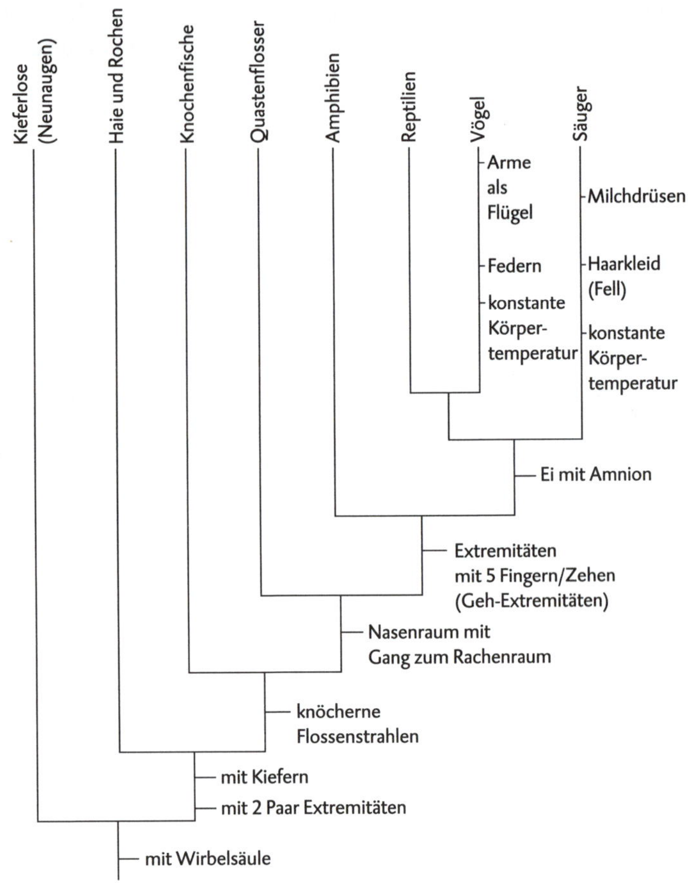

Abb. 1: Kladogramm der Wirbeltiere.
(Flossenstrahlen: Versteifende Elemente in den Flossen; bei Neunaugen, Haien und Rochen sind sie knorpelig, bei allen übrigen Fischen knöchern. Amnion: Haut, die den Embryo umgibt und einen mit Flüssigkeit gefüllten Hohlraum bildet; dadurch ist die Entwicklung an Land möglich.)

- In ein Kladogramm werden nur abgeleitete Merkmale **(Apomorphien)** eingetragen. Darunter versteht man Merkmale, die ausschließlich bei dem gemeinsamen Vorfahr einer Gruppe entstanden sind und daher lediglich bei den Mitgliedern der betrachteten Gruppe auftreten. Sogenannte ursprüngliche **(plesiomorphe)** Merkmale entstanden dagegen schon früher in der Stammesgeschichte und blieben in verschiedenen Gruppen erhalten.
- **Stammarten** stehen jeweils an den Gabelpunkten des Stammbaums. Sie sind meistens nicht bekannt, da sie fossil nicht überliefert sind.
- Auf dem Ast, der in Abb. 1 (siehe S. (2) 5) zu den heute lebenden Säugern führt, stehen Tiere, die als neue Merkmale Milchdrüsen und ein Haarkleid besaßen. Dies sind zwei Beispiele für **abgeleitete** Merkmale. Allen Säugern sind daher diese Merkmale gemeinsam, bei anderen Gruppen sind sie nicht zu finden.
- Eine Besonderheit bildet in Abb. 1 (siehe S. (2) 5) das Merkmal „konstante Körpertemperatur". Es lässt sich nachweisen, dass die Fähigkeit, die Körpertemperatur gleichmäßig zu halten, in der Stammesgeschichte der Wirbeltiere **zweimal unabhängig voneinander** entstanden ist – bei den Vorfahren aller Säuger und ein zweites Mal bei den Vorfahren aller Vögel (siehe Konvergenz, S. (2) 17 ff.).
- Die Verwandtschaftsverhältnisse in der Gruppe der Reptilien und Vögel sind sehr stark vereinfacht dargestellt. Bei konsequenter Orientierung an abgeleiteten Merkmalen sind die Krokodile näher mit den Vögeln verwandt als mit den Eidechsen und Schlangen. Die Gruppe der Reptilien, zu der traditionsgemäß auch die Krokodile gezählt werden, ist also, anders als in der Abbildung angegeben, keine natürliche Verwandtschaftsgruppe.

Ob eine Gruppe einen nur ihr gemeinsamen Vorfahren hat, lässt sich anhand bestimmter **homologer Merkmale** (siehe S. (2) 17 ff.) erkennen. Dabei betrachtet man ausschließlich abgeleitete Merkmale. Ursprüngliche (plesiomorphe) Merkmale, die in verschiedenen Gruppen erhalten geblieben sind, können bei der konsequenten Gruppierung nach dem Verwandtschaftsgrad nicht als Kriterium herangezogen werden.

Beispiele

Der Bau der menschlichen Hand mit ihren fünf Fingern gleicht stark der Hand der Reptilien. Das ursprüngliche Merkmal „Fünffingrigkeit“ ist beim Menschen im Laufe der Stammesgeschichte erhalten geblieben. Bei vielen anderen Säugern dagegen, z. B. bei Rindern oder Pferden, ist dieses Merkmal umgebildet worden. Die Fünffingrigkeit ist demnach ein plesiomorphes Merkmal. Die Schlussfolgerung, der Mensch sei aufgrund der Fünffingrigkeit näher mit den Reptilien verwandt als mit dem Rind oder dem Pferd, ist also falsch.

Der Mensch lässt sich in die Verwandtschaftsgruppe der Primaten einordnen, zu der auch die Affen gehören. Beim Menschen kann der Daumen so positioniert werden, dass er den übrigen Fingern und der Handfläche gegenübersteht. Man spricht von der Opponierbarkeit des Daumens. Ein opponierbarer Daumen findet sich außer beim Menschen nur in der Gruppe der Altweltaffen (Affen Europas, Asiens und Afrikas), nicht jedoch bei den Neuweltaffen (Affen Südamerikas). Auch bei den Fossilien der mutmaßlichen Vorfahren der Primaten ist der Daumen nicht opponierbar. Sehr wahrscheinlich ist der nicht opponierbare Daumen ein plesiomorphes (ursprüngliches) Merkmal, der opponierbare Daumen ein apomorphes (abgeleitetes) Merkmal, das bei den gemeinsamen Vorfahren des Menschen und der Altweltaffen entstanden ist. Die Apomorphie „opponierbarer Daumen“ kann daher als Argument dafür verwendet werden, dass die Altweltaffen und die Menschen näher miteinander verwandt sind als jeder der beiden mit der Gruppe der Neuweltaffen. Altweltaffen und Menschen stellen zusammen genommen eine systematische Gruppe dar, die durch natürliche Verwandtschaft begründet werden kann.

Ein Kladogramm zeigt lediglich die im Laufe der Stammesgeschichte aufgetretene **Abfolge** der Verzweigungen, nicht aber das **Ausmaß** der Verschiedenheit im Körperbau, Verhalten oder anderen Merkmalen.

Ein **Kladogramm** ist eine grafische Darstellung des natürlichen Systems. Es zeigt die Verwandtschaftsbeziehungen zwischen systematischen Gruppen in einem Stammbaum.

Zusammenfassung

- Im **natürlichen System** sind die heute auf der Erde lebenden Organismen entsprechend ihrer **Verwandtschaftsverhältnisse** in hierarchisch geordneten Gruppen eingeteilt.
- Carl von LINNÉ führte die heute gültige, **binäre Nomenklatur** einer Art ein. Eine Artbezeichnung besteht aus zwei Begriffen.
- Individuen verschiedener Arten können sich miteinander nicht fruchtbar fortpflanzen.
- Alle heute lebenden (rezenten) Organismen lassen sich fünf Großgruppen, den **Reichen**, zuordnen.
- Ein **Kladogramm** zeigt die im Laufe der Stammesgeschichte aufgetretene Abfolge der Verzweigungen des Stammbaums einer Gruppe.
- Entscheidende Kriterien für die Analyse der Verwandtschaftsverhältnisse sind **Apomorphien**. Im Kladogramm der Wirbeltiere z. B. sind Milchdrüsen und Haare Apomorphien der Säuger.

Aufgaben

1 Erklären Sie die Bedeutung der drei Bestandteile der heute üblichen Artbezeichnungen.

2 Die heute auf der Erde lebenden Organismen werden in fünf Reiche eingeteilt.
   a Nennen Sie diese fünf Reiche.
   b Ordnen Sie die fünf Reiche in zwei sinnvolle Gruppen. Beschreiben Sie, durch welches Merkmal sich die beiden Gruppen deutlich voneinander unterscheiden.

3 Der Seehund lässt sich in folgende systematische Gruppen einordnen: Raubtiere, Wirbeltiere, Säuger, Robben.
Ordnen Sie diese Gruppen hierarchisch und nennen Sie die umfassendste Gruppe zuerst.

4 Nach der Lehre der Evolutionsbiologie sind die Organismen auseinander entstanden. Sie stehen also in einer verwandtschaftlichen Beziehung zueinander und lassen sich daher systematisch ordnen. Die Bezeichnungen einiger systematischer Gruppen sind im Folgenden angegeben, die Reihenfolge der hierarchischen Ordnung ist aber nicht berücksichtigt:

a Unterstamm	d Reich	g Familie
b Gattung	e Ordnung	h Klasse
c Stamm	f Art	

Bringen Sie die Gruppen in die richtige hierarchische Ordnung. Nennen Sie die umfassendste Gruppe zuerst.

5 Das Schwein und der Hund gehören systematisch zur selben Klasse. Damit gehören sie auch zur/zum gleichen

a Familie.	c Stamm.
b Ordnung.	d Gattung.

Nennen Sie die richtige(n) Bezeichnung(en).

6 Nennen Sie diejenigen Merkmale, die als Apomorphien allen Säugern gemeinsam sind. Erläutern Sie den Begriff „Apomorphie“ an diesem Beispiel.

a Milchdrüsen
b Extremitäten mit fünf Fingern bzw. Zehen
c Mund mit Ober- und Unterkiefer
d zwei Paar Extremitäten
e Haut mit Haaren bedeckt (Fell)

7 Innerhalb der Stammesgeschichte der Wirbeltiere traten immer wieder neue Merkmale auf.

a Beschreiben Sie die Vorteile, die folgende neue Merkmale brachten:
- Amnion,
- Fähigkeit, die Körpertemperatur konstant zu halten.

b Nennen Sie Gruppen, bei denen die oben erwähnten Merkmale vorkommen.

8 In der Tab. 2 sind abgeleitete (apomorphe) Merkmale einiger Gruppen der Wirbeltiere angegeben.

Apomorphe Merkmale		Wirbeltiergruppen							
		Neunaugen	Haie	Salamander	Eidechsen	Krokodile	Tauben	Mäuse	Schimpansen
A	Schädel	+	+	+	+	+	+	+	+
B	Kiefer	–	+	+	+	+	+	+	+
C	Lunge	–	–	+	+	+	+	+	+
D	Krallen oder Nägel	–	–	–	+	+	+	+	+
E	Schuppen aus β-Keratin	–	–	–	+	+	+	–	–
F	Kropf	–	–	–	–	+	+	–	–
G	Haare	–	–	–	–	–	–	+	+
H	Federn	–	–	–	–	–	+	–	–
I	Milchdrüsen	–	–	–	–	–	–	+	+
K	Nagezähne	–	–	–	–	–	–	+	–
L	erste Zehe abspreizbar	–	–	–	–	–	–	–	+
M	Saugmund	+	–	–	–	–	–	–	–
N	zahnartige Schuppen	–	+	–	–	–	–	–	–
O	Haut mit Schleimdrüsen	–	–	+	–	–	–	–	–
P	Ruderschwanz Hornschuppen	–	–	–	–	+	–	–	–

Tab. 2: Apomorphe Merkmale von acht Wirbeltiergruppen.
+ = Merkmal vorhanden; – = Merkmal fehlt.

Stellen Sie die Verwandtschaftsverhältnisse der angegebenen Tiere in Form eines Stammbaums dar. Tragen Sie die in der Tabelle angegebenen apomorphen Merkmale mithilfe der Kennbuchstaben an sinnvollen Stellen des Stammbaumschemas ein.

9 Stellen Sie die Verwandtschaftsverhältnisse zwischen folgenden Arten dar:

- Zauneidechse
- Buchfink
- Hausmaus

a in einem Satz,
b in einer einfachen Grafik (Kladogramm).

Benutzen Sie dazu nur die stammesgeschichtliche (phylogenetische) Systematik (natürliches System).

10 (Themenübergreifende Aufgabe)
Nennen Sie diejenigen Merkmale, die am günstigsten wären, wenn man die Verwandtschaftsbeziehungen zwischen mehreren Reptilienarten in einem Kladogramm angeben möchte.

a Mehrere, allen Reptilienarten gemeinsame Merkmale.
b Ein homologes Merkmal, das bei allen Reptilienarten vorkommt.
c Alle Merkmale, in denen sich der Körperbau der Reptilienarten gleicht.
d Merkmale, von denen man annehmen kann, dass sie sich bei einem Vorfahren veränderten oder neu auftraten, sodass sie nach einer Artspaltung bei zwei oder mehreren neuen Arten auftreten.
e Merkmale, die Reptilien mit allen anderen Wirbeltieren teilen.

11 Nennen Sie von den folgenden Gruppen diejenige, in der sich keine Vorfahren des Menschen finden.

a Knochenfische
b Reptilien
c Vögel
d Primaten (Affen und verwandte Tiere)
e Amphibien

Begründen Sie Ihre Antwort kurz.

2 Belege für die Evolution

Die Ergebnisse aller Forschungsgebiete der Biologie und Geologie sprechen dafür, dass die heute lebenden **(rezenten)** Arten der Lebewesen aus gemeinsamen Vorfahren entstanden, dass sie also in verwandtschaftlichen Beziehungen zueinander stehen. Die **Evolution** der Arten, d. h. ihre Entstehung und ihr Wandel, geschieht meistens innerhalb sehr langer Zeiträume. Die Veränderung von Arten ist daher nur in sehr wenigen Fällen direkt beobachtbar (siehe Industriemelanismus, S. (2) 63 f.). Im Folgenden sind einige Hinweise und Belege zusammengestellt, die dafür sprechen, dass die Arten eine Evolution durchlaufen haben, dass sie also **nicht unveränderlich** sind.

2.1 Belege aus der Paläontologie

Die Paläontologie befasst sich mit Resten von Pflanzen und Tieren, die vor langer Zeit gelebt haben und als **Fossilien** erhalten geblieben sind. Fast immer handelt es sich dabei um ausgestorbene Arten. Organismen können z. B. Abdrücke im Gestein hinterlassen, als Ganzes versteinern oder in Bernstein eingeschlossen sein. Abdrücke von Lebewesen und Versteinerungen findet man in Ablagerungsgesteinen (Sedimentgesteinen). Je tiefer eine Gesteinsschicht liegt, desto älter sind die in ihr enthaltenen Fossilien **(relative Altersbestimmung)**. Daneben kann man mit aufwendigen Methoden aber häufig auch das **absolute** Alter von Fossilien bestimmen.

Erdzeitalter	Beginn vor etwa	Bezeichnung	Erstes Auftreten von
Erdneuzeit	2 Mio. Jahren	Quartär	Mensch
	65 Mio. Jahren	Tertiär	Viele Säugetier-Gruppen
Erdmittelalter	140 Mio. Jahren	Kreide	Primaten
	200 Mio. Jahren	Jura	Vögel (*Archaeopteryx*)
	250 Mio. Jahren	Trias	Säuger
Erdaltertum	290 Mio. Jahren	Perm	
	350 Mio. Jahren	Karbon	Reptilien
	410 Mio. Jahren	Devon	Amphibien (*Ichthyostega*)
	440 Mio. Jahren	Silur	
	500 Mio. Jahren	Ordovizium	Kieferlose Fische (erste Wirbeltiere)
	550 Mio. Jahren	Kambrium	
Erdfrühzeit	4 000 Mio. Jahren	Präkambrium	

Tab. 3: Übersicht über die Erdzeitalter und das Auftreten der jeweils ersten Vertreter der Wirbeltierklassen.

Wichtige Ergebnisse der paläontologischen Forschung, die für die Evolution der Organismen sprechen, sind im Folgenden zusammengestellt:

- Fast alle Fossilien können heutigen (rezenten) Tier- und Pflanzengruppen zugeordnet werden, sie lassen sich also in das natürliche System einfügen.
- Je älter die Fossilien, desto stärker unterscheiden sie sich von rezenten Arten.
- In einigen Fossiliengruppen können Reihen aufgestellt werden, in denen sich Merkmale in kleinen Schritten entlang bestimmter Tendenzen verändern, z. B. werden die Merkmale immer komplizierter oder sie bilden sich immer weiter zurück **(Progressions- und Regressionsreihen)**.
- In der Regel ähneln die Fossilien eines Kontinents den dort lebenden, rezenten Arten stärker als denen anderer Erdteile.
- Die systematischen Großgruppen, wie z. B. die Klassen der Wirbeltiere, tauchen in der Schichtenfolge nicht gleichzeitig, sondern nacheinander auf.
- Einige Fossilien tragen Merkmale von jeweils zwei unterschiedlichen systematischen Großgruppen (Brückenformen, siehe *Archaeopteryx*, S. (2) 15 f.).

Stammesgeschichtliche Reihen von Fossilien

In der Verwandtschaftsgruppe der **Pferdeartigen** sind besonders viele, gut erhaltene Fossilien aus dem Tertiär gefunden worden. Folgende evolutionäre Trends lassen sich im Stammbaum der Pferde erkennen:

- Zunahme der Körpergröße.
- Vergrößerung der Backenzähne und Zunahme der scharfkantigen Leisten aus dem besonders harten Schmelz in ihren Kauflächen.
- Verringerung der Zehenzahl, die bei der Fortbewegung Kontakt zum Boden hat (siehe Griffelbein, Rudimente, S. (2) 22).

Die Ergebnisse der paläontologischen Erforschung der Stammesgeschichte der **Pferde** lassen sich folgendermaßen zusammenfassen: Die im Stammbaum auftretenden Fossilien können problemlos in die Gruppe der **Unpaarhufer** eingeordnet werden, zu denen neben den heutigen pferdeähnlichen Tieren wie den Wildpferden, Zebras und Eseln auch die Tapire und Nashörner gehören. Je **älter** die Fossilien aus dem Stammbaum der pferdeartigen Tiere sind, desto **größer** sind die **Unterschiede** zu den heutigen Pferden. Dies lässt sich z. B. an Wildpferden, Zebras und Wildeseln erkennen. Die Merkmale der Fossilien des Pferdestammbaums ändern sich in kleinen Schritten. Es lassen sich folgende **Progressionsreihen** erkennen: kontinuierliche Zunahme der Körpergröße, ständige Zunahme der Kaufläche der Backenzähne und der Zahl der Schmelzfalten in ihr. Als **Regressionsreihe** ist die Rückbildung aller Finger- und Zehenknochen bis auf die mittlere zu nennen.

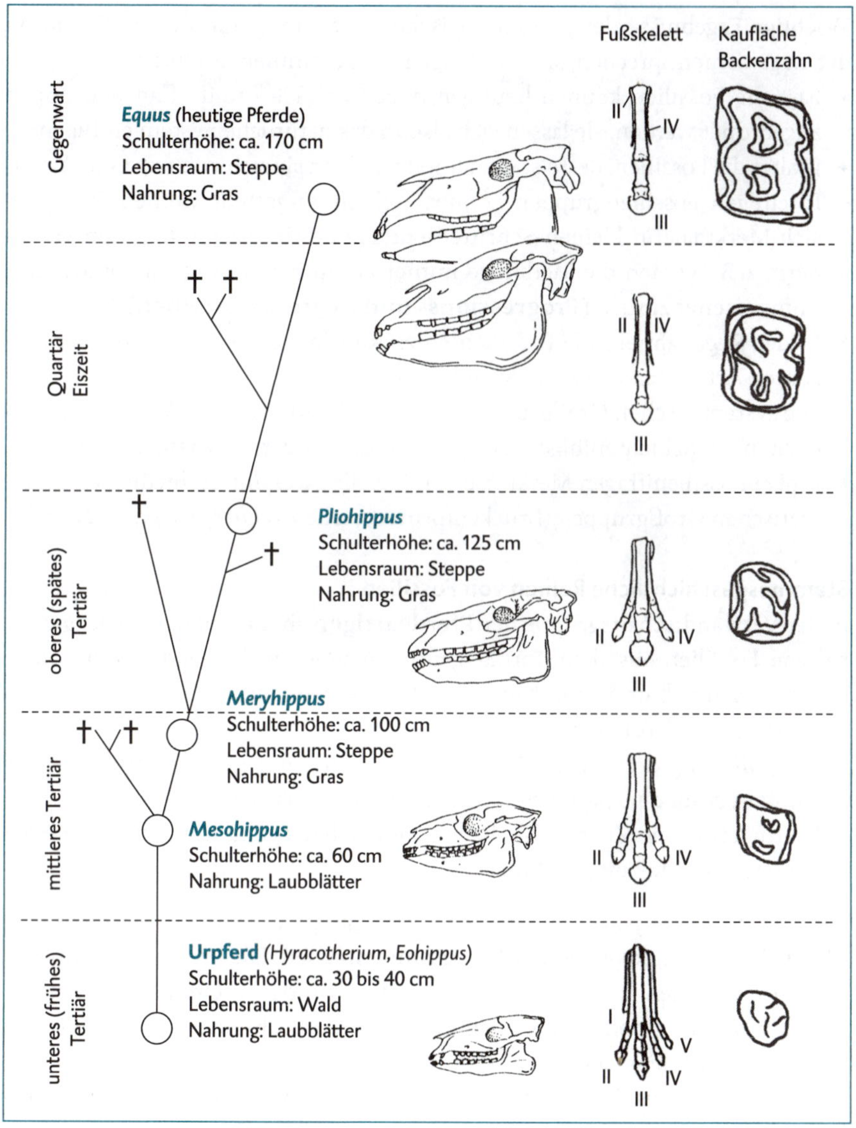

Abb. 2: Der Stammbaum der Pferdeartigen.

Verantwortlich für die Merkmalsänderungen in der Stammesgeschichte der Pferde ist ein **Wechsel des Lebensraums** vom Wald ins Grasland. Die veränderten Bedingungen des Lebensraums haben dazu geführt, dass sich die Tiere anpassen mussten (siehe transformierende Selektion, S. (2) 64 f.).

Für Waldbewohner vorteilhafte Merkmale, z. B. für *Hyracotherium = Eohippus*	Für Steppenbewohner günstige Merkmale, z. B. für *Meryhippus, Pliohippus, Equus*
• geringe Körpergröße: erleichtert Bewegung durch das Unterholz	• größerer Körper mit längerem Hals und längeren Beinen: ermöglichen bessere Übersicht und schnellere Flucht im offenen Gelände
• Auftreten auf mehr als einem Zeh: verhindert Einsinken im feuchten, nachgiebigen Waldboden	• Auftreten mit nur einem Huf: führt auf harten Böden zu effektiverem Laufen
• kleine Zähne ohne Schmelzleisten in der Kaufläche: sind für Laubfresser ausreichend (Bäume, Sträucher, Kräuter), größere und leistungsfähigere Zähne sind nicht erforderlich	• große Zähne mit breiten Kronen mit vielen Schmelzfalten: sind zum Zermahlen harter Gräser erforderlich (Gras ist sehr viel härter als Laub, Übergang vom Laubfresser- zum Grasfresser-Gebiss)

Tab. 4: Anpassungen der Pferdeartigen an den Lebensraum Wald bzw. Grasland.

Fossile Brückenformen (Mosaikformen)

Brückenformen lassen die Entstehung einer Verwandtschaftsgruppe aus einer anderen erkennen. Sie tragen sowohl Merkmale der älteren, ursprünglicheren Gruppe, als auch der sich neu bildenden. Wegen des Gemisches aus alten und neuen Merkmalen nennt man sie auch **Mosaikformen**. Das bekannteste Mosaiktier ist der *Archaeopteryx*. Die Fossilien dieses **Urvogels** stammen aus einer Schicht des oberen Jura der Fränkischen Alb. *Archaeopteryx* trägt noch **Merkmale der Reptilien**, die auch in Schichten unterhalb des oberen Jura nachzuweisen sind, z. B.:

- Kiefer mit Zähnen, kein Hornschnabel
- Finger und Mittelhandknochen sind frei, nicht verwachsen
- lange Schwanzwirbelsäule
- Beckenknochen sind nicht miteinander verwachsen

Diese Merkmale sind **plesiomorph**. Sie können daher nicht verwendet werden, um zu begründen, *Archaeopteryx* sei näher mit den Reptilien verwandt als mit den Vögeln.

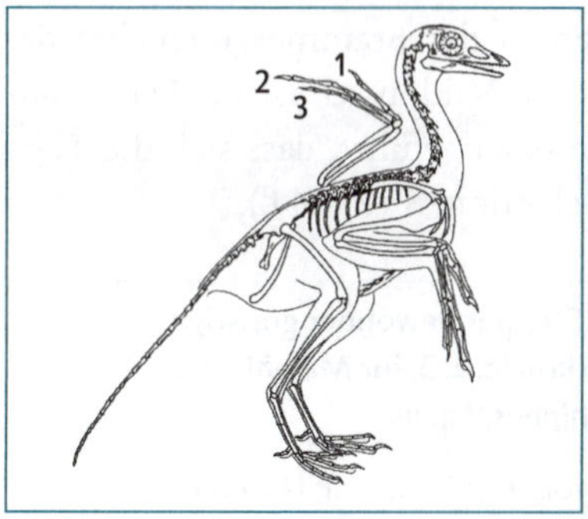

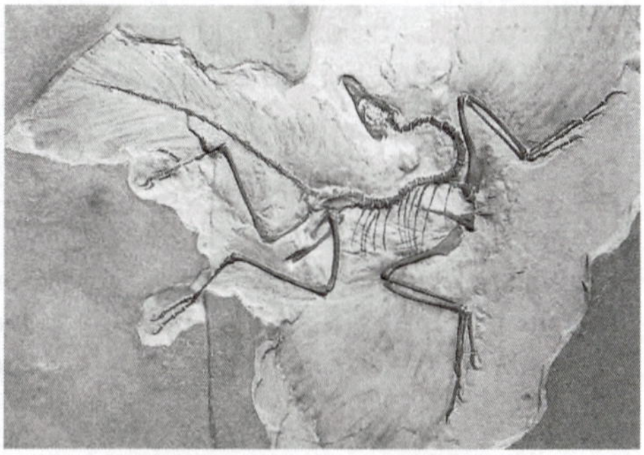

Abb. 3: *Archaeopteryx*: Körperumriss mit Fingerstrahlen (links) und versteinertes Skelett (rechts).

Folgende **Vogelmerkmale** sind bei *Archaeopteryx* u. a. schon zu finden:
- Federn
- erste Zehe nach hinten gerichtet, bildet mit den übrigen einen Greiffuß
- Schlüsselbeine der beiden Körperhälften zu einem Knochen verwachsen (Gabelbein = *Furcula*)

Diese Merkmale sind als **apomorph** zu betrachten. Durch sie lässt sich nachweisen, dass alle Vögel, inklusive *Archaeopteryx,* untereinander näher miteinander verwandt sind als jeder von ihnen mit irgendeiner anderen Art oder Gruppe. *Archaeopteryx* ist eindeutig ein Vogel, kein Reptil. Fossilien weiterer Vögel findet man nur in Schichten oberhalb des oberen Jura.

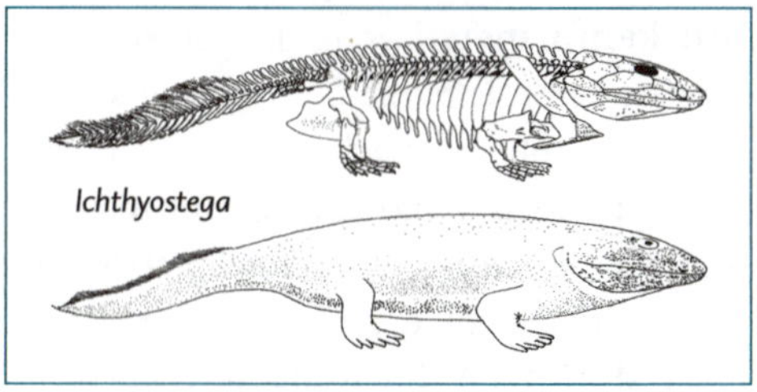

Abb. 4: Skelett und Körperumriss des *Ichthyostega*.

Aus dem Erdaltertum ist ein Fossil überliefert, das sowohl noch Merkmale von Fischen wie auch schon von Landwirbeltieren (Amphibien) trägt. Es wird als *Ichthyostega* bezeichnet.
Die folgenden Merkmale von **Fischen** finden sich noch bei *Ichthyostega:*
- Anordnung der Schädelknochen fischartig
- Schwanz mit Flossensaum (Fisch-Schwanz); erschlossen aus den knöchernen Flossenstrahlen am Hinterende der Wirbelsäule

Folgende **Amphibienmerkmale** sind bei *Ichthyostega* schon zu erkennen:
- Extremitäten, die zum Gehen an Land geeignet sind (Laufbeine)
- fünfstrahlige Extremitäten (fünf Finger bzw. Zehen)

2.2 Belege aus der vergleichenden Anatomie

Weitere Hinweise für Evolution findet man in den anatomischen Ähnlichkeiten rezenter Organismen. Der **Vergleich der Anatomie** ist zudem eine Methode, die Rückschlüsse auf Verwandtschaftsbeziehungen zulässt.

Homologie, Analogie und Konvergenz

Ein ähnlicher anatomischer Bau von Lebewesen kann entweder durch ihre Abstammung von den gleichen Vorfahren bedingt sein **(Homologie)** oder sich aufgrund ähnlicher Umweltbedingungen ergeben haben, die zu gleichgerichteten Veränderungen der Organismen geführt haben **(Analogie)**.

Für die Verwandtschaftsanalyse und für den Nachweis der Abstammung und der Veränderung der Arten sind nur **homologe** Strukturen geeignet, weil sie auf das Vorhandensein **gleicher Vorfahren** zurückzuführen sind, also den gleichen stammesgeschichtlichen Ursprung haben. Die Ähnlichkeit homologer Merkmale geht auf einen gemeinsamen Grundbauplan zurück, sie beruht auf einer ähnlichen genetischen Ausstattung der Organismen. Dabei können homologe Organe durchaus unterschiedliche Funktionen und Gestalten haben (siehe Vorderextremität der Wirbeltiere Abb. 5, S. (2) 18). Homologien kann man als „Abstammungsähnlichkeit" bezeichnen.

Zur Bildung **analoger** Strukturen kann es kommen, wenn Organe verschiedenen Ursprungs die **gleiche Funktion** übernehmen. Analogien können nicht zum Nachweis von Verwandtschaft herangezogen werden, da die Ähnlichkeit analoger Organe nicht durch die Abstammung von einem gemeinsamen Vorfahren zustande kommt. Analogien kann man als „Funktionsähnlichkeit" bezeichnen.

Homologe Organe haben den **gleichen Ursprung**, sie können aber unterschiedliche Funktionen haben. **Analoge** Organe sind verschiedenen Ursprungs, haben aber **dieselbe Funktion**.

Die Veränderung von Organen, Organsystemen oder ganzen Organismen, die unabhängig voneinander verlaufen und zu ähnlichen Formen führen, nennt man **Konvergenz**. Verantwortlich für diese gleichgerichtete Entwicklung sind, wie bei der Analogie, ähnliche Funktion und/oder ähnliche Umweltbedingungen. Dabei können sich sowohl zwei oder mehr analoge Organe konvergent entwickeln, wie auch zwei homologe (siehe S. (2) 20).

Aufgrund von Konvergenz kann keine Verwandtschaft nachgewiesen werden, auch dann nicht, wenn sie homologe Organe betrifft. Der Grund dafür ist, dass Konvergenzen zwar durch gleichgerichtete, aber unabhängig voneinander verlaufende Veränderungen zustande kommen. Die konvergente Entwicklung geht also nicht von einem gemeinsamen Vorfahren aus (siehe Körpertemperatur bei Vögeln und Säugern, S. (2) 6).

Konvergenz ist die **gleichgerichtete**, aber **unabhängig** voneinander verlaufende Veränderung von Organen oder Organismen.

Beispiele

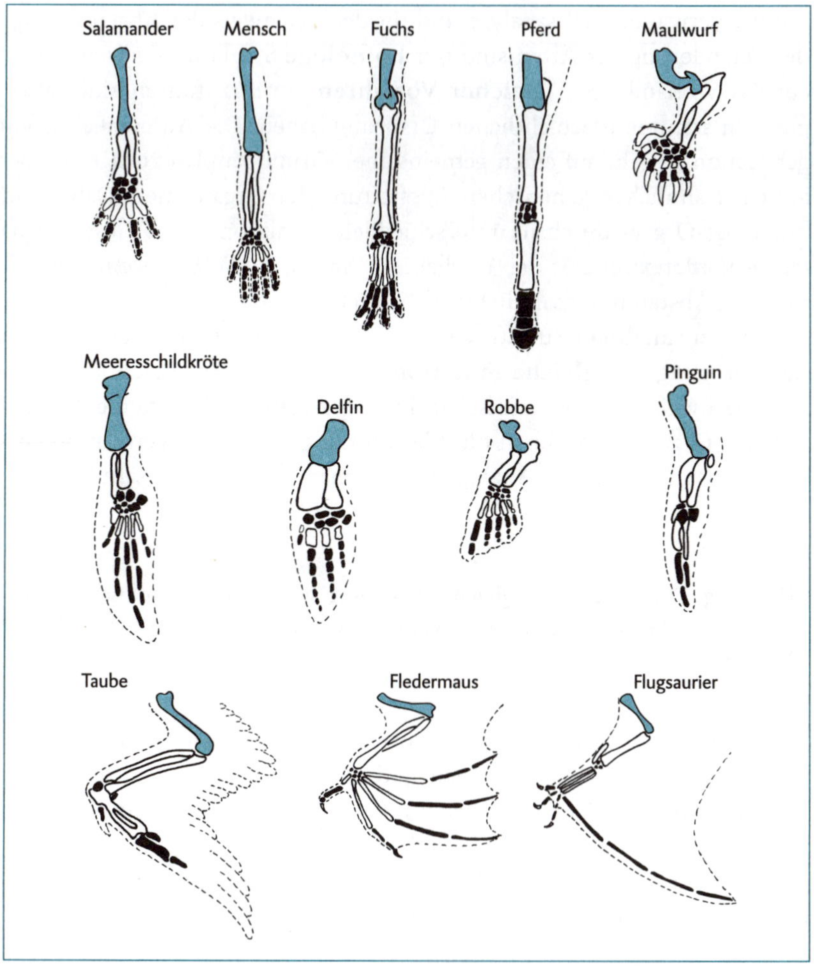

Abb. 5: Homologie und Konvergenz des Armskeletts von Wirbeltieren (farbig: Oberarmknochen).

Ein Beispiel für die Konvergenz **homologer** Organe sind die **Flügelskelette** von Vögeln und Fledermäusen. Bei beiden Tieren besteht das Flügelskelett aus den Vorderextremitäten, also aus homologen Organen der Wirbeltiere. Sowohl die Vorfahren der Vögel, eine bestimmte Reptiliengruppe, als auch die Vorfahren der Fledermäuse, eine bestimmte Gruppe innerhalb der Säuger, hatten keine Flügel. Die Umbildung des Armskeletts zu Flügeln erfolgte also **unabhängig** voneinander, das eine Mal in der Gruppe der Vögel, das andere Mal innerhalb der Gruppe der Säugetiere.
Die **Tragflächen der Flügel** sind **analoge** Gebilde. Die Flughaut der Fledermäuse ist der Haut der Säuger homolog, während es sich bei den Federn der Vögel um Hautanhänge handelt. Sie sind den Schuppen der Reptilien bzw. den Haaren der Säuger homolog (siehe Abb. 5, S. (2) 18).

Beispiele

Analogien:

- Die **Vorderextremitäten** des Maulwurfs und der Maulwurfsgrille haben einen unterschiedlichen Grundbauplan. Der Maulwurf besitzt als Säugetier ein Innenskelett aus Knochen, die Maulwurfsgrille hat als Insekt ein Außenskelett aus Chitin (siehe Abb. 6).

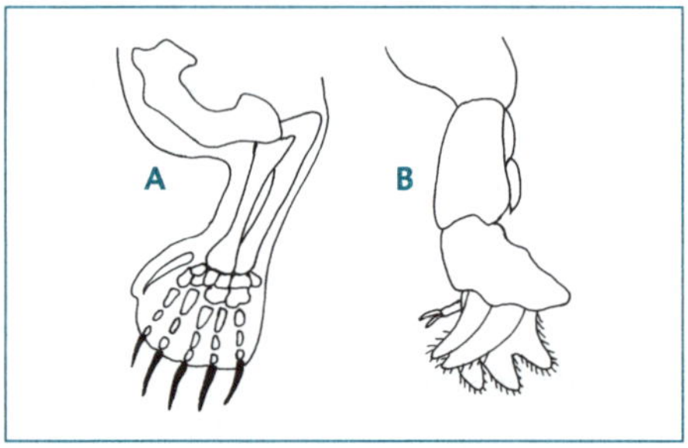

Abb. 6: Vorderextremitäten des Maulwurfs (A) und der Maulwurfsgrille (B).

- Die **Flügel** von Insekten und Wirbeltieren (Vogel, Fledermaus) haben einen unterschiedlichen Grundbauplan. Die Flügel der Insekten entstehen als Ausstülpungen des Hautpanzers (Außenskelett aus Chitin), die Wirbeltierflügel sind Vorderextremitäten (Innenskelett aus Knochen).

- **Speicherorgane** können aus verschiedenen Teilen des Pflanzenkörpers bestehen. Die Knolle der Kartoffel entsteht aus einem unterirdischen Teil des Sprosses. Das Speicherorgan der Möhre ist die Wurzel. Die Zwiebel wird aus verdickten Blättern gebildet, die an einem extrem verkürzten, unterirdischen Teil des Sprosses entspringen.

Beispiele

Konvergenzen:

- **Flügel** von Vogel, Fledermaus und Flugsaurier (siehe Abb. 5, S. (2) 18).
- **Flossen** von Meeresschildkröte, Wal und Robbe (siehe Abb. 5, S. (2) 18).
- Die **Speicherung von Flüssigkeit** im Spross bei Pflanzen trockener Standorte (siehe Abb. 7).
- Die **Stromlinienform** schnell schwimmender Wirbeltiere (siehe Abb. 8).

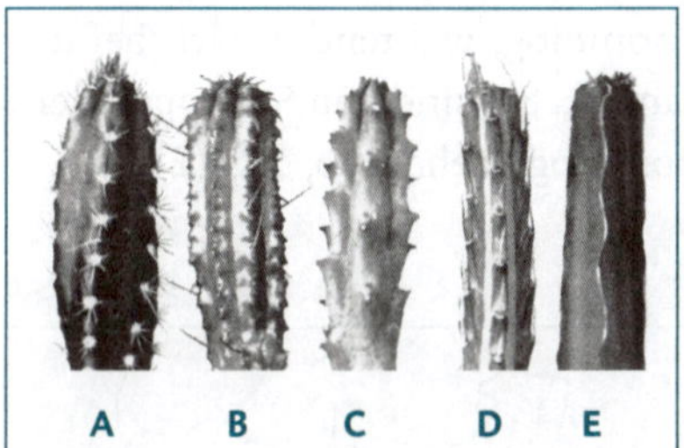

Abb. 7: Stammsukkulenz bei (A) Kaktus, (B) Wolfsmilch, (C) Schwalbenwurz, (D) Korbblütler und (E) *Cissus*.

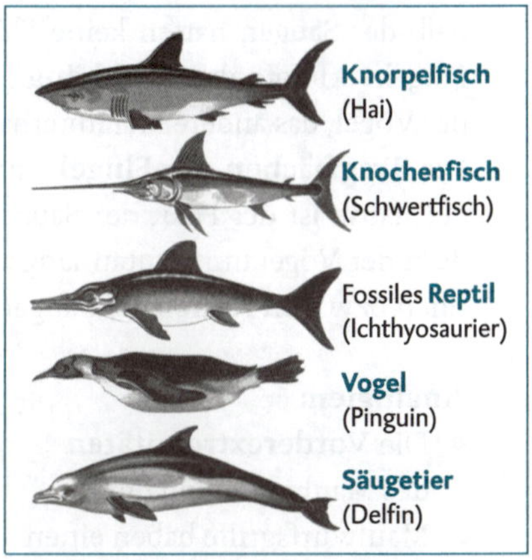

Abb. 8: Durch Konvergenz entstandene Stromlinienform verschiedener schnell schwimmender Wirbeltiere.

Lebende Fossilien

Einige rezente Pflanzen und Tiere vereinen ursprüngliche Merkmale einer älteren Gruppe mit denen einer jüngeren. Wie fossile Mosaikformen vermitteln sie als rezente Brückenformen zwischen den systematischen Großgruppen. Zuweilen bezeichnet man sie wegen der erhalten gebliebenen Merkmale alter Gruppen als **„lebende Fossilien"**. Jedes lebende Fossil lässt sich durch Apomorphien eindeutig einer bestimmten systematischen Gruppe zuordnen.

Beispiele

Ginkgo:

- Merkmale von **Farnen**: männliche Keimzellen mit Geißel (keine Pollenkörner wie bei Samenpflanzen; die Geißel dient zur Fortbewegung, ähnlich wie bei den Spermien der Tiere)
- Merkmale von **Samenpflanzen**: Samen als Verbreitungsorgane

Samen darf man als Apomorphie betrachten. Daher ist der Ginkgo mit den Samenpflanzen näher verwandt als mit den Farnen. Das Merkmal von Farnen, die Geißel der männlichen Keimzellen, ist ein ursprüngliches, plesiomorphes Merkmal und daher für die Begründung der näheren Verwandtschaft nicht zulässig.

Latimeria (Quastenflosser):

- Merkmale von **Fischen**:
  Körper mit Schuppen bedeckt; Kiemenatmung (beides plesiomorphe Merkmale).
- Merkmale von **Amphibien**:
  Flossen mit ähnlichem Skelett wie in den Extremitäten von Amphibien („Gehflossen“); Atmung (zusätzlich zur Kiemenatmung) durch eine Lunge, die zur Lunge der Landwirbeltiere homolog ist.

Abb. 9: *Latimeria chalumnae* (Quastenflosser).

Die Gehflossen und die Lunge sind apomorphe Merkmale. Die Quastenflosser (und ähnliche Fische) sind daher näher mit der Gruppe der vierfüßigen Wirbeltiere (Amphibien, Reptilien, Vögel, Säuger) verwandt als mit den übrigen Fischen. Die Kiemen sind ein plesiomorphes Merkmal. Es kann daher nicht als Argument für eine nähere Verwandtschaft von Latimeria mit den übrigen Fischen verwendet werden (siehe Abb. 1, S. (2) 5).

Schnabeltier:

- **Reptilien**merkmale: Legt große, dotterreiche Eier mit lederartiger Schale; hat nur eine Körperöffnung (Kloake), die gleichzeitig Ausscheidungs- und Geschlechtsöffnung ist (plesiomorphe Merkmale).
- **Säuger**merkmale: Haut mit Haaren bedeckt (Fell); Weibchen mit Milchdrüsen zur Ernährung der Jungtiere (apomorphe Merkmale).

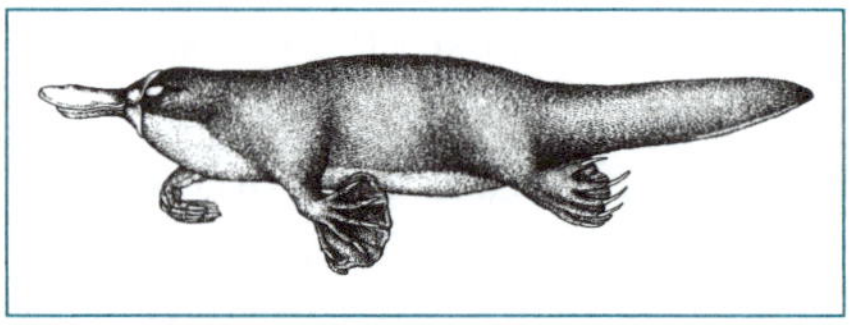

Abb. 10: Schnabeltier.

Durch die apomorphen Merkmale (Haare und Milchdrüsen) kann man nachweisen, dass das Schnabeltier mit den Säugern näher verwandt ist als mit den Reptilien.

Rudimente

Bei einigen Organismen treten **Rudimente** auf. Das sind unvollständig ausgebildete Organe ohne erkennbare Funktion. Dieses Phänomen lässt sich erklären, wenn man annimmt, dass sich im Laufe der Evolution ehemals voll funktionsfähige Organe weitgehend zurückgebildet haben.

Rudimente sind unvollständig ausgebildete Organe, die ihre ursprüngliche Funktion nicht mehr erfüllen.

Beispiele

- Beim **Menschen** finden sich einige Rudimente: Das **Steißbein** ist der Rest einer ehemals längeren Wirbelsäule, die über den Körper hinaus stand. Die **Behaarung**, die ursprünglich als Fell den ganzen Körper bedeckte, ist nur noch an wenigen Stellen erhalten geblieben, z. B. in den Achseln, in der Schamregion, als Haupthaar, Bart und Augenbrauen. Der **Wurmfortsatz** ist das Ergebnis der Rückbildung eines ursprünglich viel größeren Blinddarms, der eine wichtige Funktion bei der Verdauung hatte.

- **Blindschleichen** haben keine Extremitäten. Reste des Schulter- und Beckengürtels, das sind die Teile des Skeletts, die die Verbindung zwischen den Extremitäten und der Wirbelsäule herstellen, weisen darauf hin, dass ihre Vorfahren vierbeinig laufende Tiere waren.

- Im Skelett der heutigen **Wale** finden sich von außen nicht sichtbare Reste von Hinterbeinen und einem Becken. Die Vorfahren der Wale waren an Land lebende Säugetiere, die auf vier gut ausgebildeten Beinen liefen.

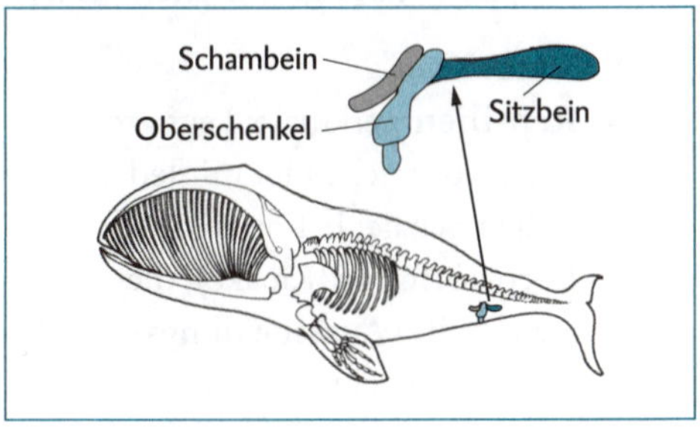

Abb. 11: Rudimente des Beckens und der Hinterbeine.

- Bei den heutigen **Pferden** sind die zweite und vierte Zehe nur als dünne Knochenspange ausgebildet (Griffelbeine). Ursprünglich waren sie vollständig ausgebildete Zehen bzw. Finger, wie sich mithilfe von Fossilien nachweisen lässt (siehe Stammesgeschichte, S. (2) 13 f., und Atavismus, S. (2) 23).

- **Braunwurz** und **Fichtenspargel** sind parasitisch lebende Pflanzen. Sie betreiben keine Fotosynthese, sondern beziehen ihre Nährstoffe dadurch, dass sie das Leitungssystem ihrer Wirtspflanzen anzapfen. Daher können sie auf großflächige, grüne Laubblätter verzichten. Man findet bei ihnen aber noch Reste von Laubblättern in Form kleiner, schuppenförmiger, bräunlicher Gebilde, die kein Chlorophyll mehr enthalten.

Atavismen

Sehr selten treten bei einzelnen Individuen Merkmale auf, die im Laufe der Stammesgeschichte bereits vor vielen Generationen verschwunden waren. Ein solches Phänomen nennt man **Atavismus**. Es unterstützt die Annahme, dass sich Merkmale und Organismen im Laufe einer Evolution entwickelt haben. Offensichtlich sind die Gene, die die Information für die atavistischen Merkmale enthalten, noch vorhanden, werden aber normalerweise blockiert. Ein Atavismus kann auftreten, wenn eine Mutation diese Blockade aufhebt und damit die Realisierung der Gene zulässt (siehe Genaktivierung, S. (1) 128 ff.).

Ein **Atavismus** ist ein Merkmal, das bei Vorfahren voll entwickelt war, im Laufe der Stammesgeschichte aber weitgehend oder ganz zurückgebildet wurde. In sehr seltenen Fällen tritt es bei einzelnen Individuen wieder auf, zuweilen in nicht vollständiger Form.

Beispiele

- Bei **Pferden** treten zuweilen Individuen auf, die einen überzähligen Huf am normalerweise vollständig reduzierten Griffelbein haben.
- Auch beim **Menschen** kommen Atavismen vor. Das können überzählige Brustwarzen sein, eine fellartige Behaarung des gesamten Körpers oder eine Verlängerung des Steißbeins, das als kleines, schwanzähnliches Gebilde vorsteht.
- Beim **Löwenmäulchen**, einer Zierpflanze mit normalerweise bilateralsymmetrischen Blüten, treten immer wieder, wenn auch selten, radiärsymmetrische Blüten auf. Löwenmäulchen stammen sehr wahrscheinlich von Vorfahren mit radiärsymmetrischen Blüten ab.
- Normalerweise ist das hintere Flügelpaar der Mücken und **Fliegen** zu sehr kleinen, kolbenartigen Gebilden, den sogenannten „Schwingkölbchen" reduziert. Gelegentlich findet man Fliegen mit vollständig ausgebildeten Hinterflügeln (siehe Abb. 12).

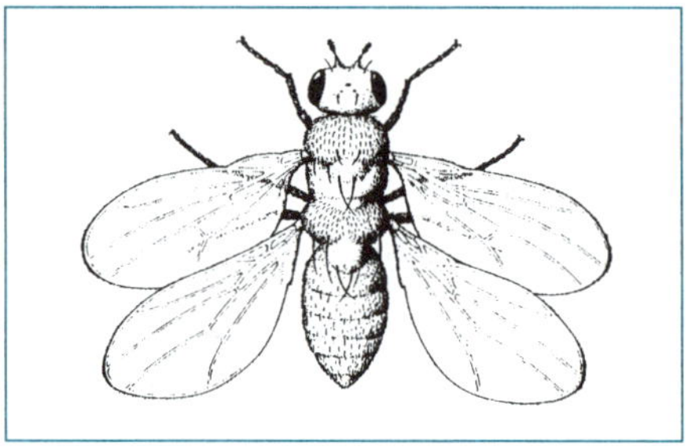

Abb. 12: Atavismus bei einer Fliege.

2.3 Belege aus der vergleichenden Zytologie

Gemeinsame Merkmale aller Zellen

Die **Zellen** aller heute lebenden Organismen stimmen in vielen Strukturen und Vorgängen überein. Auch dieses Phänomen stützt die Annahme, dass Evolution stattgefunden hat. Sehr wahrscheinlich ist die Zelle nur einmal auf der Erde entstanden.

Allen **Eukaryoten** sind u. a. gemeinsam:

- Zellkern
- Mitochondrien
- Ribosomen
- Vesikel (Bläschen)
- Endoplasmatisches Retikulum (ER)
- Golgi-Apparat (Dictyosomen)
- Membranen (mit chemisch sehr ähnlichem Bau)
- Mitose und Meiose

Gemeinsamkeiten und Unterschiede im Bau der Zellen

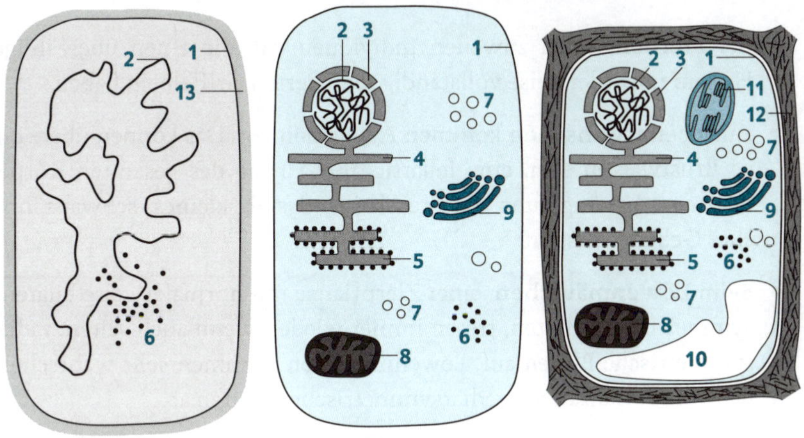

Bakterienzelle | tierische Zelle | pflanzliche Zelle

Prokaryoten | **Eukaryoten**

1 = Membran (Zellgrenzmembran)
2 = DNA
3 = Zellkern (Kernhülle)
4 = glattes ER
5 = raues ER
6 = Ribosomen
7 = Vesikel (Bläschen)
8 = Mitochondrium
9 = Dictyosomen (Golgi-Apparat)
10 = Zellvakuole (Zellsaftraum)
11 = Plastid (Chloroplast u. a.)
12 = Zellwand (aus Cellulose)
13 = Zellwand (aus Zucker und Eiweiß)

Abb. 13: Bau der Zellen von Bakterien, Tieren und Pflanzen. (In der Zeichnung ist nicht berücksichtigt, dass eukaryotische Zellen etwa 100- bis 1 000-mal größer sind als prokaryotische).

Wie Abb. 13 (siehe S. (2) 24) zeigt, haben die **Prokaryoten** im Unterschied zu den Eukaryoten keinen Zellkern, nur ein einziges, ringförmig geschlossenes Chromosom, kein endoplasmatisches Retikulum, keine Mitochondrien und keinen Golgi-Apparat. Ihre Membranen und Ribosomen sind chemisch etwas anders aufgebaut als die der Eukaryoten. Die Zellen der **Pflanzen** besitzen Plastiden (Leuko-, Chromo- und Chloroplasten) sowie eine Zellwand aus Cellulose.

Endosymbionten-Theorie

Ein Ansatz, der zu erklären versucht, wie aus prokaryotischen Vorfahren typische Organellen der heutigen eukaryotischen Zelle von Tieren und Pflanzen entstehen konnten, ist die **Endosymbionten-Theorie**. Dieser Theorie nach wurden im Laufe der Evolution Prokaryoten durch **Phagozytose** (siehe Zytologie, S. (1) 16) in eine Zelle aufgenommen, die bereits einen Zellkern hatte. Die durch die Phagozytose in einem Vesikel liegenden Prokaryoten blieben erhalten. Sie wurden im Zytoplasma der aufnehmenden Zelle nicht abgebaut. Die Aufnahme von Zellen durch einen phagozytose-ähnlichen Vorgang geschah mindestens zweimal im Lauf der Evolution: In einem ersten Vorgang nahm die Zelle einen Prokaryoten auf, der in der Lage war, **Zellatmung** durchzuführen. Die ehemaligen freilebenden Prokaryoten bilden heute die **Mitochondrien**. Sie haben sich jedoch im Laufe der langen Zeit seit ihrer Aufnahme in die Zelle verändert. Sie sind z. B. heute nicht mehr in der Lage, außerhalb der eukaryotischen Zelle zu leben. In einem zweiten, vermutlich späteren Vorgang kam durch Phagozytose ein weiterer Prokaryot in die eukaryotische Zelle, der **Fotosynthese** betreiben konnte. Er entwickelte sich zu den heutigen **Chloroplasten** und den übrigen Plastiden (siehe Abb. 14).

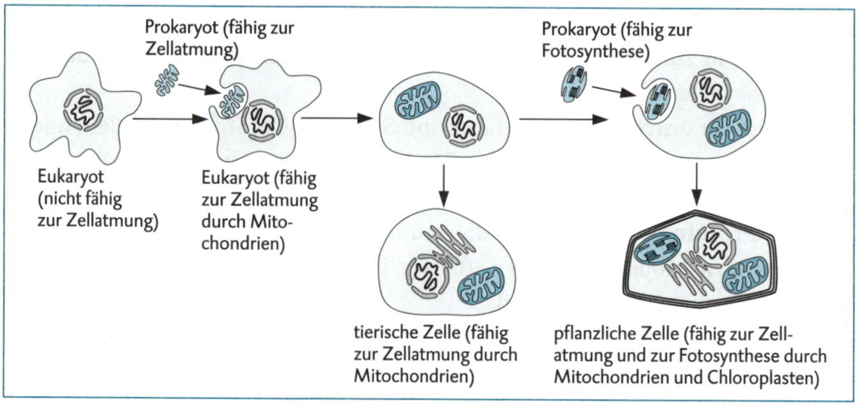

Abb. 14: Die Endosymbionten-Theorie.

Folgende Befunde sprechen für die **Richtigkeit** dieser Hypothesen:

- Mitochondrien und Chloroplasten (und die übrigen Plastiden) sind von **zwei Membranen** (Doppelmembran) umgeben. Die innere Membran ähnelt in ihrem Bau der Membran von Prokaryoten, sie entspricht also der ursprünglichen Zellhülle des aufgenommenen Prokaryoten. Die äußere Membran ist chemisch wie eine Eukaryotenmembran aufgebaut. Bei der Phagozytose hat sie sich vermutlich aus der Hüllmembran des Eukaryoten abgeschnürt und als Vesikel den aufgenommenen Prokaryoten umschlossen.
- Plastiden und Mitochondrien enthalten **ringförmig geschlossene DNA**, wie sie bei allen Prokaryoten zu finden ist.
- Mitochondrien und Chloroplasten enthalten Ribosomen, RNA und alle Enzyme, die für eine **eigene Proteinsynthese** erforderlich sind (siehe S. (1) 25 und 104).
- Mitochondrien und Chloroplasten **vermehren sich selbstständig und unabhängig** von der eukaryotischen Zelle. Möglich ist dies u. a. aufgrund ihrer eigenen DNA und einem vollständigen Proteinsynthese-Apparat.

Nach der **Endosymbionten-Theorie** sind Mitochondrien und Chloroplasten aus Prokaryoten entstanden, die in der frühen Stammesgeschichte durch einen **phagozytoseähnlichen** Vorgang in die Zelle aufgenommen wurden.

2.4 Belege aus der vergleichenden Molekularbiologie

Die Ähnlichkeit der Zellen aller Organismen reicht bis in den molekularen Bereich hinein. Folgende chemische Substanzen und Vorgänge sind in allen Zellen gleich oder sehr ähnlich:

- **DNA** dient zur Speicherung der genetischen Information.
- **RNA** dient zur Übertragung der genetischen Information während der Proteinbiosynthese.
- **ATP** ist der universelle Überträger und Speicher von Stoffwechselenergie.
- Alle Zellen verwenden dieselben **20 Aminosäuren** zum Aufbau der Proteine.
- Viele **Proteine**, v. a. Enzyme, die grundlegende Prozesse steuern, gleichen sich in den Molekülbereichen, die für ihre Funktion von Bedeutung sind (z. B. Enzyme der Zellatmung).
- Transkription und Translation **(Proteinbiosynthese)** laufen in allen Zellen gleich ab. Der genetische Code ist in fast allen Zellen identisch (siehe Vom Gen zum Merkmal, S. (1) 104 ff.).

Vor allem die Tatsache, dass bei unterschiedlichen Organismen gleiche oder **sehr ähnliche Proteine** auftreten, obwohl eine unvorstellbar große Zahl verschiedener Proteine möglich ist, liefert einen überzeugenden Hinweis für die Richtigkeit der Annahme, dass **Evolution** stattgefunden hat. Eine weitere Stütze ist der einheitliche genetische Code aller Zellen, obwohl verschiedene Codes denkbar und möglich wären (siehe S. (1) 100 f.).

Die Ähnlichkeit sehr vieler chemischer Substanzen und Prozesse in den Zellen aller Organismen ist ein wichtiger Hinweis darauf, dass alle Organismen einen **gemeinsamen Ursprung** haben und sich durch Evolution entwickelt haben.

Ähnlichkeiten bei DNA und Proteinen

Auch chemische Verbindungen können sich im Laufe der Evolution verändern. Die Zellen naher Verwandter haben in der Regel sehr ähnliche Inhaltsstoffe. Je weiter die Verwandtschaft zwischen zwei Arten oder Gruppen ist, desto unterschiedlicher sind die Substanzen ihrer Zellen.

Diese je nach Enge der Verwandtschaft abgestufte Ähnlichkeit der chemischen Verbindungen stützt die Annahme, dass die Organismen auseinander hervorgegangen sind, also eine Evolution durchlaufen haben. Der Grad der Ähnlichkeit von DNA oder von Proteinen aus Zellen verschiedener Organismenarten lässt sich messen und für die **Verwandtschaftsanalyse** nutzen:

Proteine unterscheiden sich durch die Abfolge ihrer Aminosäuren (Primärstruktur; siehe S. (1) 57). Die Information über die Sequenz der Aminosäuren ist in der Basensequenz der DNA festgelegt. Mit der Analyse der Aminosäuresequenz erhält man daher indirekt auch Auskunft über die genetische Information. Im Folgenden ist dargestellt, wie mit einer **Aminosäuresequenz-Analyse** und ähnlichen Verfahren Schlussfolgerungen auf Verwandtschaftsbeziehungen gezogen werden können.

Vergleich der Aminosäuresequenz des Insulins

Insulin ist ein Hormon der Bauchspeicheldrüse, das für die Aufnahme von Glucose in die Zellen erforderlich ist. Es ist wesentlich an der Regelung des Blutzuckerspiegels beteiligt. Die Insulinmoleküle verschiedener Lebewesen unterscheiden sich aufgrund von Abweichungen in ihrer Aminosäuresequenz voneinander. Der Auswertung der Ergebnisse der Aminosäuresequenz-Analyse in der Evolutionsbiologie liegt der folgende Gedanke zugrunde: Die Änderung der Primärstruktur eines Proteins ist die Folge einer **Genmutation**, also der Änderung der Basensequenz der DNA.

Die Zahl der auftretenden Mutationen ist zeitabhängig. Je kürzer die Zeit ist, die seit der Entstehung von zwei Arten aus einem gemeinsamen Vorfahren verstrichen ist, desto weniger Mutationen haben sich ereignet, desto geringer sind daher die Unterschiede in der Aminosäuresequenz ihrer Proteine.

Beispiel

Die Insulinmoleküle der drei Huftiere Rind, Schwein und Schaf unterscheiden sich nur geringfügig voneinander.

	6		7		8		9		10		11
Rind	Cys	–	Cys	–	Ala	–	Ser	–	Val	–	Cys
Schwein	Cys	–	Cys	–	Thr	–	Ser	–	Ile	–	Cys
Schaf	Cys	–	Cys	–	Ala	–	Cys	–	Val	–	Cys

Tab. 5: Ausschnitt aus der Aminosäurekette des Insulins von Rind, Schwein und Schaf. (Die Ziffern geben die Positionen in der Aminosäurekette an.)

Der Vergleich ergibt, dass sich Schaf und Rind in einer Aminosäure an der Position 9 unterscheiden. Rind und Schwein haben an zwei (8 und 10), Schwein und Schaf an drei Positionen (8, 9 und 10) unterschiedliche Aminosäuren. Daraus ergeben sich folgende Schlussfolgerungen auf die Verwandtschaftsbeziehungen: **Schaf und Rind** sind näher miteinander verwandt als jede dieser beiden Arten mit dem Schwein. Dieses Ergebnis deckt sich mit dem, was man durch die Analyse anatomischer Merkmale herausfand. Der Zeitpunkt, an dem Schaf und Rind aus einem gemeinsamen Vorfahren entstanden, liegt noch nicht so lange Zeit zurück, wie die Trennung von Schwein und dem gemeinsamen Vorfahr von Schaf und Rind. In der Abb. 15 sind die Verwandtschaftsverhältnisse zwischen den Gruppen in Form eines Stammbaums dargestellt. Im Zeitraum „V_2 bis Schaf“ änderte sich die Aminosäure an Position 9, bedingt durch eine Mutation des entsprechenden Gens. Im Zeitraum „V_1 bis Schwein“ änderten sich die Aminosäuren an den Positionen 8 und 10.

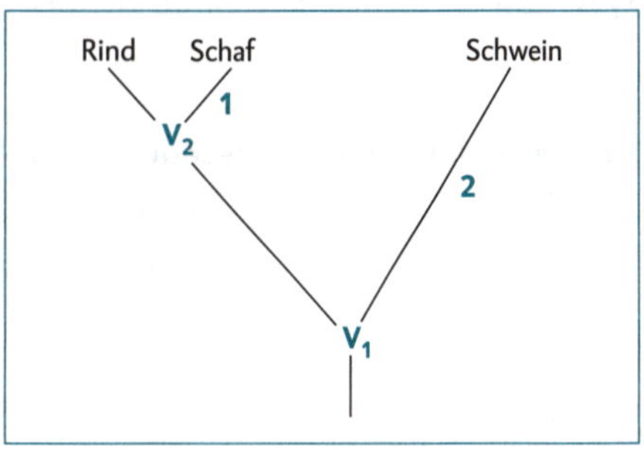

Abb. 15: Verwandtschaftsbeziehungen zwischen Rind, Schaf und Schwein. Die Ziffern geben die Zahl der ausgetauschten Aminosäuren an.

Vergleich der Aminosäuresequenz des Cytochroms c

Cytochrom c ist ein wichtiges Enzym der Zellatmung. Es kommt bei allen atmenden Lebewesen vor. Die Zellatmung versorgt die Zelle mit Energie v. a. in Form von ATP. **Mehr als ein Drittel** der Aminosäurekette des Cytochroms c ist bei allen Organismen identisch. Durch die Unterschiede in den Aminosäuren lässt sich auch hier die Nähe der Verwandtschaft erschließen und in einem Stammbaum darstellen.

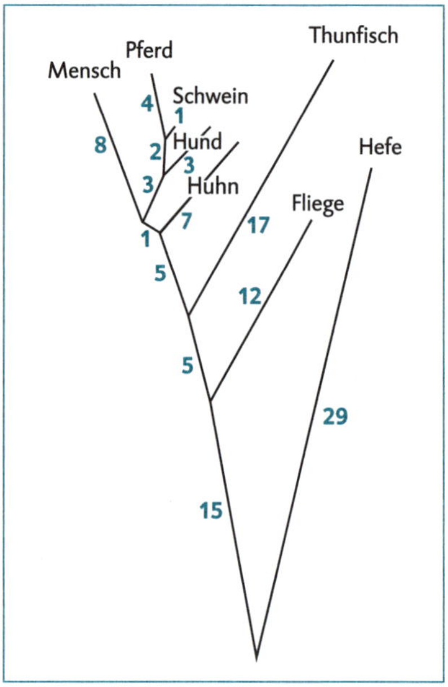

Abb. 16: Ausschnitt aus einem Stammbaum, der auf Unterschieden in der Aminosäuresequenz des Cytochroms c beruht. Die Ziffern geben die Zahl der ausgetauschten Aminosäuren an.

Den Änderungen der Aminosäuresequenz liegen **Genmutationen** zugrunde. Die Zahl der Mutationen ist **zeitabhängig**. In kürzerer Zeit treten weniger Mutationen auf als in längerer Zeit. Die Zahl der unterschiedlichen Aminosäuren ist daher umso geringer, je später sich Arten in der Stammesgeschichte getrennt haben.

Präzipitintest (Serodiagnostik)

Antikörper wirken spezifisch gegen die Antigene, gegen die sie gebildet wurden (siehe Antigen-Antikörper-Reaktion, S. (1) 234 f.). Dieses Phänomen lässt sich nutzen, um die Ähnlichkeit von Proteinen zu bestimmen. Dafür verwendet man die im Blutserum gelösten Eiweiße (Serumproteine). Je ähnlicher die Serumproteine eines Testtieres denjenigen sind, gegen die Antikörper gebildet wurden, desto stärker ist die Ausfällung **(Präzipitation)**.

Ein sogenannter **Präzipitintest** läuft z. B. folgendermaßen ab:

1 Das Serum des Menschen, also die Blutflüssigkeit ohne Blutzellen und Gerinnungssubstanzen, wird einem Tier, meistens einem Kaninchen, gespritzt.
2 Das Immunsystem des Kaninchens bildet Antikörper, die spezifisch gegen die Serumproteine des Menschen wirken.
3 Das Serum des Kaninchens, das Anti-Mensch-Antikörper enthält, wird mit dem Serum der Tiere vermischt, die getestet werden sollen.

4 Je ähnlicher die tierischen Serumproteine den menschlichen sind, desto stärker werden sie von den durch das Kaninchen gebildeten Antikörpern ausgefällt (präzipitiert). Als Bezugsgröße dient die Ausfällung menschlicher Serumproteine (= 100 %).
Nach den Ergebnissen des in Abb. 17 dargestellten Präzipitintests ist der **Schimpanse** näher mit dem Menschen verwandt als Gorilla und Orang-Utan.

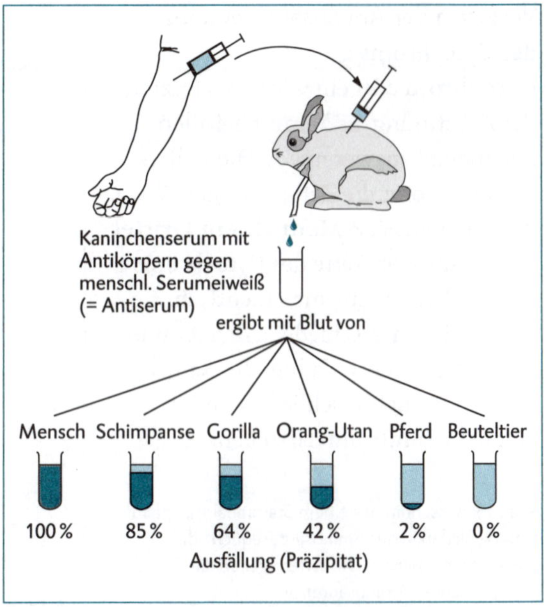

Abb. 17: Präzipitintest zur Feststellung der Ähnlichkeit menschlicher Serumproteine mit denen verschiedener Tiere.

Messung der Ähnlichkeit der DNA

Alle bisher aufgeführten Methoden der Verwandtschaftsnachweise vergleichen Merkmale des Phänotyps. Dabei handelt es sich um **Genprodukte**, an deren Ausbildung z. T. mehrere Gene beteiligt sind (siehe Genwirkkette, S. (1) 114 f.). Neben den Genprodukten lässt sich aber auch der **Genotyp** selbst vergleichen, also die Informationen, die den phänotypischen Merkmalen zugrunde liegen, die Basensequenz der DNA. Für den Vergleich der DNA stehen zwei Verfahren zur Verfügung:

- **Direkter Vergleich der Basensequenz der DNA:** In der Regel wird dabei zunächst der zu testende DNA-Abschnitt durch die Polymerasekettenreaktion (siehe PCR, S. (2) 153 ff.) vermehrt, um ausreichende Mengen an DNA für die anschließende Sequenzierung zur Verfügung zu haben. Die **DNA-Sequenzierung** ist heute ein Routineverfahren, das in Sequenzierungsautomaten abläuft.
- **DNA-Hybridisierung:** Bei diesem Verfahren wird gemessen, wie gut DNA-Einzelstränge verschiedener Organismenarten zusammenpassen, wie viele Abschnitte sich also zu einem **DNA-Doppelstrang** zusammenlagern können. Je näher zwei Arten von Lebewesen verwandt sind, desto stärker stimmt ihre Basenfolge überein, da in der verhältnismäßig kurzen Zeit, die

seit der Trennung ihrer Entwicklungswege vergangen ist, nur wenige Mutationen auftreten konnten, die die Basenfolge verändert haben. Als Maß dafür, wie genau zwei Einzelstränge zusammenpassen, wie viele Basenfolgen eines Strangs also komplementär zu jenen des anderen Strangs sind, dient die **Temperatur**, die erforderlich ist, um beide Stränge zu trennen: Je mehr komplementäre Basen zwei Einzelstränge haben, desto mehr H-Brücken bilden sich und desto höher ist die Temperatur, die zur Trennung der Stränge erforderlich ist (siehe Bau der DNA, S. (1) 75 f.). Je höher also die Schmelztemperatur, desto näher sind die Arten miteinander verwandt.

Eine DNA-Hybridisierung läuft in folgenden Schritten ab:

1 Isolierung der DNA, deren Verwandtschaftsnähe festgestellt werden soll.
2 Mischung der DNA der verschiedenen Organismen.
3 Trennung der DNA in Einzelstränge durch Erhitzen.
4 Abkühlen; dadurch Verbindung der Einzelstränge zu Doppelsträngen durch Bildung von H-Brücken zwischen komplementären Nukleotiden. Dabei paaren sich auch Einzelstränge der verschiedenen Organismenarten (Hybridisierung). Solche hybriden DNA-Doppelstränge sind durch eine radioaktive Markierung von den übrigen (nicht-hybriden) DNA-Molekülen unterscheidbar.
5 Erwärmung der DNA-Doppelstränge.
6 Feststellung der Temperatur, bei der sich die hybriden DNA-Doppelstränge in Einzelstränge auftrennen lassen. Eine hohe Schmelztemperatur lässt auf eine hohe Zahl von DNA-Abschnitten mit komplementärer Basensequenz und damit identischer genetischer Information schließen. Je mehr DNA-Abschnitte mit identischer genetischer Information vorhanden sind, desto näher verwandt sind die Organismen.

Beispiel

Die Tab. 6 zeigt das Ergebnis der DNA-Hybridisierung zwischen dem Menschen und verschiedenen Affenarten.

DNA-Hybriden	Mensch x Mensch	Mensch x Schimpanse	Mensch x Gorilla	Mensch x Orang-Utan	Mensch x Gibbon	Mensch x Meerkatze
Schmelztemperatur	88,2 °C	86,4 °C	85,8 °C	84,6 °C	83 °C	80,5 °C

Tab. 6: DNA-Hybridisierungsexperimente zwischen Mensch und Affe.

Zusammenfassung

- In vielen Wissenschaftsgebieten lassen sich Belege dafür finden, dass alle heute auf der Erde lebenden **Organismen** miteinander **verwandt** sind, also einen gemeinsamen Ursprung haben.
- Bei der Analyse von **Fossilien** lassen sich Ähnlichkeiten zu rezenten Organismen und in einigen Fällen auch Entwicklungsreihen und Übergangsformen finden.
- **Brückenformen** vereinen Merkmale stammesgeschichtlich älterer und jüngerer Gruppen in sich. Fossile Beispiele dafür sind *Archaeopteryx* und *Ichthyostega*. Rezente Brückenformen sind z. B. das Schnabeltier, *Latimeria* und der Ginkgo.
- **Homologe und analoge Organe** sowie das Phänomen der **Konvergenz** lassen sich am einfachsten erklären, wenn man die **Evolution der Organismen** annimmt. Weitere Hinweise aus der Anatomie der Pflanzen und Tiere liefern **Rudimente** und **Atavismen.**
- Die außerordentlich starke Ähnlichkeit des Baus aller Zellen und der in ihr ablaufenden Vorgänge ist ein starkes Indiz dafür, dass Evolution stattgefunden hat.
- Nach der **Endosymbionten-Theorie** waren Mitochondrien und Chloroplasten ehemals frei lebende, prokaryotische Organismen, die in eine eukaryotische Zelle aufgenommen wurden.
- Die Speicherung und die Realisierung der genetischen Information verlaufen in allen heute lebenden Organismen in gleicher Weise. Dies und weitere molekularbiologische Ähnlichkeiten stützen die Richtigkeit der Annahme, dass alle heute auf der Erde lebenden Organismen **miteinander verwandt** sind, also **gemeinsame Vorfahren** haben.
- Neben der anatomischen Analyse können auch der **Präzipitintest**, die **Aminosäuresequenz-Analyse** oder die **DNA-Hybridisierung** verwendet werden, um die **Verwandtschaft** zwischen verschiedenen Organismengruppen **festzustellen.**

Aufgaben

12 Nennen Sie von den folgenden Forschungsergebnissen der Paläontologie diejenigen, die als Argument dafür verwendet werden können, dass sich Lebewesen im Laufe der Erdgeschichte verändert haben, dass also Evolution stattgefunden hat.

a Reste von Lebewesen können als Versteinerungen über viele Millionen Jahre hinweg erhalten bleiben.

b Die systematischen Großgruppen der Wirbeltiere unterscheiden sich in ihrem Alter (erstes Auftreten in der Geschichte der Erde) erheblich.

c Fast alle Fossilien lassen sich den systematischen Großgruppen heutiger Lebewesen zuordnen.

d Vor etwa 70 Millionen Jahren verschwand innerhalb kurzer Zeit ein sehr großer Teil der Reptilienarten auf der Erde. Verantwortlich dafür war vermutlich unter anderem der Einschlag eines großen Meteoriten.

e Fossilien kommen nur in Ablagerungsgestein vor.

f Je älter Fossilien sind, desto stärker unterscheiden sie sich in der Regel von rezenten Organismen.

g Einige besondere Fossilien vereinen Merkmale in sich, die heute auf unterschiedliche Großgruppen verteilt sind (Brückenformen, Mosaikformen).

h In einigen wenigen Fällen, in denen man viele Fossilien einer Gruppe in aufeinanderfolgenden Schichten findet, kann man die allmähliche Veränderung von Merkmalen feststellen.

i Organismen können in Bernstein eingeschlossen sehr lange Zeit erhalten bleiben.

13 a Bringen Sie die folgenden Bezeichnungen für geologische Zeitalter in die richtige Reihenfolge. Nennen Sie dabei die früheste Periode zuerst.
Jura, Silur, Devon, Quartär, Trias, Ordovizium, Präkambrium, Perm, Tertiär, Kambrium, Kreide, Karbon.

b Ordnen Sie die unten genannten Gruppen von Organismen den geologischen Zeiten zu, in denen sie entstanden sind.

- Mensch *(Homo sapiens sapiens)*
- Amphibien *(Ichthyostega)*
- Vögel
- Ursprüngliche Pferde

14 Sowohl fossile wie auch rezente Pferde liefern Hinweise für die Richtigkeit der Annahme, dass die Organismen eine Evolution durchlaufen haben.
Erläutern Sie diese Aussage.

15 Nennen Sie Evolutionstendenzen im Stammbaum der Pferde.

16 Der Vergleich der fossil überlieferten Vertreter des Pferdestammbaums untereinander und mit den heutigen Pferden kann allgemeingültige Argumente liefern, die für die Evolution der Organismen sprechen.
Beschreiben Sie drei solcher Argumente am Beispiel der Erkenntnisse, die man aus den Untersuchungen an fossilen Pferden gewonnen hat.

17 Die Evolutionstendenzen innerhalb des Pferdestammbaums lassen sich durch eine Veränderung der Umwelt erklären. Vergleichen Sie die Lebensbedingungen früher und später Vertreter des Pferdestammbaums miteinander und geben Sie in Stichworten an, welche Vorteile die Veränderung bestimmter Merkmale mit sich brachte.

18 Erläutern Sie, warum die Fossilien des *Archaeopteryx* als wichtige Stütze der Annahme gelten, dass die heutigen Organismen aus andersartigen Vorfahren entstanden sind.
Beschreiben Sie dazu beispielhaft einige Merkmale von *Archaeopteryx*.

19 Im Jahr 1992 wurde in China das Fossil eines Vogels, *Sinornis santensis*, gefunden. Einige seiner Merkmale sind im Folgenden aufgeführt:

- Kiefer mit Zähnen
- Schwanzwirbelsäule stark verkürzt (Schwanz nicht durch die Wirbelsäule gestützt)
- Mittelhandknochen nicht miteinander verwachsen

a Nennen Sie von den angeführten Merkmalen diejenigen, die in gleicher oder ähnlicher Form auch bei *Archaeopteryx* vorhanden sind.

b Begründen Sie, ob *Sinornis santensis* jünger oder älter als *Archaeopteryx* ist.

20 Im Jahr 2004 fand man in Nordkanada ein etwa 375 Millionen Jahre altes Fossil. Es wurde mit einem Wort aus der Inuit-Sprache als *Tiktaalit* bezeichnet, das heißt „großer Flachwasserfisch“. Das Tier hatte einen mit Schuppen bedeckten Körper, auf der Oberseite des flachen Kopfes liegende Augen und einen Hals, sodass es den Kopf gegen den Körper bewegen konnte. *Tiktaalit* atmete durch Kiemen und durch Lungen. Der hintere Körperteil ist leider nicht erhalten. Fachleute vermuten aber dort ein Paar fischähnlicher Bauchflossen und eine Schwanzflosse. Für die Wissenschaft von besonderer Bedeutung sind die gut erhaltenen Brustflossen. Sie bestehen aus Knochen, die mit den Armknochen von vierbeinigen Tieren homologisiert werden können. Auch ein Handgelenk ist vorhanden. Man nimmt an, dass sich *Tiktaalit* in einer Art Liegestütz mit abgewinkelten Brustflossen im flachen Wasser bewegte, den Vorderkörper aus dem Wasser streckte oder sogar kurze Ausflüge auf das feste Land machte und am Ufer mit seinen scharfen Zähnen Tiere erbeutete.

Abb. 18: Tiktaalit (Rekonstruktion)

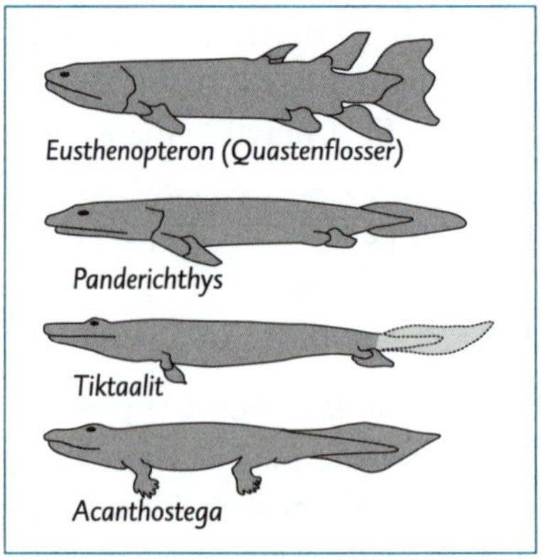

Abb. 19: Körperumrisse des *Tiktaalit* und einiger seiner näheren Verwandten

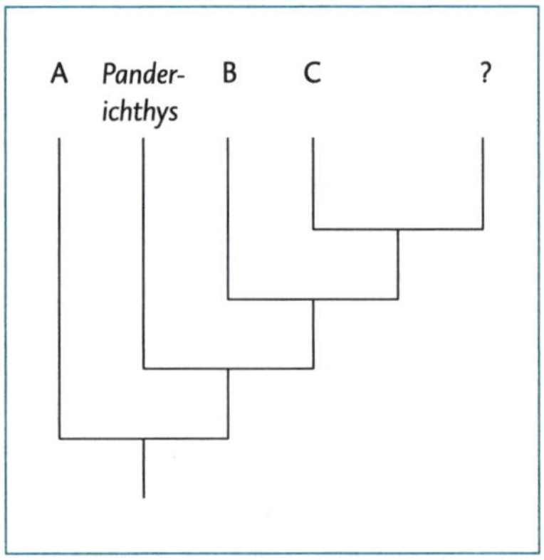

Abb. 20: Stammbaumschema einiger Vorfahren der Vierbeiner

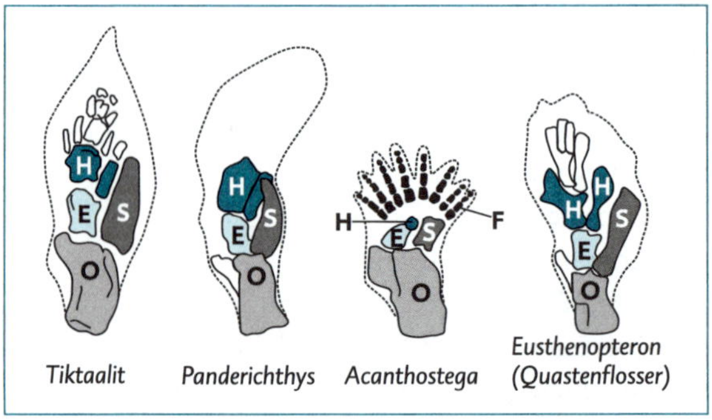

Abb. 21: Bau der Vorderextremität des *Tiktaalit* und einiger seiner näheren Verwandten; Bezeichnung der einzelnen Knochen: F = Fingerknochen, H = Handwurzelknochen, E = Elle, S = Speiche, O = Oberarmknochen

a Fachleute halten *Tiktaalit* für eine Brückenform (Mosaikform). Begründen Sie diese Meinung.

b Ordnen Sie die Schemazeichnungen der Körperumrisse (Abb. 19) und der Brustflossen (Abb. 21) von Verwandten des *Tiktaalit* dem Stammbaumschema (Abb. 20) zu. Begründen Sie die Zuordnung.

c Schlagen Sie ein weiteres Fossil vor, das an der im Stammbaumschema frei gebliebenen Stelle eingetragen werden könnte. Beschreiben Sie kurz den Bau der Vorderextremität dieses Fossils.

d Beschreiben Sie in Stichworten die wesentlichen Veränderungen der Brustflosse im Laufe der Stammesgeschichte.

e Erläutern Sie, welche Veränderung in der Stammesgeschichte der Wirbeltiere durch den Fund von *Tiktaalit* besser nachgewiesen werden kann als vor der Entdeckung dieses Fossils.

21 Ständig an Land lebende Wirbeltiere entstanden aus Quastenflossern.

- **a** Nennen Sie anatomische Besonderheiten der Quastenflosser, die ermöglichten, dass aus ihrer Gruppe die Landwirbeltiere hervorgehen konnten.
- **b** Beschreiben Sie kurz die Veränderungen, die als Anpassungen an das Landleben bei den ersten Amphibien auftraten.

22 (Themenübergreifende Aufgabe)
Brückenformen lassen sich einer der systematischen Gruppen zuordnen, zwischen denen sie vermitteln, wenn man das natürliche System zugrunde legt (Kladogramm). Nennen Sie die systematische Gruppe, zu der *Archaeopteryx* gehört. Begründen Sie Ihre Zuordnung.

23 Nennen Sie die richtigen Aussagen.
Homologe Organe

- **a** bilden sich durch Umwandlung aus analogen Organen.
- **b** beruhen auf sehr ähnlicher genetischer Information.
- **c** treten nur unter Nachkommen derselben Eltern auf.
- **d** beruhen auf gemeinsamer Abstammung.
- **e** entstehen durch Konvergenz.
- **f** können sich nicht konvergent entwickeln.
- **g** sind in ihrer äußeren Form immer sehr ähnlich.
- **h** kommen nur bei rezenten (heute lebenden) Arten vor.
- **i** sind nur bei Tieren, nicht jedoch bei Pflanzen zu finden.

24 Nennen Sie in Stichworten je ein Beispiel für:

- **a** homologe Organe
- **b** analoge Organe
- **c** konvergent entstandene Körperformen
- **d** Rudimente (drei Angaben)
- **e** Atavismen (drei Angaben)

25 Benennen Sie die folgenden Fälle mit dem jeweils passenden Begriff aus der Evolutionsbiologie.

- **a** Die Staubblätter von Tulpen bestehen aus einem gelben, schlanken Stiel, der in einer kolbenförmigen, bräunlichen Anschwellung endet, in dem die Pollenkörner liegen. In sehr seltenen Fällen findet man Tulpenblüten, deren Staubblätter grün sind und an Laubblätter erinnern.
- **b** In der ausgereiften Blüte von Braunwurzgewächsen findet man neben den normalen Staubblättern, die in der Lage sind, Pollen zu bilden, immer auch solche, die unvollständig ausgebildet und funktionslos sind.

c Bei heutigen Pferden werden sehr selten Fohlen geboren, deren Vorderbeine mehrzehig sind.

d Unter Pottwalen findet man gelegentlich Individuen, die äußerlich sichtbare Hinterextremitäten tragen.

e Der Grottenolm, ein Molch, lebt in einigen Höhlen Kroatiens. Er ist blind, besitzt jedoch noch funktionslose Reste von Augen.

f Kiwis, die Wappenvögel Neuseelands, können nicht fliegen. Sie sind etwa so groß wie ein Haushuhn, aber ihre Flügel sind winzig klein, nur etwa 5 cm lang.

26 Erläutern Sie, warum sich nur Homologien, nicht aber Analogien, dazu eignen, Verwandtschaft zu erschließen.

27 Nennen Sie von den unten dargestellten Fällen diejenigen, bei denen es sich um eine Analogie bzw. eine Konvergenz homologer Organe handelt. Begründen Sie die Zuordnung.

a Wirbeltiere, die Ameisen und Termiten fressen (siehe Abb. 22), haben häufig eine sehr lange, sehr bewegliche, peitschenartige Zunge. Beispiele solcher Tiere aus drei systematischen Untergruppen der Säuger sind:
   - Der Ameisenigel, ein Kloakentier, das Eier legt und zur gleichen Gruppe der Säuger gehört wie das Schnabeltier.
   - Der Ameisenbeutler, ein Beuteltier.
   - Der Ameisenbär, ein Plazentatier, bei dem die Entwicklung und Geburt der Jungen wie bei den meisten heutigen Säugern abläuft.

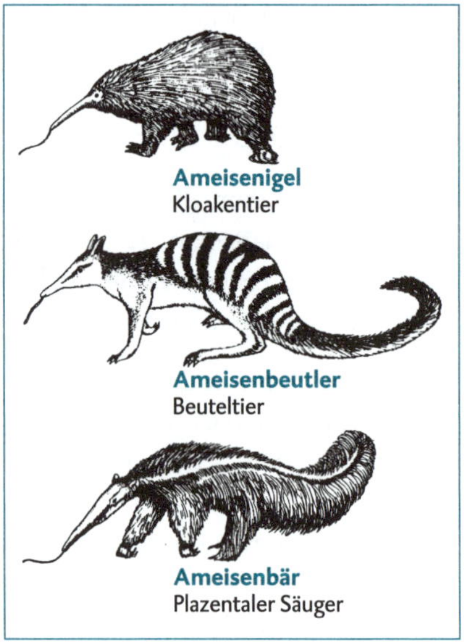

Abb. 22: Drei Ameisen fressende Säugetiere.

b Die Vorderextremitäten sind zu Flossen umgewandelt bei:
   - Robben (nächste Verwandte sind landlebende Raubtiere)
   - Walen (nächste Verwandte sind vermutlich landlebende Paar- oder Unpaarhufer)
   - Seekühe (nächste Verwandte sind Elefanten u. ä. Tiere)
   - Pinguine (nächste Verwandte in einer anderen Vogelgruppe)

c Ranken werden gebildet:
- bei der Erbse aus den oberen Fiederblättchen der Laubblätter
- beim Wilden Wein aus Teilen der Sprossachse
- bei der Vanille aus den Wurzeln

d Schwänze, mit denen sich Tiere im Geäst festhalten können (Klammerschwänze, Greifschwänze), kommen bei den Säugern u. a. vor beim
- Wickelbär (gehört zur Gruppe der Kleinbären),
- Baumstachler (gehört zur Gruppe der Nagetiere),
- Kleinen Ameisenbär (gehört zu einer besonderen Gruppe südamerikanischer Säuger),
- Klammeraffe (gehört zu einer besonderen südamerikanischen Gruppe von Affen).

e Die Kiemen der Fische (Wirbeltiere) liegen im Kopfbereich an den Kiemenbögen, die der Krebse (wirbellose Tiere) sind als Anhänge der Beine entstanden.

f
- Die Dornen der Schlehe bestehen aus umgewandelten Sprossen.
- Bei der Opuntie (Kaktee) haben die Blätter die Gestalt von Dornen.
- Bei einigen Palmenarten sind Teile der Wurzeln zu Dornen umgestaltet.

28 a Beschreiben Sie allgemein, welche Eigenart eine heute lebende Tier- oder Pflanzenart zu einem lebenden Fossil macht.

b Nennen Sie zwei Beispiele für lebende Fossilien und erläutern Sie die entsprechenden Merkmale.

29 Nennen Sie von den unten aufgeführten Strukturen und Organen diejenigen, bei denen es sich um Atavismen bzw. Rudimente handelt.
Erläutern Sie, warum man Rudimente und Atavismen als Hinweise auf die Evolution der Organismen betrachten darf.

a Steißbein des Menschen
b Überzähliger Huf am Griffelbein eines Pferdes
c Reste der Laubblätter (schuppenförmige, braune Gebilde) beim Fichtenspargel (parasitisch lebende Pflanze)
d Kleines, schwanzähnliches Gebilde am Steißbein eines Menschen
e Reste des Beckengürtels bei Walen
f Voll ausgebildete Hinterflügel bei einer Taufliege *(Drosophila)*
g Löwenmäulchen-Pflanze mit radiärsymmetrischen Blüten, statt der normalen, für die Art typischen bilateralsymmetrischen
h Überzählige Brustwarzen bei einem Menschen

30 In Höhlen lebende Tiere haben häufig keine oder nur kleine, wenig leistungsfähige Augen. Beispiele dafür finden sich bei höhlenbewohnenden Käfern, Schnecken, Fischen, Amphibien u. a.

- **a** Nennen Sie den allgemeinen Fachbegriff für solche und ähnliche Organe.
- **b** Nennen Sie den allgemeinen Fachbegriff für das Phänomen, dass verkümmerte Augen bei Tieren vorkommen, die zu verschiedenen, nicht näher miteinander verwandten, systematischen Gruppen gehören.

31 Nennen Sie von den folgenden Strukturen diejenigen, die bei Prokaryoten nicht vorkommen.

- **a** DNA
- **b** Endoplasmatisches Retikulum
- **c** Mitochondrien
- **d** Ribosomen
- **e** Golgi-Apparat (Dictyosomen)
- **f** Zellkern
- **g** mRNA
- **h** tRNA

32 In der Wissenschaft wird kaum angezweifelt, dass die Zelle nur einmal im Laufe der Geschichte des Lebens entstanden ist.

- **a** Nennen Sie die beiden verschiedenen Zelltypen heutiger Organismen und beschreiben Sie in Stichworten ein Unterscheidungsmerkmal.
- **b** Nennen Sie vier Zellstrukturen, die menschliche Zellen mit den Zellen aller Tiere gemeinsam haben.
- **c** Nennen Sie Strukturen, in denen sich die Zellen der Pflanzen von denen der Tiere unterscheiden.
- **d** Nennen Sie drei Vorgänge, die in allen Zellen der Pflanzen und Tiere gleich oder sehr ähnlich ablaufen.
- **e** Nennen Sie zwei Vorgänge, die in den Zellen aller heute lebenden Organismen in gleicher oder ähnlicher Weise ablaufen.

33 Nennen Sie drei Befunde, die für die Richtigkeit der Endosymbionten-Theorie sprechen.

34 In der pharmazeutischen Industrie ist es üblich, Medikamente vor der Freigabe für den medizinischen Gebrauch an Tieren zu testen, v. a. an Mäusen, Ratten, Meerschweinchen und anderen Säugern.
Erläutern Sie die Schlussfolgerung, die sich aus der Tatsache ziehen lässt, dass solche Tests brauchbare, auf den Menschen übertragbare Ergebnisse liefern.

35 Nennen Sie drei Molekülarten, die in den Zellen aller heute lebenden Organismen eine gleiche oder ähnliche Funktion ausüben.

36 (Themenübergreifende Aufgabe)

Die Analyse der Aminosäuresequenz eines Proteins ermöglicht Rückschlüsse auf die genetische Information.

Nennen Sie von den im Folgenden beschriebenen Phänomenen diejenigen, die die Grundlage dafür bilden, dass man aus dem Vergleich der Aminosäuresequenz ähnlicher Proteine auf den Verwandtschaftsgrad verschiedener Organismen schließen kann.

- a Für die Änderung der Primärstruktur eines Proteins sind Genmutationen verantwortlich.
- b Der genetische Code ist degeneriert.
- c Der genetische Code wird ohne Komma (Pausenzeichen) abgelesen.
- d Die Zahl der in der Stammesgeschichte einer Art aufgetretenen Mutationen ist zeitabhängig.
- e Je später in der Stammesgeschichte sich eine Art in zwei aufspaltet, desto geringer sind die Unterschiede in der Proteinstruktur der beiden neu entstandenen Arten.
- f Die meisten Proteinarten der Zelle arbeiten als Enzyme.

37 Nennen Sie die richtigen Aussagen.

- a In Präzipitintests (Serodiagnose) werden Versuchstieren Antikörper gespritzt, die gegen bestimmte Antigene wirken.
- b In Präzipitintests kann der Grad der Ähnlichkeit von Proteinen verschiedener Organismen festgestellt werden.
- c Der Grad der Ähnlichkeit vergleichbarer Proteine verschiedener Tierarten lässt sich in Präzipitintests feststellen, weil Antikörper ihre volle Wirkung nur gegenüber dem Protein entfalten, gegen das sie gebildet wurden.
- d In Präzipitintests lässt sich messen, ob zwei Tierarten das gleiche Immunsystem besitzen.
- e Je ähnlicher zwei Proteinmoleküle sind, desto geringer ist ihre Ausfällung im Präzipitintest.
- f Bei naher Verwandtschaft zwischen zwei Tierarten ist die Ausfällung ihrer Proteine im Präzipitintest hoch.
- g Für einen Präzipitintest benutzt man am häufigsten die Proteine von Leberzellen.

h Präzipitintests sind geeignet, um die Abfolge der Aminosäuren eines Proteins festzustellen.
i Die Ausfällung des Eiweißes im Präzipitintest beruht auf einer Antigen-Antikörper-Reaktion.

38 Cytochrom c ist ein Enzym der Zellatmung. Es kommt bei fast allen Organismen vor. Das Cytochrom c des Menschen stimmt in der Abfolge von etwa der Hälfte der rund 110 Aminosäuren mit dem der Hefe (einzelliger Pilz) überein.
Begründen Sie, weshalb man diese Tatsache als Argument für die Richtigkeit der Annahme verwenden darf, die heute auf der Erde lebenden Organismen seien das Ergebnis einer Evolution.

39 Nennen Sie die richtigen Aussagen.
a Bei der DNA-Hybridisierung werden DNA-Einzelstränge verschiedener Organismenarten dazu gebracht, sich zu Polynukleotid-Doppelsträngen zu paaren.
b Um eine DNA-Hybridisierung durchführen zu können, benötigt man die DNA von Artbastarden (Mischlinge, die aus der Kreuzung zwischen zwei Arten hervorgehen).
c Als Maß für die Ähnlichkeit der DNA gilt in der DNA-Hybridisierung die Temperatur, die erforderlich ist, um einen hybriden DNA-Doppelstrang zu trennen.
d Je ähnlicher sich zwei DNA-Einzelstränge verschiedener Arten sind, die in der DNA-Hybridisierung dazu gebracht wurden, sich zu einem Doppelstrang zu paaren, desto geringer ist die Temperatur, die erforderlich ist, um diesen Doppelstrang zu trennen.
e Bei der Trennungstemperatur (Schmelztemperatur) lösen sich bei der DNA-Hybridisierung die H-Brücken zwischen den Polynukleotid-Einzelsträngen der DNA.
f Die Schmelztemperatur löst im Verfahren der DNA-Hybridisierung die Bindungen zwischen den Nukleotiden eines DNA-Einzelstranges.
g DNA-Hybridisierung ist ein Verfahren, mit dem man im Labor heterozygote Individuen erzeugen kann.
h Zur DNA-Hybridisierung werden Chromosomen verschiedener Organismenarten durch künstliche Befruchtung neu kombiniert.

40 In der Abb. 23 ist das Ergebnis der DNA-Hybridisierung von drei verschiedenen *Drosophila*-Arten (Fruchtfliegen) zu sehen. Dabei wurde die DNA von *D. melanogaster* mit der von *D. simulans* bzw. mit der von *D. funebris* hybridisiert. Nennen Sie die Art, mit der *Drosophila melanogaster* näher verwandt ist, und begründen Sie Ihre Antwort.

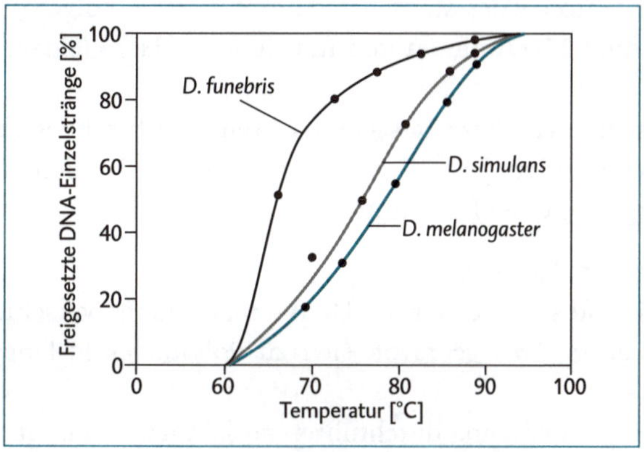

Abb. 23: Trennung von DNA-Hybridsträngen in Abhängigkeit von der Temperatur. Dargestellt sind die Ergebnisse für DNA-Hybridstränge zwischen *D. melanogaster* und *D. simulans* bzw. *D. funebris*. Zum Vergleich sind auch die Messergebnisse bei nicht-hybrider DNA von *D. melanogaster* angegeben.

41 Neuweltgeier (z. B. der Kondor) sind mit den Störchen näher verwandt als mit den Altweltgeiern (z. B. Gänsegeier). Dies stellte man durch den Vergleich des Körperbaus, des Verhaltens und der Sekrete aus einer bestimmten Drüse der Tiere fest.

- **a** Beschreiben Sie den Ablauf und das Ergebnis eines Präzipitintests, der diese Verwandtschaftsverhältnisse bestätigen kann.
- **b** Erläutern Sie, wie es zu dem Irrtum kommen konnte, durch den die Neuwelt- und Altweltgeier früher in die gleiche systematische Gruppe gestellt wurden. Verwenden Sie Fachbegriffe in Ihrer Erklärung.

Abb. 24: Körperform von Storch, Kondor und Gänsegeier (nicht maßstabsgerecht).

42 (Themenübergreifende Aufgabe)

1990 gelang es, Stücke der DNA aus fossilen Magnolienblättern zu isolieren, die in 17 Millionen Jahre alten Schichten in Idaho (USA) gefunden wurden. Allerdings konnte man nur eine sehr kleine Menge DNA extrahieren.

Nennen Sie Verfahren, die erforderlich oder möglich sind, wenn die fossile DNA mit der DNA rezenter Magnolienarten verglichen werden soll.

43 (Themenübergreifende Aufgabe)

Die DNA zweier Arten wird mit dem gleichen Restriktionsenzym behandelt. Die dadurch entstandenen DNA-Stücke werden miteinander verglichen. Wenn sich nach der Behandlung mit dem Restriktionsenzym bei beiden Arten ein sehr ähnliches Muster aus den verschieden langen DNA-Stücken ergibt, deutet das darauf hin, dass

- **a** die verglichenen Gene die gleiche Funktion haben.
- **b** die meisten Erkennungssequenzen für das benutzte Restriktionsenzym in beiden DNA-Proben an derselben Position liegen.
- **c** die beiden Arten das gleiche Restriktionsenzym besitzen.
- **d** die jeweils ähnlich langen DNA-Stücke der beiden Arten identische genetische Information enthalten.
- **e** die beiden Arten, von denen die DNA-Proben stammen, näher miteinander verwandt sind als mit einer dritten Art, die in der Zusammenstellung der DNA-Stücke stärker abweicht.

Nennen Sie die richtigen Aussagen.

3 Artentstehung nach den Theorien von LAMARCK und DARWIN

Die ersten Naturforscher, die umfassende Theorien entwarfen, um die Vielfalt der Organismen durch die Entwicklung aus gemeinsamen Vorfahren zu erklären, waren Jean Baptiste LAMARCK (Frankreich, Beginn des 19. Jahrhunderts) und Charles DARWIN (England, Mitte des 19. Jahrhunderts).

3.1 LAMARCKs Theorie der Evolution

LAMARCK war der Meinung, Organismen änderten sich ständig und strebten danach, sich ihrer Umwelt in kleinen Schritten anzupassen. Er formulierte folgende Ursachen für die Veränderung der Arten:

- **Vervollkommnungstrieb:** das Bedürfnis der Lebewesen, sich entsprechend den Erfordernissen der Umwelt zu ändern, sich der Umwelt anzupassen. LAMARCK stellte sich dies als eine Art inneren Drang oder langsam wirkenden Willen vor.
- **Gebrauch und Nichtgebrauch von Organen:** ständiger Gebrauch verstärkt Organe, ständiger Nichtgebrauch führt zu deren Rückbildung.
- **Vererbung von erworbenen Merkmalen:** die durch Gebrauch und Nichtgebrauch erworbenen Merkmale werden an die Nachkommen vererbt. Die Nachkommen ändern ihre Merkmale über viele Generationen hinweg in sehr kleinen Schritten.

Nach LAMARCK ruft die Umwelt **gerichtete Veränderungen** der Organismen hervor. Dabei wirkt die Umwelt über den Gebrauch bzw. Nichtgebrauch von Organen und über die Beeinflussung des Vervollkommnungstriebs (siehe Abb. 25).

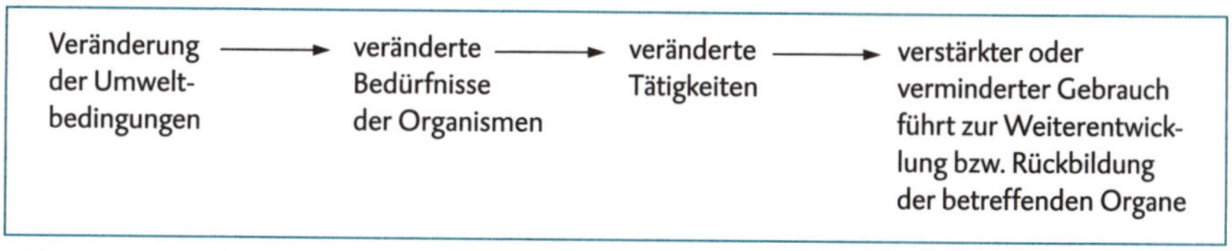

Abb. 25: Abläufe, die nach LAMARCKs Theorie gerichtete Veränderungen bedingen.

Die beiden **wichtigsten Annahmen der LAMARCK'schen Theorie**, die Möglichkeit, erworbene Eigenschaften zu vererben, und die Fähigkeit der Umwelt, gerichtete, vererbbare Veränderungen der Organismen hervorzurufen, lassen sich **aus der Sicht der modernen Genetik widerlegen**: **Modifikationen**, also erworbene, durch Einflüsse der Umwelt entstandene Merkmale können **nicht vererbt** werden. In vielen Fällen legen Gene die Form eines Merkmals nicht exakt fest, sondern setzen lediglich **Grenzen**, innerhalb derer sich das Merkmal entsprechend der jeweiligen Umwelt ausprägen kann (Reaktionsnorm, Variationsbreite). So kann z. B. die Hautfarbe von Mitteleuropäern zwischen „sehr hell" im Winter und „kräftig braun" im Sommer schwanken. Vererbbar sind nur die Grenzen „sehr hell" bis „kräftig braun". Ein Kind, das im Sommer gezeugt wird, ist nicht dunkler als eines, das aus einer Befruchtung im Winter hervorgeht.

Obwohl sich die Kernaussagen des Lamarckismus, der **Vervollkommnungstrieb**, die **Vererbung erworbener Eigenschaften** und die These, die Umwelt rufe gerichtete, vererbbare Veränderungen hervor, mit dem heutigen Wissensstand widerlegen lassen, sind LAMARCKs Theorien ein **wichtiger Schritt** der Geistesgeschichte. LAMARCK lieferte zum ersten Mal in der Geschichte eine Theorie, die die langsame, in kleinen Schritten verlaufende Entstehung neuer Arten erklären sollte und die damit dem **Schöpfungsbericht** der Bibel und der Lehrmeinung der christlichen Kirchen widersprach.

3.2 DARWINs Theorie der Evolution

Etwa fünfzig Jahre nach der Veröffentlichung der Theorie LAMARCKs erschien DARWINs bahnbrechendes Buch *„On the origin of species by means of natural selection"*. Auf seinen Beobachtungen der Natur basierend erläuterte DARWIN darin die Grundlagen seiner Theorie:

- **Überproduktion** (Übervermehrung): Organismen erzeugen mehr Nachkommen, als zur Arterhaltung erforderlich wären. Dennoch bleibt die Zahl der Individuen einer Art in einem Gebiet in gewissen Grenzen konstant.
- **Variabilität:** Die Individuen einer Art sind untereinander nie völlig gleich. Sie zeigen geringe Unterschiede in ihren Merkmalen. Die Unterschiede zwischen den Individuen treten zufällig auf und sind ungerichtet (keine Ausrichtung auf eine bessere Anpassung an die Umwelt).
- **Vererbung:** Die Merkmalsänderungen sind zu einem großen Teil vererbbar.

Folgende **Schlussfolgerungen** leitete DARWIN aus diesen Beobachtungen ab: Die Individuen einer Art konkurrieren um Nahrung, Raum, Geschlechtspartner u. Ä. miteinander. DARWIN bezeichnete das als **„struggle for life“**. Diejenigen **Variationen** der Individuen, die zufällig für die jeweiligen Umweltbedingungen aktuell günstiger sind als andere, also die besser angepassten Individuen, überleben häufiger. DARWIN beschrieb diesen Vorgang als **„survival of the fittest“**. Die am besten an die Umwelt angepassten Individuen, die mit der höchsten „Fitness“, werden **selektiert**. Selektion im Sinne DARWINs bedeutet, dass diese Varianten eine größte Chance zur Fortpflanzung, also die meisten Nachkommen haben. Sie können daher ihre günstigen Merkmale in stärkerem Maße an die nächste Generation weitergeben als solche Individuen, die weniger gut angepasst sind. Welche Merkmale die bessere Anpassung ergeben, welche also von der Selektion bevorzugt werden, hängt von der jeweiligen Umwelt ab. Bei einem Wechsel der Umweltbedingung ändert sich auch die Richtung der Selektion. Durch die natürliche Auslese kommt es zur Änderung der Merkmale einer Art. Dabei ändern sich die Merkmale in kleinen Schritten von **Generation zu Generation** über lange Zeit hinweg.

Folgende **Erläuterungen und Hinweise** tragen zum Verständnis der Theorien DARWINs bei:

- Die Annahme der **Überproduktion** ist erforderlich, damit trotz der Selektion noch genügend Individuen erhalten bleiben, sodass die Gesamtzahl der Organismen einer Art nicht absinkt.
- *„Struggle for life“* bedeutet nicht „Kampf ums Überleben“ im wörtlichen Sinne, sondern eher **Konkurrenz und Wettbewerb** um Lebensbedingungen. Darunter ist also auch die Konkurrenz um Licht, Wasser, Mineralsalze u. Ä. zwischen Individuen einer Pflanzenart in einem bestimmten Gebiet zu verstehen. Im Zuge des *„survival of the fittest“* können z. B. die Pflanzenvarianten, die es aufgrund günstiger Merkmale schaffen, mehr Licht, Wasser, Mineralsalze o. Ä. zu erhalten, mehr Samen produzieren. Ihre günstigen Merkmale treten daher in der nächsten Generation häufiger auf.
- Die von DARWIN beobachteten zufälligen, ungerichteten Merkmalsveränderungen werden mit der modernen Genetik durch **Mutation** und **Rekombination** erklärt (siehe Synthetische Theorie der Evolution, S. (2) 56 ff.).

- DARWIN konnte bei der Entwicklung seiner Theorien auf wichtige Erkenntnisse aus **anderen Wissenschaftsgebieten** zurückgreifen. Der Geologe Charles LYELL wies nach, dass die Gestalt der Erde sich ständig wandelt und dass diese Veränderungen in sehr langen Zeiträumen ablaufen. LYELL lieferte auch das **Aktualitätsprinzip** als grundsätzliche Annahme. Es besagt, dass in der Vergangenheit dieselben Faktoren, z. B. Naturgesetze oder die Regeln der Wahrscheinlichkeit, wirksam waren wie in der Gegenwart. Auf den Volkswirt Thomas MALTHUS ging der Gedanke der Überproduktion von Nachkommen zurück. Er errechnete, dass die menschliche Bevölkerung schneller wachse, als die Erzeugung von Nahrungsmitteln zunehmen könne.

Die Formulierungen *„struggle for life“*, *„survival of the fittest“* und *„natural selection“* wurden in der Vergangenheit von Anhängern **rassistischer** Ideologien falsch interpretiert und missbraucht. So entwickelte sich aus einem bewusst falsch verstandenen Darwinismus der **Sozialdarwinismus**. Diese pseudowissenschaftliche Theorie bildete eine wichtige Grundlage für rassistische Gesellschaftsordnungen wie den **Nationalsozialismus** in Deutschland. Sie lieferte eine wesentliche Begründung für die **„Rassengesetze“** des Dritten Reiches. Schreckliche Folgen hatte die unzulässige Übertragung des Phänomens der natürlichen Selektion auf die menschliche Gesellschaft und die ungerechtfertigte, vereinfachende Deutung des *„survival of the fittest“* als das „Recht des Stärkeren“.

3.3 Vergleich der Evolutionstheorien von LAMARCK und DARWIN

Sowohl LAMARCK als auch DARWIN waren der Meinung, dass Arten auseinander entstehen und dass dies durch sehr kleinschrittige Veränderungen geschieht. So erklärten sie die heutige Vielfalt des Lebens. Die Vorstellungen der beiden Evolutionstheoretiker darüber, welche Vorgänge bei der Entstehung einer Art ablaufen und welche Ursachen es dafür gibt, unterscheiden sich jedoch erheblich.

Nach der Theorie LAMARCKS sind die Organismen **aktiv** an der Veränderung ihrer Merkmale beteiligt, sie **passen** sich an.
In DARWINS Theorie spielen die Organismen eine **passive** Rolle, sie **werden angepasst**.

Zusammenfassung

- Nach der Theorie **LAMARCKS** verändern sich die Organismen im Laufe der Stammesgeschichte aktiv durch ihren eigenen **Vervollkommnungstrieb** und den **Gebrauch oder Nichtgebrauch** von Organen.
- Die Annahme **LAMARCKS**, erworbene Eigenschaften seien vererbbar und könnten so an die Nachkommen weitergegeben werden, lässt sich **nicht nachweisen**.
- **DARWIN** schloss aus der Beobachtung der Überproduktion und der Verschiedenartigkeit (Variation) der Organismen, dass **Selektion** auftritt, die es in der Konkurrenz um Lebensbedingungen („*struggle for life*") im Extremfall nur den **bestangepassten Individuen** erlaubt, sich fortzupflanzen („*survival of the fittest*").

Aufgaben

44 Nennen Sie von den folgenden Aussagen diejenigen, die Inhalte

- der Theorie LAMARCKS,
- der Theorie DARWINS,
- sowohl der Theorie LAMARCKS wie auch der DARWINS

beschreiben:

a Organismen wandeln sich im Laufe langer Zeiträume.

b Organismen bringen in der Regel mehr Nachkommen hervor, als zur Erhaltung ihrer Art erforderlich wären.

c Eine Ursache der Wandlung der Arten ist ihr innerer Drang nach Veränderung.

d Die Veränderung der Arten geschieht in sehr kleinen Schritten.

e Die Unterschiede zwischen den Individuen derselben Art treten zufällig und unabhängig von der Beschaffenheit der jeweiligen Umwelt, d. h. ungerichtet auf.

f Ständiger Gebrauch von Organen führt in kleinen Schritten über viele Generationen hinweg zu ihrer Verstärkung.

g Die Individuen derselben Art sind in der Regel nie völlig gleich.

h Ständiger Nichtgebrauch hat eine zunehmende Rückbildung der entsprechenden Organe zur Folge.

i Folge der Veränderung der Arten ist eine bessere Anpassung an die jeweilige Umwelt.

k Durch Gebrauch und Nichtgebrauch erworbene Merkmale werden vererbt.

l An die jeweilige Umwelt am besten angepasste Individuen überleben häufiger und haben daher mehr Nachkommen.

45 Nennen Sie die Evolutionstheoretiker, von denen folgende Zitate stammen könnten.

- **a** *„Aber man kann auch sagen eine Pflanze kämpfe am Rande der Wüste um ihr Dasein gegen die Trocknis."*
- **b** *„So werden …, als die Giraffe entstanden war, diejenigen Individuen, die die am höchsten wachsenden Zweige abweiden und in Zeiten der Dürre auch nur einen oder zwei Zoll höher reichen konnten als die anderen, häufig erhalten geblieben sein, denn …"*
- **c** *„Gibt es ein treffenderes Beispiel als das des Kängurus? … Seine Vorderbeine, die es sehr wenig gebraucht und auf die es sich nur dann stützt, wenn es seine aufrechte Haltung aufgibt, sind im Verhältnis zu den übrigen Teilen in ihrer Entwicklung zurückgeblieben und sind mager, äußerst klein und beinahe kraftlos geblieben."*
- **d** *„Neu aufgetretene Bedürfnisse, die eine Notwendigkeit für ein Organ hervorrufen, führen als Resultat der gemachten Anstrengung tatsächlich zur Existenz jenes Körperteils."*
- **e** Erklärung der Beinlosigkeit von Schlangen:
  „Da nun der Nichtgebrauch dieser Organe bei den Rassen dieser Tiere konstant gewesen ist, so hat er dieselben vollständig verschwinden lassen, obgleich sie im Organisationsplan der Tiere ihrer Klasse liegen."

46 Nennen Sie von den folgenden Aussagen der Evolutionstheorie LAMARCKS diejenigen, die nach heutiger Kenntnis noch zutreffen.

- **a** Die Organismen haben sich im Laufe der Erdgeschichte gewandelt.
- **b** Lebewesen sind in der Regel an die jeweiligen Umweltbedingungen angepasst.
- **c** Lebewesen veränderten sich im Laufe ihrer Stammesgeschichte in kleinen Schritten.
- **d** Die Anpassung der Lebewesen geschieht durch die Vererbung von Merkmalen, die durch Gebrauch und Nichtgebrauch von Organen erworben wurden.
- **e** Bestimmte Organe eines Individuums können im Laufe seines Lebens durch ihren Gebrauch kräftiger, durch ihren Nichtgebrauch schwächer werden.
- **f** Jedes Individuum eines Lebewesens besitzt eine in ihm liegende Tendenz zur Verbesserung seiner Anpassung.
- **g** Umwelteinflüsse sind einer der Faktoren, die die Veränderung von Arten und Merkmalen bewirken können.

47 Ein Termitenvolk besteht aus unterschiedlichen Gruppen (Kasten).

- Die „Soldaten“ haben sehr kräftige Kiefer.
- Die „Arbeiter“ haben kräftige Beine.
- Der „König“ ist größer als Soldaten und Arbeiter und hat weniger kräftige Beine als Arbeiter und nur kleine Kiefer.
- Die „Königin“ ist das größte Tier des Volkes und hat kleine Kiefer und schwache Beine.

Nur der König und die Königin können sich fortpflanzen. Die übrigen Individuen sind steril.

Erläutern Sie, warum die beschriebenen Verhältnisse bei den Termiten die Evolutionstheorie LAMARCKs widerlegen.

48 Nennen Sie die korrekte(n) Aussage(n).

DARWIN beschäftigt sich in seinem Hauptwerk „Die Entstehung der Arten …“ v. a. mit

a der Veränderung von Merkmalen und der Entstehung von Anpassungen bei Pflanzen und Tieren.
b den Ursachen für das Aussterben von Arten, die nur als Fossilien überliefert sind.
c den genetischen Grundlagen der Evolution.
d der Entstehung des Lebens auf der Erde.
e dem Ursprung des Menschen.

49 DARWIN übernahm grundsätzliche Annahmen für seine Evolutionstheorie von anderen, nichtbiologischen Wissenschaftlern.

Nennen Sie zwei solche Autoren und beschreiben Sie den Kern ihrer Erkenntnisse in wenigen Worten.

50 Erläutern Sie den Begriff „Aktualitätsprinzip“.

51 **a** Nennen Sie den Evolutionstheoretiker, von dem das folgende Zitat stammt:

„Von einer Pflanze, … lässt sich mit größerem Recht sagen, sie kämpfe ums Dasein mit jenen Pflanzen ihrer Art …, die bereits den Boden bedecken.“

b Nennen Sie das Phänomen, um das es in dem Zitat geht.
c Erläutern Sie, welchem Missverständnis der Autor entgegentreten wollte.

52 Das folgende Zitat stammt von dem Evolutionstheoretiker A. R. WALLACE (Mitte des 19. Jh.).

„Die mächtigen einziehbaren Krallen der Falken- und Katzenstämme sind nicht durch das Wollen jener Tiere hervorgerufen oder vergrößert worden, sondern unter den verschiedenen Varietäten … überlebten stets die am häufigsten, die die größte Fähigkeit zur Ergreifung ihrer Beute besaßen."

- **a** Nennen Sie von den beiden Evolutionstheoretikern LAMARCK und DARWIN denjenigen, dessen Theorie mit der Ansicht von WALLACE übereinstimmt.
- **b** Erläutern Sie, mit welchen Bereichen und Aspekten der LAMARCK'schen bzw. DARWIN'schen Theorie sich WALLACE auseinandersetzt.

53 Einige Fachleute nehmen an, dass Federn ursprünglich Gebilde waren, die bei kleinen Sauriern den Fang von Insekten erleichterten. Im Laufe der Stammesgeschichte sollen sie ihre Funktion gewandelt und die Bildung von Tragflächen ermöglicht haben. Im Folgenden ist diese Annahme in einem Text dargestellt, wie ihn LAMARCK geschrieben haben könnte:

„Eine kleine Saurierart ernährte sich von Insekten. Sie jagte ihre Beute im schnellen, zweibeinigen Lauf und fing sie mit den Armen. Ein Individuum bildete sehr kleine, federartige Schuppen an den Armen und konnte dadurch Insekten leichter erbeuten als seine Artgenossen. Diese kleinen Federn verstärkten sich durch den ständigen Gebrauch beim Beutefang ein wenig. Die etwas größere Form der ursprünglichen Federn vererbte dieses Tier an seine Nachkommen. Über viele Generationen hinweg kam es durch ständigen Gebrauch zur Bildung immer größerer Federn. Die größeren Federn ermöglichten Gleitflüge. Dies brachte Vorteile bei der Fortbewegung, z. B. konnten die Tiere ihren Feinden leichter entkommen. Der ständige Gebrauch der Arme als Tragflächen führte wiederum über viele Generationen zu einer immer perfekteren Ausbildung als Flugorgane. Am Ende standen Vögel, deren Arme sich für den aktiven Flug eigneten."

- **a** Formulieren Sie den Text so um, dass er eine Erklärung aus darwinistischer Sicht gibt.
- **b** Beschreiben Sie, wie LAMARCK die Flugunfähigkeit von Straußen, Emus, Kiwis und anderen Laufvögeln erklärt hätte.

4 Synthetische Theorie der Evolution

Mit der Einbeziehung der Erkenntnisse aller Forschungsbereiche der Biologie, v. a. jener aus der Genetik und der Ökologie, in die Erklärung der Artentstehung entwickelte sich die **Synthetische Theorie der Evolution**. Sie gilt heute als die am sichersten begründete Evolutionstheorie.

4.1 Populationsgenetische Grundlagen

Evolution läuft nur ab, wenn die auftretenden Merkmalsänderungen erblich sind. Entscheidend ist daher die Veränderung des **Genotyps**. Wenn sich die Information eines Gens verändert, wenn also ein Gen mutiert, entsteht ein neues **Allel** dieses Gens.

Beispiel

Das Gen „Blütenfarbe“ liegt bei der Erbse entweder als **dominantes Allel** „rot“ (= R) vor oder als **rezessives Allel** „weiß“ (= r). Dominant ist ein Allel, wenn es im **heterozygoten** Genotyp Rr die Ausprägung des rezessiven Allels verhindert. Im Fall der Blütenfarbe der Erbse überdeckt das Allel R das Allel r. Erbsen mit dem Genotyp Rr haben rote Blüten.

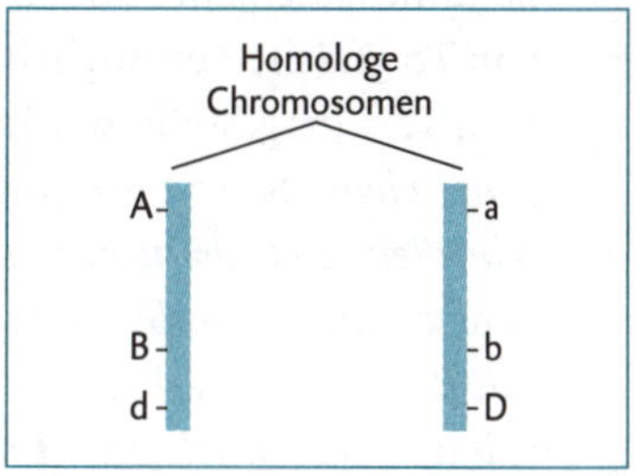

Abb. 26: Dominante und rezessive Allele dreier Gene.

Um die Veränderung einer Art erklären zu können, muss man zunächst ihre Allele erfassen. Dabei darf man nicht von Individuen ausgehen, wie DARWIN es tat, sondern man muss die **Gesamtheit der Allele** der Art, zumindest einer Population, betrachten, denn ein einzelnes Individuum trägt in seinem Genotyp immer nur einen Teil der Allele der jeweiligen Art. Menschen mit der Blutgruppe 0 haben z. B. keine Allele für die Blutgruppen A oder B.

Population und Genpool

Grundlage der Synthetischen Theorie der Evolution ist die Gesamtheit aller Allele einer **Population**. Eine Population besteht aus einer Gruppe von Individuen, die zur gleichen Art gehören, zur gleichen Zeit im gleichen Raum leben und die sich untereinander fruchtbar fortpflanzen können.

Eine Population ist eine **Fortpflanzungsgemeinschaft**.

Die Genotypen aller Individuen einer Population bilden zusammen den **Genpool**. Er umfasst alle Allele, die zu einer bestimmten Zeit in der jeweiligen Population vorkommen.

Als Genpool bezeichnet man die **Gesamtheit aller Allele** einer Population.

Beispiele

Die Gämsen der Alpen und die der Pyrenäen bilden beispielsweise je eine eigene Population, ebenso die Karpfen in zwei voneinander getrennten Teichen. Die **Menschheit** stellt heute eine einzige Population dar.

Ideale Populationen

Die Häufigkeiten, mit denen die Allele in einem Genpool vorkommen (Allelfrequenzen = Genfrequenzen), ändern sich durch verschiedene Faktoren ständig. Um ermessen zu können, wie diese Faktoren auf die Allelfrequenzen wirken und welche Bedeutung das für die Artentstehung hat, geht man zunächst von einer nur gedachten, **idealen Population** aus, die die folgenden Bedingungen erfüllen muss:

- Es dürfen keine Mutationen auftreten (kein Auftreten neuer Allele).
- Keine der möglichen Allelkombinationen (Genotypen) darf gegenüber den anderen Vorteile haben (keine Selektion).
- Die Wahrscheinlichkeit für die Paarung beliebiger Partner muss gleich groß sein (Panmixie).
- Es dürfen keine Individuen in die Population ein- oder aus ihr auswandern.
- Die Population muss so groß sein, dass der Zufall als Faktor zu vernachlässigen ist. Zum Beispiel darf die Verschiebung der Allelhäufigkeiten durch den Tod eines einzelnen Individuums keine Rolle spielen. Auch der Zufall, mit dem nur einige Keimzellen eines Individuums zur Befruchtung kommen, sodass nur deren Allele in den Genpool der nächsten Generation einfließen, darf keinen Einfluss auf die Allelfrequenzen des Genpools haben.

Die **ideale** Population ist ein **Modell**. Die Bedingungen, unter denen sie auftreten könnte, kommen in der Natur nicht vor.

4.2 Hardy-Weinberg-Gesetz

Die Allelfrequenzen im Genpool einer idealen Population bleiben über die Generationen hinweg stabil. Hierfür gilt die **Hardy-Weinberg-Formel**:
$p^2 + 2pq + q^2 = 1$

Beispiel

In einer idealen Population betrachtet man die Allele A und a. Die Häufigkeit des **Allels A** sei $p = 0{,}9 = 90\,\%$, die des **Allels a** sei $q = 1 - 0{,}9 = 0{,}1 = 10\,\%$. Unabhängig von der Häufigkeit jedes einzelnen Allels gilt: $p + q = 1 = 100\,\%$.

Berechnung der Häufigkeit der verschiedenen Genotypen (AA, Aa, aa) im Genpool der Nachkommengeneration = F_1:
(Die Häufigkeit, mit der ein Gesamtereignis eintritt, errechnet sich aus dem Produkt der Häufigkeiten seiner Einzelereignisse. Beim Wurf einer Münze etwa liegt in der Hälfte aller Fälle ($= \frac{1}{2} = 0{,}5$) „Kopf" oben. Die Häufigkeit, mit der beim Wurf von zwei Münzen bei beiden „Kopf" oben liegt, beträgt $0{,}5 \cdot 0{,}5 = 0{,}25 = 25\,\%$).

- AA: $p \cdot p = 0{,}81$
- Aa: $p \cdot q = 0{,}09$
- aa: $q \cdot q = 0{,}01$
- aA: $q \cdot p = 0{,}09$

Die **Summe der Häufigkeiten** 0,81 + 0,09 + 0,09 + 0,01 = 1 entspricht $p^2 + 2pq + q^2 = 1$.

Berechnung der Allelhäufigkeiten der F_2-Population (= Nachkommen der F_1): Die Individuen der Population der F_1 bilden Keimzellen mit den in Tab. 7 angegebenen Häufigkeiten.

Genotyp	Häufigkeit	Keimzellen
AA	0,81	bilden Keimzellen mit Allel A
aa	0,01	bilden Keimzellen mit Allel a
Aa	0,09	bilden Keimzellen mit Allel A
	0,09	bilden Keimzellen mit Allel a

Tab. 7: Tabelle zur Allelverteilung bei den Keimzellen verschiedener Genotypen.

Häufigkeiten der Allele im Genpool der **Population der F_2:**
- Häufigkeit des Allels A: $0{,}81 + 0{,}09 = 0{,}9$
- Häufigkeit des Allels a: $0{,}01 + 0{,}09 = 0{,}1$

Damit ist nachgewiesen, dass sich bei einer **idealen Population** die ursprünglichen Häufigkeiten für die Allele A ($p = 0{,}9$) und a ($q = 0{,}1$) in der Generationenfolge nicht ändern.

Nach dem Hardy-Weinberg-Gesetz bleibt die **Häufigkeit von Allelen** in idealen Populationen in der Generationenfolge **konstant.**

Die Hardy-Weinberg-Formel bietet aber auch die Möglichkeit, bei nichtidealen Populationen die Häufigkeit von Allelen und Genotypen zu berechnen. Bedeutung hat dies u. a. für die Feststellung, wie häufig ein **pathologisches, rezessives Allel** in der menschlichen Bevölkerung vorkommt und wie hoch die Zahl der Individuen ist, die das Allel **heterozygot** tragen, ohne zu erkranken.

Beispiel

Phenylketonurie (PKU) wird durch ein rezessives **Allel a** hervorgerufen. Es erkranken nur Individuen mit dem **Genotyp aa**. Unter 10 000 Neugeborenen leidet im Durchschnitt ein Kind an PKU (siehe Genwirkkette, S. (1) 115 ff.).

Berechnung der Frequenzen (Häufigkeiten von A bzw. a) des Phenylketonurie-Allels und der Heterozygoten (p = Häufigkeit des Allels A; q = Häufigkeit des Allels a): $q^2 = \frac{1}{10\,000}$, also $q = \frac{1}{100} = 0{,}01$

Die Häufigkeit des **Allels a** in der Bevölkerung beträgt **1 %.**

Da $p + q = 1$ gilt, kann man errechnen: $p = 1 - \frac{1}{100} = \frac{99}{100} = 0{,}99$

Die Häufigkeit des **Allels A** in der Bevölkerung beträgt **99 %.**

Berechnung der Häufigkeit der Heterozygoten Aa in der Bevölkerung anhand der Hardy-Weinberg-Formel $p^2 + 2pq + q^2 = 1$:
Die Häufigkeit der Heterozygoten berechnet sich aus 2 pq.
$2\,pq = 2 \cdot 0{,}01 \cdot 0{,}99 = 0{,}0198 \approx 0{,}02$
Für die Phenylketonurie beträgt demnach die Häufigkeit der Heterozygoten in der Bevölkerung etwa 2 %. Jeder **50. Mensch** ist also ein heterozygoter Träger des Allels für Phenylketonurie.

4.3 Veränderung des Genpools als Grundlage von Evolutionsprozessen

Eine Art kann sich nur verändern, wenn sich ihre Gene und damit auch ihr Genpool ändern. Faktoren, die die Zusammensetzung des Genpools verschieben, nennt man **Evolutionsfaktoren**.

> Zur Entstehung neuer Arten kann es kommen, wenn sich die **Zusammensetzung des Genpools** ändert. Dies geschieht durch den Einfluss von **Evolutionsfaktoren**.

Solche Evolutionsfaktoren sind **Mutation**, **Rekombination**, **Selektion**, **Gendrift** (inkl. Flaschenhalseffekt) und **Separation** (geografische Isolation).
In einer **idealen** Population bleiben die Genfrequenzen ständig konstant. Daher ist hier keine Evolution, d. h. keine Entstehung oder Änderung von Arten möglich. Die Voraussetzungen für ideale Populationen sind aber in der Natur nicht gegeben. In **realen**, natürlich vorkommenden Populationen treten daher in der Generationenfolge immer Abweichungen von den Allelhäufigkeiten auf, die nach der Hardy-Weinberg-Formel zu erwarten wären.

> Evolution tritt auf, wenn sich die **Allelhäufigkeiten** im Genpool einer Population ändern.

4.4 Mutation als Evolutionsfaktor

Mutationen sind Veränderungen der genetischen Information. Sie können in allen Zellen auftreten. Für die Evolution sind aber nur die Mutationen in den **Keimzellen** von Bedeutung, weil nur aus ihnen Nachkommen entstehen können, die die mutierten Gene in den Genpool einbringen.

Mutationsformen

Mutationen treten in verschiedenen Formen auf (siehe S. (1) 119 ff.), als

- **Genmutation:** Änderung der Basenfolge der DNA.
- **Chromosomenmutation:** Änderung der Chromosomenstruktur (z. B. Verlust oder Verdoppelung von Chromosomenstücken).
- **Genommutation:** Änderung der Zahl der Chromosomen durch zusätzliche komplette Chromosomensätze (Polyploidie) oder durch überzählige oder verloren gegangene einzelne Chromosomen. Ursache sind Verteilungsfehler bei der Meiose.

Als **häufigste** Form hat die **Genmutation** die größte Bedeutung für die Evolution, sie tritt **zufällig und ungerichtet** auf. Umweltfaktoren können keine gezielten Änderungen eines bestimmten Gens hervorrufen, Mutationen sind ein „Schuss ins Blaue". Dominante Mutationen, z. B. von a zu A, können sich sofort auf den Phänotyp (Gesamtheit aller Merkmale eines Individuums) auswirken. Rezessive Mutationen, z. B. von A zu a, treten phänotypisch erst zum Vorschein, wenn sie homozygot (aa) vorliegen. Die meisten Mutationen führen zur Entstehung eines **rezessiven Allels**. Meist wirken sich Mutationen ungünstig aus, häufig sind sie **tödlich**. Sie greifen zufällig, ungezielt und ungerichtet in die Steuerung des äußerst komplexen und fein abgestimmten Stoffwechsels ein, was mit größerer Wahrscheinlichkeit zu einer **Störung** als zu einer Verbesserung führt. Durch das Wirken der Selektion sind im Genpool in der Regel nämlich positiv wirkende Allele vorhanden. Eine Mutation verändert daher fast immer den günstigen Zustand eines Gens. Die Folge kann nur ein Allel mit weniger günstigen Eigenschaften sein.

Mutationsrate

Die **Rate** für Genmutationen liegt bei **10^{-4} bis 10^{-6}** pro Gen und Generation. Die Zahl der Mutationen in einer Population ist allerdings höher, als es die niedrige Mutationsrate erwarten lässt. Man schätzt, dass etwa 10–40 % der Keimzellen des Menschen ein mutiertes Gen enthalten.

Mutagen wirkende Umweltbedingungen wie radioaktive Strahlung, bestimmte Chemikalien u. a. (siehe S. (1) 122 f.) **erhöhen** die Mutationsrate. Man kann aber nicht voraussagen, wann sich welches Gen **in welche Richtung** ändert. Die Mutationsrate des Menschen ist durch verschiedene mutagen wirkende Zivilisationsfaktoren erhöht. Vermutlich ist das einer der Gründe für die Zunahme der **Krebserkrankungen** in den Industrieländern.

Mutationsraten sind schwer zu berechnen. Das liegt u. a. daran, dass **Rückmutationen** möglich sind, also Mutationen zurück zum ursprünglichen Zustand, die sich nicht erfassen lassen. Daneben können Mutationen **ohne Auswirkung** bleiben, wenn z. B. die Änderung der Basensequenz wegen des degenerierten Codes keine Änderung der Aminosäuresequenz zur Folge hat, oder wenn die Änderung der Aminosäuresequenz ohne Folgen für die Funktion des Proteins bleibt.

Dies kann der Fall sein, wenn die veränderte Aminosäure nicht im aktiven Zentrum oder in einem anderen wichtigen Bereich eines Enzyms liegt (siehe S. (1) 62). Wenn Mutationen als rezessive Allele im heterozygoten Zustand (Aa) **nicht zur Ausprägung** kommen, sind sie ebenfalls schwer erfassbar. Sie lassen sich aber mithilfe der Hardy-Weinberg-Formel berechnen, wenn die Zahl der homozygot rezessiven Individuen bekannt ist (siehe S. (2) 55). Des Weiteren sind diejenigen Mutationen schwer zu erkennen, die nur solche Veränderungen von Merkmalen hervorrufen, die von ihrem Erscheinungsbild her auch **Modifikationen** sein könnten, wenn es sich also um Mutationen innerhalb der Reaktionsnorm des Gens handelt (siehe S. (2) 45).

4.5 Rekombination als Evolutionsfaktor

Wenn sich Individuen sexuell **durch Keimzellen** fortpflanzen, besitzen ihre Nachkommen mit sehr hoher Wahrscheinlichkeit eine andere Allelkombination, also einen anderen Genotyp, als die Eltern. Verantwortlich dafür ist die **Meiose**. Folgende Vorgänge können zu einer Neukombination (Rekombination) der Allele führen:

- Die Verteilung der homologen Chromosomen in der **Anaphase der ersten Reifeteilung** der Meiose erfolgt zufällig. Homologe Chromosomen können unterschiedliche genetische Informationen tragen. Bei jedem homologen Chromosomenpaar bleibt es dem Zufall überlassen, ob das väterliche oder das mütterliche Chromosom in eine der Keimzellen gelangt.
- Es kann zum zufälligen Austausch von Chromosomenstücken zwischen homologen Chromosomen kommen, zum **„Crossing-over"**. Dieser Chromosomenstück-Austausch kann nur während der Meiose geschehen.
- Welche Eizelle von welchem Spermium bzw. welchem Pollen **befruchtet** wird, ist ebenfalls ein vom Zufall bestimmter Prozess. Von Bedeutung ist dies, weil die Keimzellen eines Individuums mit sehr hoher Wahrscheinlichkeit unterschiedliche genetische Informationen haben.

Die **Rekombination** von Allelen ist ebenso wie die Mutation ein **zufälliges** Ereignis.

Erläuterungen zum Crossing-over

Allele, die auf demselben Chromosom liegen, bilden eine **Kopplungsgruppe**. Da in der Meiose und Mitose ganze Chromosomen auf die neuen Zellen verteilt werden, bleiben die Allele einer Kopplungsgruppe immer zusammen. Die Kombination von Allelen ist also durch Kopplungsgruppen eingeschränkt.

Kopplungsgruppen können aber in der Meiose durch Crossing-over **aufgehoben** werden. Dabei bricht jedes der beiden homologen Chromosomen an der gleichen Stelle und verbindet sich mit dem Stück des jeweiligen homologen Partners. Dadurch kommt es zu einer neuen Kombination der Allele auf den beteiligten Chromosomen.

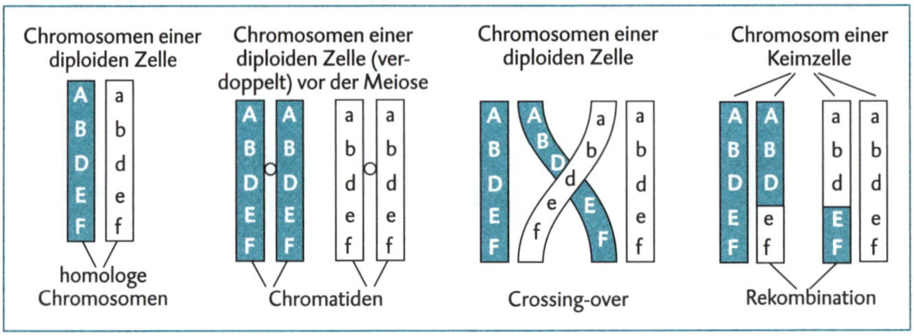

Abb. 27: Rekombination durch Crossing-over.
(Vereinfachend ist angenommen, dass alle Allele eines Chromosoms rezessiv bzw. dominant sind.)

Rekombination als Ursache genetisch verschiedener Individuen

Je mehr Gene bei einem Individuum **heterozygot** vorliegen, desto **höher** ist die Zahl der möglichen unterschiedlichen Rekombinationen. Bei zwei heterozygoten Allelpaaren, z. B. AaBb, sind $2^2 = 4$ verschiedene Rekombinanten möglich, bei drei Allelpaaren sind es $2^3 = 8$, bei 15 steigt die Zahl der möglichen Genotypen bereits auf $2^{15} = 32\,768$.

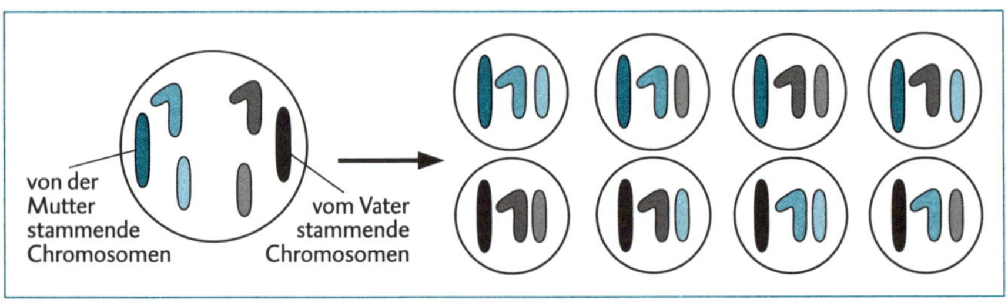

Abb. 28: Rekombination der ursprünglich vom Vater bzw. von der Mutter stammenden Chromosomen in der Anaphase der ersten Reifeteilung der Meiose (diploider Organismus mit sechs Chromosomen = drei Paar homologe Chromosomen). Crossing-over wurde nicht berücksichtigt.

Beispiel

Im Genotyp des Menschen sind im Durchschnitt 6,7 % der Gene heterozygot. Bei insgesamt 20 000 Genen bedeutet das, dass etwa 1 350 Gene in zwei verschiedenen Allelen vorliegen. Ein Mensch kann also rein rechnerisch $2^{1\,350} \approx$ **10^{406}** genetisch verschiedene Keimzellen bilden. Dabei ist hier die Rekombination durch Crossing-over noch nicht berücksichtigt. Jeder Mensch hat daher eine **einzigartige Allelkombination**. Mit extrem hoher Wahrscheinlichkeit gab es seine individuelle Zusammenstellung der Allele noch nie vorher und sie wird auch in Zukunft nie wieder auftreten. Eine Ausnahme machen nur eineiige Zwillinge.

Die **Rekombination** lässt eine außerordentlich große Zahl verschiedener Genotypen entstehen. Damit ist sie die **Hauptursache** für die Variabilität der Individuen einer Art. Die zweite Ursache, die Mutation, tritt sehr viel seltener auf.

Durch die Neukombination der Allele bei der Bildung der Keimzellen und bei der Befruchtung werden die Allelhäufigkeiten des Genpools noch nicht verändert. Dennoch wirkt die Rekombination als Evolutionsfaktor, da die Zahl der Keimzellen begrenzt ist, und deshalb nur wenige der außerordentlich vielen verschiedenen Allelkombinationen in den Keimzellen überhaupt auftreten können. Außerdem können von den tatsächlich gebildeten Keimzellen nur wenige ihre Allele in den Genpool der nächsten Generation einbringen. Nur die Keimzellen, die zur Befruchtung kommen, tragen zur Zusammensetzung des neuen Genpools bei.

Bedeutung der Sexualität für die Evolution

Wegen der ungeheueren Vielfalt der Genotypen, die durch die Meiose auftreten, ist vermutlich die **sexuelle** Fortpflanzung in der Natur sehr viel häufiger als die ungeschlechtliche (vegetative), bei der Nachkommen ohne Meiose entstehen, also nur durch Mitosen, ohne Keimzellenbildung. Bei der **vegetativen** Fortpflanzung sind die Nachkommen genetisch identisch mit ihren Eltern. Zu genetischen Unterschieden kann es hier nur kommen, wenn Mutationen auftreten, Rekombination ist nicht möglich.

Sexualität ist für die Evolution von großer Bedeutung, da sie Rekombination und damit eine hohe **genetische Variabilität** ermöglicht.

4.6 Selektion als Evolutionsfaktor

Die **Selektion** ist die natürliche Auslese unter den Varianten, die durch Mutation und Rekombination (Mutanten und Rekombinanten) entstanden sind.

Wirkungsweise der Selektion

Selektion spielt sich nur zwischen den Individuen **einer Art** ab. Sie bevorzugt die **besser angepassten** Individuen. So haben z. B. in einer trockenen Umgebung diejenigen Pflanzen einen **Selektionsvorteil**, die Merkmale besitzen, durch die sie die Verdunstung stärker herabsetzen können als andere Pflanzen der gleichen Art. Durch Selektion **verändert sich der Genpool** in eine bestimmte Richtung. Varianten, die von der Selektion bevorzugt werden, können ihre Gene **häufiger** in den Genpool der nächsten Generation einbringen. Die Selektion setzt allerdings immer **am Phänotyp** an, also am Erscheinungsbild eines Individuums. Bei Heterozygotie (Aa) erfasst die Selektion daher nur das Allel A, weil sich nur A ausprägt. Das rezessive Allel ist bei heterozygoten Individuen vor der Selektion geschützt, da es zu keinem Merkmal im Phänotyp führt. Weil der Phänotyp vom Genotyp bestimmt wird, bei rezessiven Allelen allerdings nur bei Homozygotie (aa), kann die Selektion dennoch **Genotypen** bevorzugen oder benachteiligen.
Selektion ist ein **statistischer Prozess**. Besser angepasste Varianten sind leistungsfähiger und können mehr Nachkommen erzeugen. Dadurch bringen sie ihre Allele häufiger in den Genpool der nächsten Generation ein. Über mehrere Generationen hinweg werden die Allele der besser angepassten Varianten im Genpool daher häufiger, die der weniger angepassten seltener.

Durch **Selektion** bewirken Umwelteinflüsse eine gerichtete, nicht zufällige Veränderung der Zusammensetzung des Genpools. Für das Leben in der jeweiligen Umwelt günstige Allele werden häufiger, ungünstige werden seltener.

Beispiele

Körpergröße von Maulwürfen

Der extrem strenge Winter 1946/47 führte in Mitteleuropa zu einer starken Abnahme der Menge an Insektenlarven, Regenwürmern und anderen wirbellosen Tieren im Boden, die als Nahrungsgrundlage für Maulwürfe dienen. In der Abb. 29 (siehe S. (2) 62) ist die Verteilung der Schädellängen von Maulwürfen in der Population in den Jahren vor und nach dem strengen Winter dargestellt. Die Schädellänge dient als Maß für die Größe des gesamten Körpers.

Kleinere Maulwürfe hatten 1946/47 einen Selektionsvorteil, da sie weniger Nahrung benötigten. Sie konnten trotz des Nahrungsmangels häufiger überleben und sich stärker fortpflanzen. Nach 1946/47 wurden daher die Allele im Genpool häufiger, die einen kleinen Körper bewirken. In diesem Beispiel wird klar, dass die Selektion am Phänotyp ansetzt. Welcher Genotyp der geringen Körpergröße zugrunde liegt, ist für die Selektion ohne Bedeutung. Entscheidend war im Winter 1946/47 alleine, dass ein Maulwurf klein war.

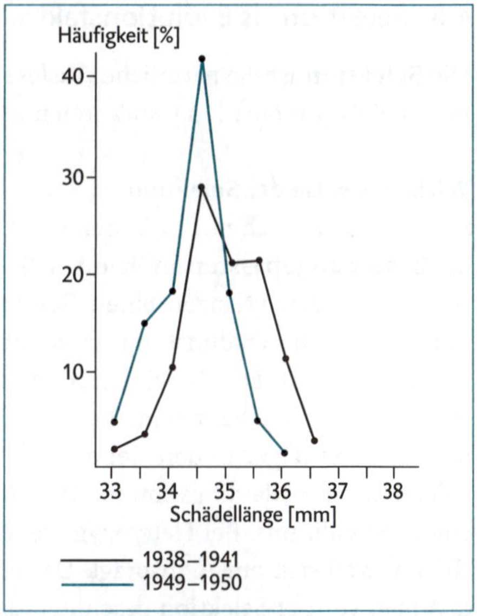

Abb. 29: Größenverteilung bei Maulwürfen vor und nach dem Winter 1946/47.

Sichelzellenanämie

Die Sichelzellenanämie ist eine Blutkrankheit, die auf einer Mutation des Hämoglobingens beruht (siehe S. (1) 120). Homozygote Träger des rezessiven Sichelzellengens sterben in der Regel schon im Kindesalter. Bei Heterozygoten prägt sich die Krankheit weniger stark aus. Sie sind in ihrer Leistungsfähigkeit eingeschränkt, aber ihre Lebenserwartung ist gegenüber den homozygot Gesunden nur wenig vermindert. Gleichzeitig aber sind Menschen mit einem heterozygoten Genotyp vor einer Infektion mit dem Malariaerreger geschützt.

In Malariagebieten verschafft die Resistenz gegen Malaria den heterozygoten „Sichlern" einen Selektionsvorteil. Aus diesem Grund kommt das Sichelzellengen dort sehr viel häufiger vor als in malariafreien Regionen.

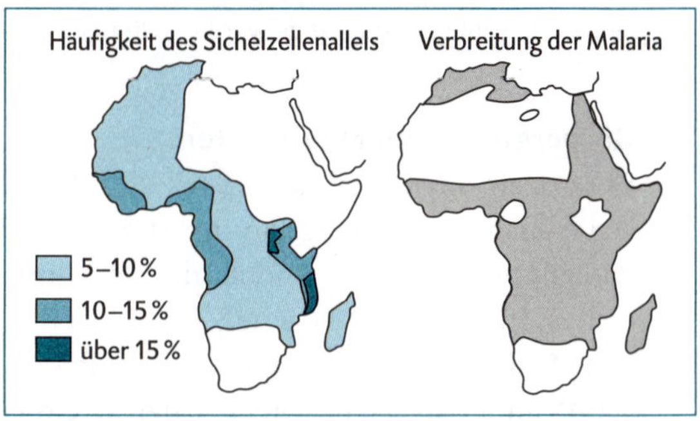

Abb. 30: Häufigkeit des Sichelzellenallels und Verbreitung der Malaria in Afrika.

In malariafreien Gebieten haben nämlich homozygot Gesunde einen Selektionsvorteil gegenüber den Heterozygoten mit ihrer verminderten Leistungsfähigkeit. Dieses Beispiel zeigt, dass es von der jeweiligen Umwelt abhängt, ob ein Allel einen höheren Selektionswert bringt. Bei Änderungen der Umwelt können bisher neutrale oder nachteilige Allele vorteilhaft werden oder umgekehrt.

Industriemelanismus

Der Birkenspanner, ein Nachtschmetterling, ruht tagsüber bewegungslos an Baumstämmen, die von Flechten bewachsen sind. Mit seinen hellen, unregelmäßig gefleckten Flügeln hebt er sich kaum von einem solchen Untergrund ab. Neben dieser Form tritt auch eine dunkel gefärbte Mutante auf (melanistische Form, *melanos* = schwarz). In Experimenten konnte man nachweisen, dass die hellen, getarnten Schmetterlinge seltener von Vögeln gefressen werden als die dunklen.
In Gebieten mit vielen Industriebetrieben starben Anfang des 20. Jahrhunderts wegen der Luftverschmutzung die Flechten ab. Außerdem färbten sich die Baumstämme durch Rußteilchen in der Luft dunkel. 1850 bestand etwa 1 % der Birkenspannerpopulation in England aus dunklen Individuen. Wie helle und dunkle Formen 1960 verteilt waren und wie häufig sie in verschiedenen Gegenden Englands vorkamen, zeigt die Abb. 31.

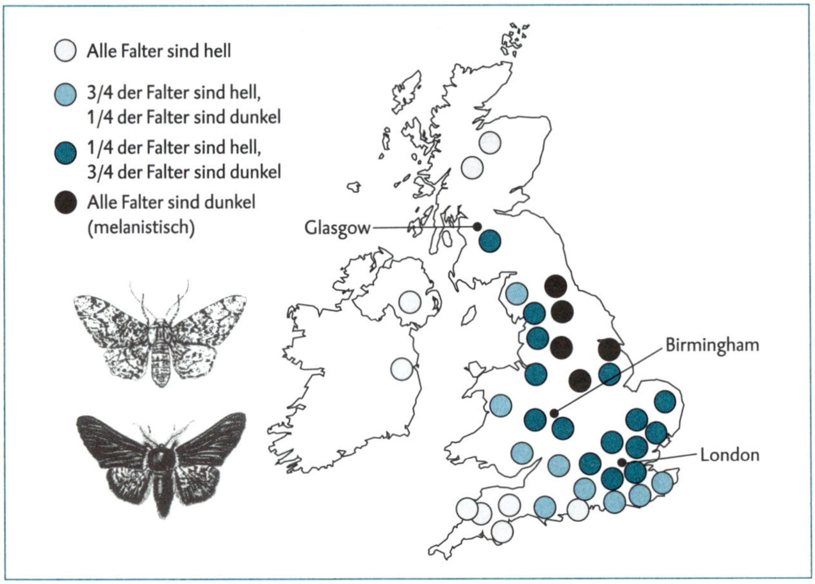

Abb. 31: Verbreitung von hellen und dunklen Formen des Birkenspanners im Jahr 1960.

1850 wirkten helle Flügel als Tarnung, da die Bäume mit Flechten besetzt und nicht verrußt waren. 1960 dagegen waren nur Tiere mit dunklen Flügeln getarnt, da die Flechten infolge der Luftschadstoffe aus den Industrieanlagen starben und die Baumstämme geschwärzt waren. Mit dem Absterben der Flechten erhielten **dunkle** Schmetterlinge einen Selektionsvorteil. Sie waren besser getarnt und wurden daher weniger häufig gefressen als helle Schmetterlingsformen. Infolgedessen konnten die dunklen Varianten ihre Allele häufiger in den Genpool einbringen als die hellen Formen. Der Anteil der Allele, die dunkle Flügel bewirken, stieg. Ob das Merkmal „dunkle Flügel" einen Selektionsvorteil (oder Nachteil) darstellt, hängt also von den jeweiligen Umweltbedingungen ab. Dieses Beispiel macht deutlich, wie es im Laufe der Evolution zu gerichteten Veränderungen kommt. Die schwarzen Varianten entstanden zufällig durch Mutation und/oder Rekombination. Ihr Auftreten kann nicht die Folge der Luftverschmutzung sein, da sie schon in der Zeit vor der Industrieansiedlung vorhanden waren. Erst die Selektion sorgte dafür, dass die Varianten häufig wurden bzw. selten blieben.

Mutanten und Rekombinanten treten zufällig auf. **Selektion** führt zu **gerichteten**, nicht zu zufälligen Veränderungen des Genpools.

Stabilisierende und transformierende Selektion

Wenn sich die Umwelt einer Population ändert, z. B. durch den Klimawandel, oder wenn Gruppen einen neuen Lebensraum besiedeln, bevorzugt die Selektion bestimmte Varianten, deren Merkmale vom Durchschnitt abweichen. Die Selektion wirkt in eine bestimmte Richtung (einseitiger **Selektionsdruck**). In der Folge ändern sich die Merkmale fortschreitend, die einen Selektionsvorteil darstellen, da die ihnen zugrunde liegenden Allele im Genpool häufiger werden. Es kommt zu einer besseren Anpassung der Individuen der Population an die neue Umwelt. Man bezeichnet die so wirkende Selektion als **transformierend**. Beispiele für transformierende Selektionen sind der Industriemelanismus und die Abnahme der Körpergröße bei Maulwürfen nach einem strengen Winter.

Wenn eine Population an ihre Umwelt **gut angepasst** ist und sich die Umweltbedingungen nicht dauerhaft ändern, haben neu auftretende Varianten mit extrem vom Durchschnitt abweichenden Merkmalen in der Regel einen **Selektionsnachteil**. Ihre Allele werden von der Selektion aus dem Genpool entfernt. Die Selektion bevorzugt in einem solchen Fall durchschnittliche Indivi duen einer Population. In der Generationenfolge ändern sich die Merkmale nicht. Daher hat man für diese Vorgänge den Begriff **stabilisierende Selektion** gewählt. So fand man z. B. bei Messungen der Körperproportionen von Sperlingen, die in einem heftigen Sturm ums Leben kamen, einen deutlich erhöhten Anteil von Tieren, die im Vergleich zum Durchschnitt der Population anormal lange oder kurze Flügel hatten. Die stabilisierende Selektion wirkt sich **vorteilhaft** aus. Sie befreit die Population von Mutanten oder Rekombinanten, die an die herrschenden Bedingungen weniger gut angepasst sind. Dadurch wird die Population auf dem häufig optimalen Niveau der erreichten Anpassung gehalten.

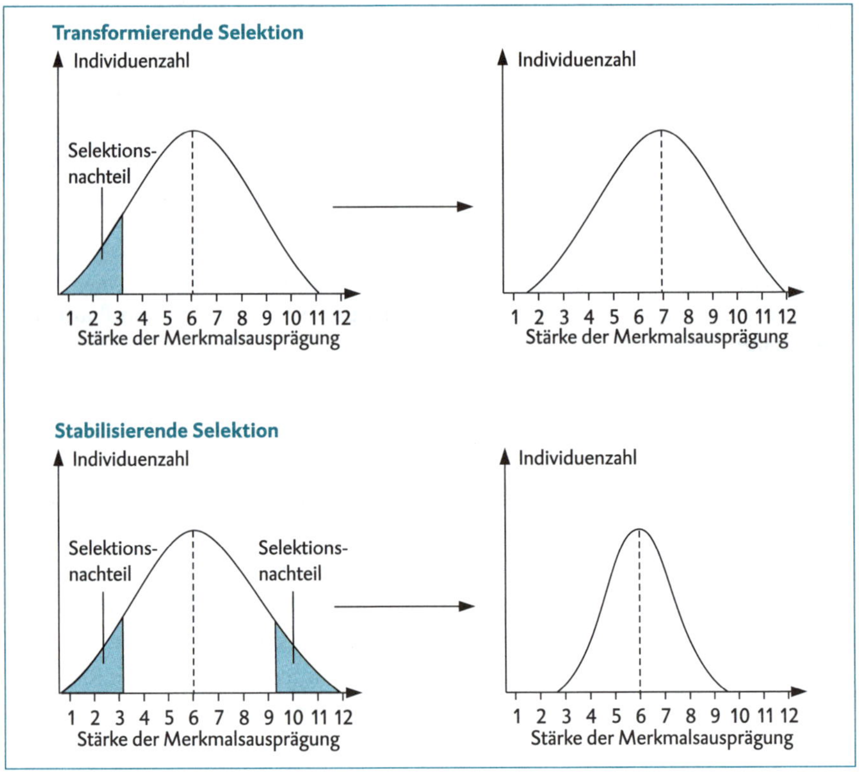

Abb. 32: Wirkungen der transformierenden und stabilisierenden Selektion.

Transformierende Selektion führt zur Änderung von Merkmalen und meistens zu einer besseren Anpassung. **Stabilisierende** Selektion hat keine Merkmalsänderung zur Folge.

Entstehung resistenter Bakterienstämme

Bei der Entstehung eines Bakterienstammes, der gegen ein bestimmtes **Antibiotikum** resistent ist, finden folgende Vorgänge statt: Im Bakterienstamm befinden sich häufig einige wenige Bakterienzellen, die durch eine Mutation die Resistenz gegen ein bestimmtes Antibiotikum erhalten haben. Die Chance, dass eine solche Mutation auftritt, ist nicht so gering, wie man aufgrund der niedrigen Mutationsrate vermuten könnte, da die **Zahl** von Bakterienzellen in einem Stamm **sehr groß** sein kann. Wird eine Population mit dem betreffenden Antibiotikum behandelt, so tötet es alle Bakterien mit Ausnahme der resistenten Zellen, es findet also eine Selektion durch den Umweltfaktor „Antibiotikum" statt. Nur die wenigen resistenten Zellen der Population können sich vermehren und bilden einen neuen, gegen das verwendete Antibiotikum resistenten Stamm. Zusätzlich haben die resistenten Bakterienzellen noch den Vorteil, dass das Antibiotikum jegliche Konkurrenz, die nicht-resistenten Zellen, ausschaltet. Diese Vorgänge können sich bei einer mehrmaligen Behandlung mit verschiedenen Antibiotika wiederholen, sodass Bakterienstämme entstehen, die gegen mehrere Antibiotika resistent sind.

Durch die Behandlung mit Antibiotika werden zufällig in der Population vorhandene Mutanten, die Resistenzgene enthalten, durch **Selektion** bevorzugt, sodass **antibiotikaresistente** Stämme entstehen.

Zu einer Mutation, die eine Resistenz bewirkt, kommt es ohne die Einwirkung des Antibiotikums. Mutierte Zellen sind schon vor der Behandlung mit dem Antibiotikum in der Population vorhanden. Seine Zugabe führt zu einer Änderung der Selektionsrichtung. Das vorher neutrale Gen „Resistenz" erhält dadurch einen positiven Selektionswert, in der Folge steigt die Zahl der resistenten Bakterienzellen in der Population. Mit jeder Antibiotika-Behandlung ist also immer die Gefahr verbunden, **resistente Bakterienstämme** heranzuzüchten. Aufgrund der durch den vermehrten Einsatz zunehmenden Resistenzen müssen in der Medizin Präparate verwendet werden, die mehrere Antibiotika enthalten. So lassen sich z. B. Stämme mit Mutanten, die gegen vier verschiedene Antibiotika resistent sind, nur noch durch Medikamente abtöten, die fünf verschiedene Antibiotika enthalten. Resistenzen, die durch Mutationen entstehen, findet man auch bei **eukaryotischen** Organismen, etwa eine Resistenz gegen Schädlingsbekämpfungsmittel bei Insekten. Pflanzen können Resistenzen gegen Unkrautvernichtungsmittel oder gegen Schwermetalle und andere Gifte im Boden entwickeln (siehe Gentechnik, S. (2) 165).

Präadaptation und Bedeutung der genetischen Vielfalt in Populationen

Die Mutation, die ein Gen zum Resistenzgen machte, tritt zunächst zufällig in einer Bakterienpopulation auf. Sie kann sich im Genpool halten, da sie keine Nachteile mit sich bringt. Von der Selektion bevorzugt wird die Mutation aber erst dann, wenn sich die Umwelt durch das Einwirken des betreffenden Antibiotikums ändert. Die mutierte Zelle ist also bereits an eine Umwelt angepasst, die noch gar nicht besteht. Dieses Phänomen wird als **Präadaptation** bezeichnet.

> Präadaptation tritt auf, wenn Mutationen in einem Genpool vorhanden sind, die von der Selektion nicht erfasst werden, die aber durch **Veränderung der Umweltbedingungen** einen positiven Selektionswert erhalten.

Eine präadaptierte Population kann **schnell** auf Änderungen von Umweltbedingungen reagieren, da die für die neue Umwelt günstigen Mutanten oder Rekombinanten bereits im Genpool vorhanden sind. So kann im Fall der Antibiotikaresistenz nur der Bakterienstamm überleben, der bereits vor der Behandlung mit dem Antibiotikum wenigstens ein Individuum mit dem entsprechenden Resistenzgen enthielt. Populationen sind daher desto weniger empfindlich gegen Umweltveränderungen, je **größer** sie sind. Je größer eine Population ist, desto höher ist die Vielfalt der Genotypen (genetische Variabilität) und desto höher ist die Chance, dass sie Mutanten und Rekombinanten enthält, die für neue, zukünftige Umweltbedingungen günstig sind. Im **Artenschutz** reicht es daher nicht, nur wenige Individuen einer Art am Leben zu erhalten. Nur individuenreiche Populationen bieten eine genügend große genetische Variabilität, um die Art vor dem Aussterben zu schützen.

> Die **genetische Variabilität** der Individuen ist entscheidend für das **Überleben** einer Art.

„Ungünstige“ Gene im Genpool

Grundlage für die Möglichkeit der Präadaptation sind Allele, die ursprünglich, d. h. vor der Umweltänderung, neutral waren oder evtl. sogar eine „ungünstige“ Wirkung hatten. Diese ungünstigen Allele können trotz ihres Selektionsnachteils über Generationen hinweg im Genpool erhalten bleiben, wenn sie durch Mutation **immer wieder neu entstehen**, oder wenn sie als **rezessive Allele** durch Heterozygotie vor Selektion geschützt sind oder wenn sie mit **günstigen Eigenschaften** wie z. B. mit einer Malariaresistenz gekoppelt sind.

Selektionsfaktoren

Selektion kommt immer durch Einflüsse der Umwelt zustande. Eine **Umweltbedingung**, die dafür sorgt, dass bestimmte Varianten mehr bzw. weniger Nachkommen haben, also mehr oder weniger Allele in den Genpool der nächsten Generation einbringen, nennt man **Selektionsfaktor**.

Ein Selektionsfaktor sorgt dafür, dass verschiedene **genetische Varianten** unterschiedliche **Fortpflanzungserfolge** haben.

Abiotische Selektionsfaktoren
(Einflüsse aus der unbelebten Umwelt):

- **Temperatur:** Wirkt sich z. B. auf die Körpergröße von Maulwürfen in extrem kalten Wintern aus (siehe S. (2) 61 f.).
- **Wind:** Führt z. B. zur Entstehung von flügellosen Insekten auf Inseln, auf denen es sehr windig ist (siehe Abb. 33).
- **Feuchtigkeit:** Schlechte Wasserversorgung kann z. B. dazu führen, dass Pflanzen mit Wasserspeicherorganen entstehen (Stammsukkulenz, siehe S. (2) 20).
- Stärke und Dauer der **Belichtung, Salzgehalt** und pH-Wert des Wassers oder des Bodens, atmosphärischer Druck, **Gifte** u. a.

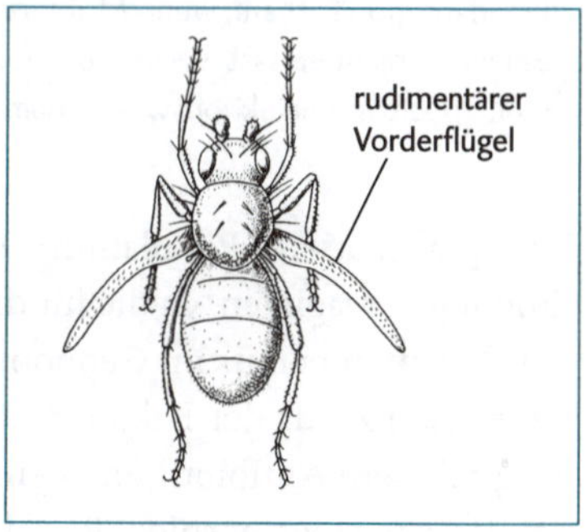

Abb. 33: Flugunfähiges Insekt einer Atlantikinsel, auf der es sehr windig ist.

Biotische Selektionsfaktoren (belebte Umwelt):

- **Fressfeinde:** Sie können bei den Beutetieren die Entstehung von Merkmalen auslösen, die ihnen zu mehr Schutz verhelfen. Solche Merkmale können z. B. der **Tarnung** dienen. Fressfeinde können aber auch eine Ursache für die Entwicklung von Organen zur **Verteidigung** sein. In einigen Fällen ist eine auffällige Färbung entstanden, die zur **Warnung** vor Giften, schlechtem Geschmack etc. dient. Das setzt allerdings voraus, dass die Fressfeinde lernfähig sind oder ein angeborenes Vermeidungsverhalten haben. Man findet auch Organismen, die sich durch **Mimikry** vor Fressfeinden schützen. Das sind harmlose Arten, die solche Tier- oder Pflanzenarten nachahmen, die durch Gifte, schlechten Geschmack u. Ä. geschützt sind. Die Feinde lernen das Vermeidungsverhalten allerdings nur, wenn die nachgeahmte Art häufiger ist als die nachahmende.

Beispiele

Tarnung: Birkenspanner (Industriemelanismus, siehe S. (2) 63 f.), Polartiere (Schneehase, Schneehuhn u. a.), ast- oder blattähnliches Aussehen verschiedener Schrecken-Arten.

Verteidigung: Hörner von Rindern, Stacheln und Dornen vieler Pflanzen.

Warnung: Wespen und Hornissen mit schwarz-gelber Streifung als Warnsignal vor ihrem Giftstachel, Feuersalamander mit schwarz-gelber Färbung, die vor seinem giftigen Hautsekret warnt, schlecht schmeckende Marienkäfer.

Mimikry: Bestimmte einheimische Schwebfliegenarten, die eine schwarz-gelbe Streifung des Hinterleibs besitzen, ähnlich wie bei Wespen; Hornissenschwärmer, ein Schmetterling, der aussieht wie eine Hornisse, aber keinen Giftstachel besitzt.

Abb. 34: Hornisse und Hornissenschwärmer (Mimikry).

- **Parasiten und Krankheitserreger**, z. B. die Erreger der Malaria (Malariaresistenz bei Sichelzellenanämie, siehe S. (2) 62 f.)
- **Geschlechtliche Zuchtwahl:** Darunter versteht man die Bevorzugung solcher Partner bei der Paarung, die bestimmte Merkmale tragen. Die geschlechtliche Zuchtwahl kann zu Organen führen, die das Tier behindern und für deren Bildung und Unterhalt ein hoher Material- und Energieaufwand nötig ist. Diesem Nachteil steht nach der „Kosten-Nutzen-Abwägung" ein wichtiger Vorteil entgegen: Das auffällige Merkmal ist meistens **nur beim Männchen** vorhanden. Je auffälliger, stärker und prächtiger es ist, desto wahrscheinlicher ist es, dass sein Träger besonders gesund und leistungsfähig ist. Mit großer Wahrscheinlichkeit trägt er also günstige Allele. Diejenigen Weibchen, die solche Männchen bei der Paarung bevorzugen, haben daher mit höherer Wahrscheinlichkeit besonders leistungsfähige Nachkommen als die Weibchen, die weniger Wert auf die zur Schau gestellten Merkmale legen.

Beispiele

Der Pfau und einige andere Vögel besitzen große, auffällig gefärbte Schwanzfedern. Hirsche tragen teilweise extrem große Geweihe, ein beeindruckendes Beispiel ist der ausgestorbene Riesenhirsch. Die Männchen der Winkerkrabbe haben riesige Scheren, die der Anlockung von Weibchen dienen (siehe Abb. 35).

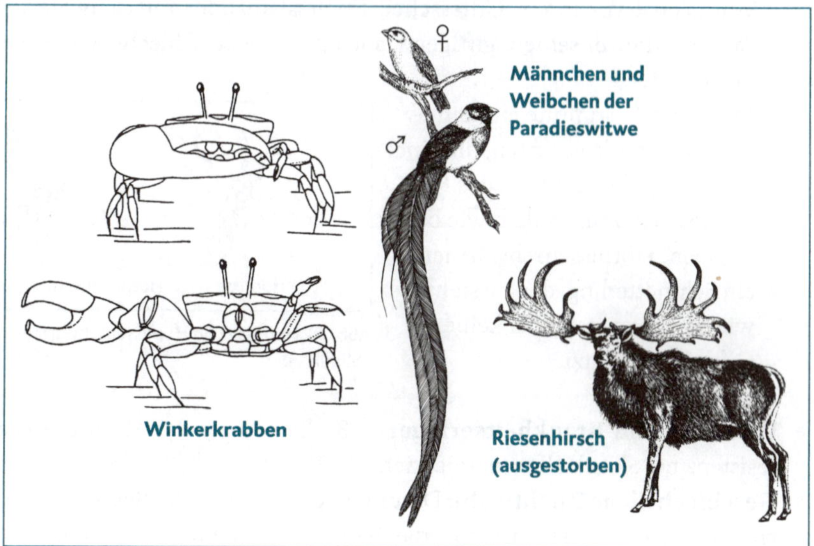

Abb. 35: Durch geschlechtliche Zuchtwahl entstandene Merkmale.

4.7 Flaschenhalseffekt und Gendrift als Evolutionsfaktoren

Der Zufall kann bei der Änderung der Allelhäufigkeiten im Genpool eine Rolle spielen. Von besonderer Bedeutung sind dabei kleine Populationen.

Flaschenhalseffekt

Ereignisse, die die plötzliche, sehr starke Verkleinerung einer Population zur Folge haben, können zu einer zufälligen Auswahl von Allelen führen und den Genpool wesentlich verändern. Die Selektion spielt in solchen Fällen keine Rolle. Die Veränderung des Genpools ist daher auch nicht auf eine Verbesserung der Anpassung ausgerichtet.

Das plötzliche, starke Schrumpfen einer Population ruft einen **Flaschenhalseffekt** hervor, durch den sich der Genpool zufällig verändern kann, weil der Zufall bestimmt, welche Allele des ursprünglich großen Genpools erhalten bleiben.

Zufällig aus einer ursprünglich großen Population ausgewählte Individuen können eine neue kleine Population bilden, wenn bei **Katastrophen** nur wenige Individuen überleben. Das können z. B. Waldbrände oder Überschwemmungen sein, die unterschiedslos alle Individuen treffen, ohne Rücksicht auf eine bessere oder schlechtere Anpassung an die aktuellen Umweltbedingungen. Ein ähnlicher Effekt tritt auf, wenn **neue Lebensräume** durch wenige, zufällig ausgewählte Individuen besiedelt werden. Der Genpool der neuen, kleinen **Gründerpopulation** enthält in solchen Fällen nur einen zufällig ausgewählten, kleinen Teil der Allele der Ursprungspopulation, seine genetische Variabilität ist gering. Gründerpopulationen können z. B. entstehen, wenn Vögel, Pflanzensamen oder Fluginsekten durch einen Sturm auf landferne Inseln abgetrieben werden. Säuger, Reptilien, Spinnen u. Ä. können auf Treibholz Regionen erreichen, die bisher von der entsprechenden Art nicht besiedelt waren. Kleine wasserlebende Tiere und Pflanzen können im Gefieder von Vögeln von einem Gewässer in ein anderes gelangen.

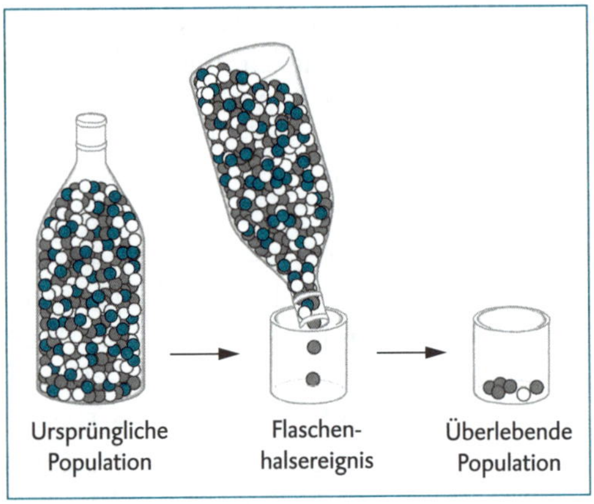

Abb. 36: Modellartige Darstellung des Flaschenhalseffektes.

Gendrift

Wenn Populationen über mehrere Generationen hinweg klein bleiben, können sich Allelhäufigkeiten durch Zufall verschieben. Man nennt dieses Phänomen **Gendrift**. Vom Zufall hängt es ab, welche Keimzellen zur Befruchtung kommen und damit Allele in den Genpool der nächsten Generation einbringen. Zufällig können aber auch durch Katastrophen Individuen einer kleinen Population getötet werden, die ein bestimmtes Allel tragen. Das führt zu einer Verschiebung der Allelhäufigkeiten, ohne dass der Selektionswert eine Rolle spielt. Die Gendrift wirkt u. a. auch in den ersten Generationen nach dem Eintreten eines Flaschenhalseffektes, solange die Population noch klein ist.

Verantwortlich für die Gendrift sind vom **Zufall abhängige** Ereignisse. Sie können in einer Population, die über Generationen hinweg **klein** bleibt, den Genpool dauerhaft verändern.

Das Phänomen, dass der Zufall nur in **kleinen** Populationen Einfluss auf die Änderung des Genpools hat, soll an folgenden Beispielen erläutert werden:

Beispiele

- Man nimmt an, eine Population bestehe aus nur **zwei Individuen**, einem Männchen und einem Weibchen. Bezogen auf ein Gen sollen die beiden Individuen der Population folgende Genotypen haben:
  Individuum I: Aa, Individuum II: AA.
  Die Häufigkeit des Allels A beträgt also $p = 0{,}75$, die von a beträgt $q = 0{,}25$. Weiterhin sei angenommen, die beiden Individuen hätten nur zwei (überlebende) Nachkommen.
  Nachkommen aus der Kreuzung Aa x AA sind zu 50 % Aa und zu 50 % AA. Die Häufigkeit, mit der beide Nachkommen den Genotyp AA haben, beträgt $0{,}5 \cdot 0{,}5 = 0{,}25$. Mit einer Wahrscheinlichkeit von 25 % ändert sich daher die Häufigkeit des Allels a innerhalb einer Generation von 0,25 auf 0, die Häufigkeit des Allels A von 0,75 auf 1.

- Vergleich der Änderung der Allelfrequenz durch Gendrift bei Annahme unterschiedlicher Populationsgrößen:
  Population I: 5 000 Individuen. Jedes Individuum ist diploid, trägt also jeweils zwei Allele des Gens. Genpool: 10 000 Allele des Gens (A oder a).
  Population II: 50 Individuen. Genpool: 100 Allele des Gens (A oder a).
  Man nimmt an, das Allel a sei in beiden Populationen mit 1 % ($q = 0{,}01$) im Genpool vertreten. Das Allel A hat dann eine Häufigkeit von $p = 0{,}99$.
  Häufigkeit des Allels a:
  In Population I: 1 % von 10 000 = 100. Sie verteilen sich auf heterozygote (Aa) und homozygote (aa) Individuen.
  In Population II: 1 % von 100 = 1. Das bedeutet, nur ein Individuum der Population trägt das Allel a. Es muss sich dabei um ein heterozygotes Individuum handeln (Aa).
  Pflanzt sich das eine heterozygote Individuum der kleinen Population II fort (**Aa** x AA), erhält ein Nachkomme nur mit einer Wahrscheinlichkeit von 50 % das Allel a. Die Chance, dass dieses per Zufall ganz aus dem Genpool verschwindet, ist also sehr viel höher als bei Population I. Die Chance, einen Teil der Allele zu verlieren und so die genetische Vielfalt zu verringern, ist bei kleinen Populationen höher als bei großen.

Je kleiner eine Population ist, **desto wahrscheinlicher** ist die Veränderung der Allelhäufigkeiten ihres Genpools durch Gendrift.

Bedeutung kleiner Populationen für die Evolution

In kleinen Populationen nimmt die genetische Vielfalt eines Genpools durch Flaschenhalseffekt und Gendrift ab. Dabei kann sich die Häufigkeit von Allelen unabhängig von ihrem Selektionswert ändern. Per Zufall können auch ungünstige Allele häufiger und günstige seltener werden. Im Extremfall verschwinden günstige Allele sogar vollständig aus dem Genpool.

> Flaschenhalseffekt und Gendrift führen zu einer ungerichteten Veränderung des Genpools und einer **Verringerung der genetischen Vielfalt.**

In kleinen Populationen laufen Evolutionsprozesse schneller ab als in großen Populationen. Eine nur geringe Änderung, z. B. die Zunahme um nur wenige günstige Allele eines Gens durch Gendrift oder Selektion, ruft eine im Vergleich zur Gesamtzahl der Allele relativ große Änderung hervor.

Beispiel

In den Neunzigerjahren des 19. Jahrhunderts schrumpfte die Population des nördlichen Seeelefanten, einem großen Verwandten des Seelöwen, durch starke Bejagung bis auf 20 Tiere. Die Population erholte sich aber wieder und zählt heute über 100 000 Individuen. In der Population ist die Zahl der unterschiedlichen Allele nun jedoch viel geringer als im Genpool des nahe verwandten südlichen Seeelefanten, dessen Population immer groß blieb. Es ist anzunehmen, dass infolge der geringen Populationsgröße Ende des 19. Jahrhunderts einige Allele durch Gendrift aus dem Genpool verschwanden. Bei der Zunahme der Individuenzahl vermehrten sich zwar die vorhandenen Allele, aber neue, zusätzliche Alleltypen konnten nur durch Mutation wieder entstehen. Eine Mutation ist aber ein seltenes Ereignis, sodass sich in der kurzen Zeit die Zahl der verschiedenen Allele nicht wesentlich erhöhen konnte.

Die zufällige Verteilung der Allele ist zwar bei kleineren Populationen von besonderer Bedeutung, sie spielt aber auch bei der Artentstehung durch geografische Isolation eine Rolle (siehe Separation S. (2) 86 ff.).

Zusammenfassung

- **Evolution** tritt auf, wenn sich die **Allelfrequenzen** eines Genpools ändern.
- Als **Evolutionsfaktoren** können **Mutation bzw. Rekombination, Selektion, Gendrift** und **Separation** wirken. Sie verändern die Allelfrequenzen des Genpools.
- Die **Vielfalt** der Geno- und Phänotypen einer Population entsteht v. a. durch die **Rekombination**.
- Im Genpool einer **idealen Population** bleibt die Häufigkeit der Allele über die Generationen hinweg gleich.
- Genfrequenzen eines Genpools lassen sich mit der **Hardy-Weinberg-Formel** berechnen.
- Die **Selektion** führt zur **gerichteten Veränderung der Allelhäufigkeiten** des Genpools.
- Welchen **Selektionswert** ein Merkmal hat, hängt von den jeweiligen **Umweltbedingungen** ab.
- **Transformierende Selektion** führt zu einer **Merkmalsänderung**, **stabilisierende Selektion** hat über die Generationen hinweg **keine Änderung** der durchschnittlichen Merkmalsausprägung zur Folge.
- **Präadaptation** erhöht die Anpassungsfähigkeit einer Population, wenn sich die Umweltbedingungen ändern. Sie kann die Entstehung **resistenter Bakterienstämme** durch Behandlung mit einem **Antibiotikum** erklären.
- Die zufällige Änderung der Allelfrequenzen durch **Flaschenhalseffekt** und **Gendrift** in **kleinen Populationen** kann dazu führen, dass Allele unabhängig von ihrem Selektionswert in der Population häufiger oder geringer werden.
- In **kleinen Populationen** verläuft die **Evolution schneller** als in großen.

Aufgaben

54 Erläutern Sie, warum man in der Synthetischen Theorie der Evolution nicht den Genotyp eines Individuums betrachtet, sondern die Gesamtheit der Allele einer Population.

55 Nennen Sie die richtige Aussage. Ein Genpool besteht aus
- a allen Allelen einer Population, die der Selektion unterliegen.
- b der Gesamtheit der Allele einer Population.
- c allen Keimzellen einer Population.
- d allen Allelen eines Individuums.
- e den Allelen der aktuellen und aller früheren Generationen einer Art.
- f allen Allelen einer bestimmten Keimzelle.
- g den Allelen aller Arten in einem bestimmten Gebiet.

56 Nennen Sie die richtige(n) Aussage(n).

- a In einer idealen Population verändern sich die Anteile der verschiedenen Allele über Generationen hinweg nicht.
- b Nur in idealen Populationen kann Evolution stattfinden.
- c Ideale Populationen waren nur in der Frühzeit der Evolution der Organismen möglich.
- d Ideale Populationen sind so groß, dass Verschiebungen der Allelhäufigkeiten, die durch Zufallsereignisse auftreten, keine Rolle spielen.
- e In idealen Populationen treten keine Mutationen auf.
- f In idealen Populationen muss die Wahrscheinlichkeit für die Paarung beliebiger Partner gleich groß sein.
- g In idealen Populationen muss geklärt sein, welche Allelkombinationen Vorteile gegenüber anderen haben.
- h Ideale Populationen treten in der Natur regelmäßig auf.
- i In idealen Populationen findet keine Selektion statt.

57 Nennen Sie die richtige(n) Aussage(n).
Mit der Hardy-Weinberg-Formel lässt sich berechnen:

- a die Mutationsrate.
- b die Zahl der Arten in einem Lebensraum.
- c die Konstanz der Häufigkeit von Allelen in idealen Populationen über alle Generationen hinweg.
- d der Anteil der heterozygoten Individuen, wenn die Häufigkeit homozygot rezessiver Individuen bekannt ist.
- e der Genpool fossiler Vorfahren einer Art.

58 In einer Population von 1 600 Mäusen sind vier Tiere Albinos. Albinismus beruht auf einem rezessiven Allel.
Berechnen Sie die Zahl der Tiere der Population, die

- a bezogen auf das entsprechende Allel homozygot dominant sind.
- b heterozygot das Allel für Albinismus tragen.

59 Eine kleine Population der Wunderblume *(Mirabilis jalapa)* setzt sich zusammen aus 32 Pflanzen mit roten Blüten, 96 Pflanzen mit rosafarbenen Blüten und 72 Pflanzen mit weißen Blüten. Alle Pflanzen sind diploid. Die Farbe wird intermediär vererbt, d. h. kein Allel kann ein anderes überdecken. Ein Genotyp, der sich aus zwei verschiedenen Allelen zusammensetzt (Heterozygotie), ergibt ein drittes Merkmal (neben den beiden, die durch die homozygoten Genotypen zustande kommen). Weiß blühende und rot blühende Pflanzen sind homozygot, Pflanzen mit rosafarbenen Blüten sind heterozygot.
Berechnen Sie die Häufigkeit der Allele in der Population. Verwenden Sie dabei als Allelsymbol für rot: „r" und für weiß: „w".

60 In einer idealen Population sind 16 % der Individuen, bezogen auf ein bestimmtes Merkmal, homozygot rezessiv.
Berechnen Sie die Häufigkeit des dominanten Allels im Genpool.

61 Nennen Sie die Aussagen, die zutreffen für
- Mutationen,
- Modifikationen,
- weder für Mutationen noch für Modifikationen.

a Sie verändern die genetische Information.
b Sie werden im Genpool durch Selektion verhindert.
c Sie kommen nur bei Pflanzen vor.
d Sie entstehen als Anpassungen jedes Individuums an die jeweilige Umwelt innerhalb bestimmter genetisch festgelegter Grenzen.
e Sie sind neu auftretende Kombinationen von Allelen.
f Sie sind nicht vererbbar.
g Sie sind Änderungen, die an die Nachkommen weitergegeben werden können, wenn sie Keimzellen betreffen.
h Sie kommen beim heutigen Menschen nicht vor.
i Sie sind in der Regel sehr seltene Ereignisse.

62 Nennen Sie die richtige(n) Aussage(n).
a Durch Verwendung geeigneter radioaktiver Substanzen lässt sich ein bestimmtes, von Fachleuten ausgewähltes Gen zur Mutation anregen.
b Genmutationen erfolgen zufällig.
c Auch durch den Einsatz mutagener Agenzien lässt sich nicht voraussagen, wann sich welches Gen in welche Richtung ändert.
d Die meisten Genmutationen haben ungünstige Folgen für die Zelle.
e Mutationen treten nur in Keimzellen auf.

- **f** Die Wahrscheinlichkeit, dass es in einer der vielen Spermazellen eines Mannes zu einer Mutation irgendeines Gens kommt, ist sehr gering.
- **g** Die Mutationsrate von 10^{-4} bis 10^{-6} bezieht sich auf ein Gen und eine Generation.

63 Beschreiben Sie drei Gründe dafür, dass sich die Häufigkeit von Genmutationen nur sehr ungenau berechnen lässt.

64 Die Molekülstruktur von Cytochrom c, einem Enzym der Zellatmung, ist bei den heute auf der Erde vorkommenden Organismenarten leicht unterschiedlich. Aus der Verschiedenheit lässt sich errechnen, dass sich im Laufe der Evolution im Durchschnitt alle 18 bis 22 Millionen Jahre eine Aminosäure änderte.
Erklären Sie, warum man annehmen muss, dass die Mutationsrate des Gens, das die Information des Cytochroms c trägt, höher ist, als die angegebenen Zahlen vermuten lassen.

65 Nennen Sie die richtige(n) Aussage(n).
Die Rekombination von Allelen
- **a** geschieht in der Mitose.
- **b** ist die Hauptursache für die hohe Verschiedenheit der Genotypen in einer Population.
- **c** beschreibt die Möglichkeit der Rückmutation eines Gens.
- **d** beschreibt die Vorgänge bei der ersten Teilung der befruchteten Eizelle.
- **e** ist dafür verantwortlich, dass jeder Mensch einen einzigartigen Genotyp besitzt.

66 Nennen Sie die richtige(n) Aussage(n).
Eine Kopplungsgruppe
- **a** umfasst die Allele eines Chromosoms.
- **b** wird in der Mitose ungeteilt an die Tochterzelle weitergegeben.
- **c** umfasst die Gesamtheit der Allele eines Individuums.
- **d** kann in der Meiose mit einer weiteren Koppelungsgruppe Teile der enthaltenen Allele austauschen und so eine neue Allelkombination erhalten.
- **e** schränkt die freie Kombination der in ihr enthaltenen Allele ein.
- **f** umfasst bei einem diploiden Organismus die Gesamtheit der Allele des haploiden Chromosomensatzes.

67 Erläutern Sie, warum die Rekombination von Allelen nur bei sexueller Fortpflanzung möglich ist.

68 Nennen Sie die richtige(n) Aussage(n).
Die Sexualität ist für die Evolution von sehr großer Bedeutung, weil

- **a** sie zwei verschiedene Formen von Individuen, weibliche und männliche, voraussetzt.
- **b** ohne sie keine Fortpflanzung möglich wäre.
- **c** sie eine hohe genetische Variabilität der Individuen einer Population zur Folge hat.
- **d** sie haploide Zellen entstehen lässt, in denen alle rezessiven Allele zur Ausprägung kommen.
- **e** ohne sie keine Differenzierung von Zellen möglich wäre.

69 (Themenübergreifende Aufgabe)
Fachleute behaupten, ohne Sexualität wäre die Evolution sehr viel langsamer verlaufen und die auf der Erde lebenden Organismen wären sehr viel einfacher gebaut. Mit großer Wahrscheinlichkeit gäbe es z. B. keine Menschen.
Begründen Sie diese Ansicht.

70 Einige Landschnecken können die Spermien verschiedener Paarungspartner speichern. In ihren Gelegen findet man daher Eier, die vom Sperma mehrerer verschiedener Tiere befruchtet wurden.
Erklären Sie, welchen Vorteil einem Individuum die Fähigkeit bringt, sich mit mehreren Partnern in einer Fortpflanzungsperiode zu paaren und die Spermien zu speichern.

71 Nennen Sie die richtige(n) Aussage(n).
Selektion

- **a** ist ein Prozess, an dem immer mindestens zwei Arten (z. B. Räuber und Beute) beteiligt sind.
- **b** beschreibt die zufällige Verteilung der homologen Chromosomen in der Anaphase der ersten Reifungsteilung der Meiose.
- **c** ruft Mutationen hervor.
- **d** setzt immer am Phänotyp an.
- **e** führt zu einer gerichteten Veränderung des Genpools.
- **f** kann dazu führen, dass sich die Merkmale einer Organismenart ändern.
- **g** kann bei einer Änderung der Umwelt eine andere Richtung (andersartige Wirkung) erhalten.

72 Nennen Sie je ein Beispiel für
- stabilisierende Selektion,
- transformierende Selektion.

73 Erklären Sie, wie es sein kann, dass ungünstige Allele in einem Genpool erhalten bleiben, also nicht von der Selektion beseitigt werden.

74 Nennen Sie in Stichworten je drei Beispiele für Selektionsfaktoren der belebten und unbelebten Umwelt.

75 Nennen Sie drei möglichst verschiedene, körperliche Besonderheiten, deren Entstehung durch den Selektionsfaktor „Fressfeind" erklärbar ist. Geben Sie jeweils ein konkretes Beispiel an.

76 Flöhe können mit ihren muskulösen Hinterbeinen und den besonderen, elastischen Eiweißen in ihrem Chitinpanzer sehr weit springen. Einige erreichen Sprungweiten von 30 cm. Mit solchen Sprüngen können sie leicht Feinden entgehen. Überraschenderweise springen nicht alle Flöhe. Mehrere Arten, die auf Vögeln parasitieren, bewegen sich nur kriechend voran. Auch Eichhörnchenflöhe springen nicht. Fachleute nehmen an, dass ursprünglich alle Floharten springen konnten und dass manche Arten im Laufe der Evolution das Sprungvermögen wieder verloren haben.
Erklären Sie, wie das Sprungvermögen bei Flöhen, die auf Vögeln oder Eichhörnchen parasitieren, im Laufe der Evolution verloren gehen konnte.

77 Beschreiben Sie, welchen evolutiven Wert Merkmale haben, die durch geschlechtliche Zuchtwahl entstanden sind.

78 Auffällig gefärbte Tiere haben oft einen Selektionsnachteil, da sie von optisch orientierten Fressfeinden besser gesehen werden als Individuen, die eine Tarntracht tragen. Erläutern Sie an den folgenden zwei Beispielen, wie es dennoch zur Entstehung grell und bunt gefärbter Tiere kommen kann.
a Gelb-schwarz gefärbte Wespen,
b Fasanenhähne mit auffällig buntem Gefieder.

79 Nennen Sie die richtige(n) Aussage(n).
Die Ergebnisse der Untersuchungen zum Industriemelanismus am Beispiel des Birkenspanners bestätigen, dass

- **a** die Selektion bestimmte Mutanten und Rekombinanten hervorrufen kann.
- **b** Varianten (Mutanten und Rekombinanten) zufällig und ohne Bezug zur jeweiligen Umwelt auftreten.
- **c** die Richtung der Selektion von der jeweiligen Umwelt abhängt.
- **d** die Selektion die Merkmale einer Organismenart verändern kann.
- **e** die Selektion in kleinen Populationen ohne Wirkung ist.
- **f** die Selektion die Häufigkeit der Allele eines Genpools in eine bestimmte Richtung verschieben kann.
- **g** die Selektion zur Schrumpfung von Populationen führen kann.

80 (Themenübergreifende Aufgabe)
Ein Gemisch von elf Gerstensorten, die zu gleichen Teilen im Saatgut vorhanden waren, wurde in unterschiedlichen Klimagebieten der USA ausgesät. Die Nachkommen säte man in den jeweils geernteten Mischungsverhältnissen mehrere Jahre nacheinander auf denselben Feldern aus. Der Anteil der Sorten in den verschiedenen Anbaugebieten nach mehrjährigem Anbau ist in der Tab. 8 abzulesen (Angaben in %).

Sorten \ Staat	Virginia	New York	Minnesota	Montana	Oregon	California
Coast & Trebi	89,2	11,4	16,6	17,4	1,2	72,4
Hannchen	0,8	6,8	61,0	3,8	0,8	6,8
White Smyrna	0,8	0	0,8	48,2	97,8	13,0
Manchuria	0,2	68,6	0,4	4,2	0	0
Gatami	2,6	1,8	3,2	11,6	0	0,2
Meloy	0,8	0	0	0,8	0	5,2
andere Sorten	5,6	11,4	18,0	14,0	0,2	2,4

Tab. 8: Veränderungen eines Gerstensorten-Gemisches nach langjährigem Anbau.

- **a** Erklären Sie, wie es dazu kommen konnte, dass sich in einem bestimmten Anbaugebiet die ursprünglich gleichen Anteile der Sorten in dem Gemisch änderten.
- **b** Geben Sie eine Erklärung dafür, dass sich die Mischungsverhältnisse je nach Anbaugebiet unterschiedlich verändert haben.

81 Nennen Sie die richtige(n) Aussage(n).
Beim Einsatz eines Antibiotikums in der Medizin

- a kann ein Bakterienstamm entstehen, der gegen das verwendete Antibiotikum resistent ist.
- b kann eine Mutation ausgelöst werden, die Resistenz gegen das verwendete Antibiotikum bewirkt.
- c können die Zellen des menschlichen Immunsystems angeregt werden, vermehrt Antikörper zu bilden.
- d können bereits in einer Bakterienpopulation vorhandene Mutanten, die Resistenz gegen das verwendete Antibiotikum bewirken, einen Selektionsvorteil erhalten.
- e kann es zu Evolutionsprozessen kommen, die den Genpool der Bakterien, gegen die das Antibiotikum eingesetzt wird, verändern.
- f können sexuelle Vorgänge in den Bakterien ausgelöst werden, durch die sich die Gene so neu kombinieren, dass einige wenige Zellen die Fähigkeit zur Resistenz gegen das verwendete Antibiotikum erhalten.

82 Erläutern Sie, warum aus evolutionsbiologischen Gründen der Einsatz von Insektiziden (Gifte, die gegen Insekten wirken), ungünstig ist.

83 Nennen Sie die richtige(n) Aussage(n).
Ein Flaschenhalseffekt kann in der Evolution auftreten, wenn

- a ein neuer Lebensraum durch Gründerindividuen besiedelt wird.
- b zufällig ungewöhnlich viele heterozygote Individuen in einer Population auftreten.
- c Tiere regelmäßig enge Geländeabschnitte durchwandern.
- d bei einer Katastrophe (z. B. einem Waldbrand) nur wenige Individuen einer Population überleben.
- e homozygot rezessive Individuen von der Selektion bevorzugt werden.
- f der Anteil eines Allels im Genpool extrem gering ist.

84 Nennen Sie die richtige(n) Aussage(n).

- a Gendrift beschreibt den Genaustausch zwischen Populationen.
- b Als Gendrift bezeichnet man die Weitergabe der Allele in einer Population von Generation zu Generation.
- c Gendrift hat nur in kleinen Populationen Bedeutung für die Evolution.
- d Gendrift tritt auf, wenn sich Allelhäufigkeiten eines Genpools durch Zufallsereignisse verschieben.
- e Naturkatastrophen können Gendrift zur Folge haben.

f Gendrift beschreibt das Phänomen, dass rezessive Allele in heterozygoten Genotypen vor Selektion geschützt sind.

g Der Zufall, mit der die Keimzellen ausgewählt werden, die zur Befruchtung kommen, kann eine Ursache für die Gendrift sein.

85 Nennen Sie die richtige(n) Aussage(n).
In kleinen Populationen

a läuft in der Regel die Veränderung von Merkmalen schneller ab als in großen Populationen.

b ist die genetische Vielfalt meistens höher als in großen Populationen.

c spielt der Zufall bei der Veränderung der Allelhäufigkeiten im Genpool eine stärkere Rolle als in großen Populationen.

d können auch ungünstige Allele durch Zufallsereignisse in ihrer Häufigkeit zunehmen.

e hat die Selektion keine Wirkung.

f spielt der Zufall nur eine Rolle, wenn es um die Häufigkeit ungünstiger Allele geht.

86 Nennen Sie die richtige(n) Aussage(n).
Eine geringe genetische Variabilität in großen Populationen

a kann die Folge einer besonders starken Rekombination sein.

b kann die Folge sein, wenn die Population in nicht zu ferner Vergangenheit einen Flaschenhalseffekt erfahren hat.

c erhöht die Fähigkeit der Population, drastische Änderungen ihrer Umwelt zu überstehen.

d weist darauf hin, dass die Population aus mehreren früher voneinander getrennten Teilpopulationen verschmolzen ist.

e lässt darauf schließen, dass die Mutationsrate über viele Generationen hinweg konstant blieb.

f kann auftreten, wenn die Population vor kurzer Zeit aus nur wenigen Gründerindividuen entstanden ist.

87 Erläutern Sie, warum große, individuenreiche Populationen bei einer Verschlechterung der Lebensbedingungen besser vor dem Aussterben geschützt sind als kleine.

88 (Themenübergreifende Aufgabe)
Feldsperlinge bilden in Europa sehr große Populationen. 1870 wurden in St. Louis (USA) 20 europäische Feldsperlinge freigelassen. Sie vermehrten sich rasch auf ca. 150 000 Tiere, die auf 20 000 km^2 lebten.

Ähnliches geschah 1863 mit ca. 30 bis 40 Feldsperlingen in Australien. Fachleute untersuchten, wie stark sich die Proteine der heutigen Populationen von Feldsperlingen Europas, Nordamerikas und Australiens unterscheiden.

a Nennen Sie zwei Methoden, mit denen man die Ähnlichkeit von Proteinen ermitteln kann.

b Nennen Sie diejenige untersuchte Population, in der die Zahl der verschiedenen Proteine am größten ist. Begründen Sie Ihre Antwort.

89 (Themenübergreifende Aufgabe)
Zoologische Gärten tauschen regelmäßig untereinander Zuchttiere aus. Erläutern Sie die evolutionsbiologischen Gründe, aus denen das günstig ist.

90 (Themenübergreifende Aufgabe)
Die kanadische Wasserpest ist eine Wasserpflanze Nordamerikas. Männliche und weibliche Blüten befinden sich auf verschiedenen Pflanzen (zweihäusige Pflanze). Ein einziges weibliches Exemplar kam 1817 aus Nordamerika nach Irland. Von dort aus verbreitete sie sich ausschließlich durch vegetative Vermehrung über ganz Europa.

a Erläutern Sie, wie genetische Unterschiede zwischen den Individuen der in Europa lebenden Wasserpest zustande kommen könnten.

b Nennen Sie von den unten aufgeführten Gruppen der Wasserpest diejenige, auf die die Bezeichnung „Klon“ zutrifft.
Einen Klon bilden alle Wasserpestpflanzen
- auf der Erde.
- in einem See.
- in Irland.
- in Europa.

Begründen Sie Ihre Antwort.

c Erläutern Sie den Einfluss, den das Fehlen von männlichen Pflanzen auf die Evolution der Wasserpest in Europa hat.

91 (Themenübergreifende Aufgabe)
Pestbakterien und rote Blutkörperchen der Blutgruppe 0 haben das gleiche Antigen (Antigen H). In Indien, einem Land, in dem es in der Vergangenheit häufig zu Pestepidemien kam, ist die Blutgruppe 0 kaum in der Bevölkerung vertreten.
Erklären Sie, wie es zu dem geringen Anteil von Menschen mit der Blutgruppe 0 in Indien kommen konnte.

92 (Themenübergreifende Aufgabe)
Auf Bergwerkshalden, die aus schwermetallhaltigem Gestein bestehen, wachsen in der Regel keine Pflanzen.
Bei einigen wenigen Pflanzenarten kommen jedoch Populationen vor, die trotz der Schwermetalle solche Halden besiedeln konnten.

- a Erläutern Sie kurz die molekularbiologischen Ursachen dafür, dass die meisten Pflanzen auf schwermetallhaltigen Böden nicht wachsen.
- b Erklären Sie, warum nur bei einigen wenigen Pflanzenarten Populationen vorkommen, die schwermetallhaltige Halden besiedeln.
- c Erläutern Sie, ob damit zu rechnen ist, dass die Population einer Bergwerkshalde von den übrigen Populationen derselben Pflanzenart reproduktiv isoliert ist.

93 In der Abb. 37 ist schematisch der Verlauf eines Fluktuationstests angegeben. Mit diesem Versuch konnte u. a. geklärt werden, wie es zur Entstehung eines Bakterienstamms kommt, der gegen ein bestimmtes Antibiotikum resistent ist. Dabei ging es darum, zwei Hypothesen zu überprüfen:

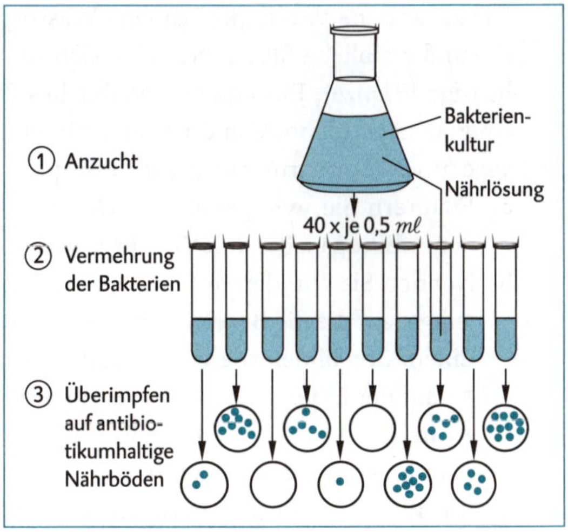

Abb. 37: Fluktuationstest

Hypothese A: Die Mutation tritt nach der Antibiotika-Behandlung auf. Die Zugabe eines Antibiotikums ruft in den Bakterien eine Mutation hervor, die sie resistent gegen das verwendete Antibiotikum macht.
Hypothese B: Die Mutation war bereits vor der Behandlung mit dem Antibiotikum in der Population (Bakterienstamm) vorhanden. Evolutive Vorgänge sind für die Entstehung eines resistenten Stammes verantwortlich.

a Beschreiben Sie, welche Ergebnisse der Fluktuationstest haben müsste, wenn die Hypothese A bzw. die Hypothese B richtig wäre.
Begründen Sie Ihre Antwort.

b Nennen Sie diejenige der beiden Hypothesen, die sich durch den Fluktuationstest in Abb. 37 (S. (2) 84) als falsch nachweisen lässt. Begründen Sie entsprechend der in der Teilaufgabe a gemachten Aussagen.

c Beschreiben Sie in Stichworten die Abfolge der Vorgänge, die zur Entstehung eines resistenten Bakterienstammes führen.

d Schlagen Sie Maßnahmen vor, durch die beim medizinischen Einsatz von Antibiotika das Risiko der Entstehung resistenter Bakterienstämme vermindert werden könnte.

e (Themenübergreifende Aufgabe)
Erklären Sie, warum der Nachweis, der mit dem Fluktuationstest gelang, eher die Evolutionstheorie DARWINs unterstützt als die LAMARCKs.

5 Artentstehung durch Zusammenwirken von Evolutionsfaktoren

Neue Arten können nur aus bereits existierenden entstehen. Eine Art besteht aus einer oder mehreren Populationen, deren Individuen sich unter natürlichen Bedingungen fruchtbar miteinander fortpflanzen können (siehe biologische Artdefinition, S. (2) 2). Dadurch hat jedes Allel eines Individuums jeder Population die Chance, in den Genpool jeder anderen Population zu gelangen. Man bezeichnet diese Weitergabe von Allelen als **Genfluss**. Aus einer Art sind zwei entstanden, wenn die Unterschiede zwischen zwei Populationen so groß geworden sind, dass sich ihre Individuen nicht mehr fruchtbar miteinander fortpflanzen können. Ist dies nicht mehr möglich, können keine Allele mehr in den Genpool der jeweils anderen Population gelangen, es ist kein Genfluss (kein Austausch von Allelen) mehr möglich. Man spricht dann von fortpflanzungsmäßig oder **reproduktiv isolierten** Populationen. Wichtig für die Erklärung der Artentstehung ist also die Frage, wie es zur Entstehung von Unterschieden kommen kann, die als Fortpflanzungsbarrieren wirken, die also den Genfluss zwischen den Populationen verhindern. Der **populationsgenetische Artbegriff** ist wie folgt definiert:

> Eine Art besteht aus einer oder mehreren Populationen, zwischen denen **Genfluss** besteht oder bestehen kann.

5.1 Artentstehung durch geografische Isolation

Zu einer Unterbrechung des Genflusses kann es kommen, wenn eine Population geografisch in zwei oder mehrere Teilpopulationen getrennt wird. Man spricht von **Separation**. Die beiden geografisch isolierten Populationen gelten in einem solchen Fall trotzdem als zur gleichen Art gehörig, da weiterhin ein Genfluss möglich wäre, wenn sich die Individuen der Populationen begegnen könnten. Die Formulierung **„Unterbrechung des Genflusses"** kann zwei Bedeutungen haben: Sie besagt einerseits, dass kein Genfluss mehr stattfinden kann, weil **geografische Barrieren** ihn verhindern. Andererseits spricht man auch von einer „Unterbrechung", wenn der Genfluss unmöglich geworden ist, weil die Individuen zweier Populationen so unterschiedliche Merkmale entwickelt haben, dass sie sich miteinander nicht mehr fruchtbar fortpflanzen können **(reproduktive Isolation)** (siehe S. (2) 87 und S. (2) 91).

Möglichkeiten der geografischen Isolation

Zur Trennung von Populationen kann es z. B. kommen, wenn sich das Klima ändert und es zu Versteppung, Versumpfung, Vereisung, zur Anhebung oder zur Senkung des Meeresspiegels kommt. Ursachen können aber auch geologische Ereignisse sein, wie die Auffaltung von Gebirgen, die Bildung von Tälern, die Kontinentalverschiebung oder die Bildung von Landbrücken, durch die sich Meeresgebiete voneinander trennen. Neue, getrennte, kleine Teilpopulationen entstehen bei der Besiedlung schwer zugänglicher Gebiete durch „Gründerindividuen" (siehe S. (2) 71). Das können landferne Inseln, Oasen oder Gebiete sein, die durch Wüsten, Gebirge oder große Flüsse getrennt sind.

Entstehung von Rassen und Arten in Teilpopulationen

In zwei geografisch voneinander getrennten Teilpopulationen verläuft die Evolution mit großer Wahrscheinlichkeit in verschiedene Richtungen, sodass ihre Individuen unterschiedliche Merkmale entwickeln. Durch die Trennung der Population wurde der ursprüngliche Genpool ungleich auf die Teilpopulationen verteilt. Im Extremfall, wenn nur wenige Individuen eine zweite Population bilden, sind einige Allele im neuen Genpool gar nicht mehr vorhanden (siehe S. (2) 71 f.). Mit sehr hoher Wahrscheinlichkeit treten in jeder der beiden Teilpopulationen außerdem andere Rekombinationen und Mutationen und damit andere Varianten auf. Außerdem sind die Teilpopulationen jeweils unterschiedlichen Umweltbedingungen ausgesetzt, sodass verschiedene Selektionsfaktoren auf sie wirken.

> Durch **Separation** wird der Genfluss zwischen zwei Populationen verhindert. Dadurch treten mit der Dauer der Trennung zunehmende Merkmalsunterschiede zwischen den Individuen der beiden Populationen auf.

Wenn die Trennung für eine lange Zeit besteht, können die Merkmalsunterschiede so stark werden, dass sich die Individuen der einen Population nicht mehr mit denen der anderen fruchtbar fortpflanzen können. Die unterschiedlichen Merkmale bilden **Fortpflanzungsbarrieren**, die den Genfluss auch dann verhindern, wenn die geografische Trennung später wieder aufgehoben wird. Die geografische Isolation kann zu einer **reproduktiven Isolation** führen. Aus den beiden Teilpopulationen, die ursprünglich zu einer Art gehörten, sind dann zwei **Arten** entstanden.

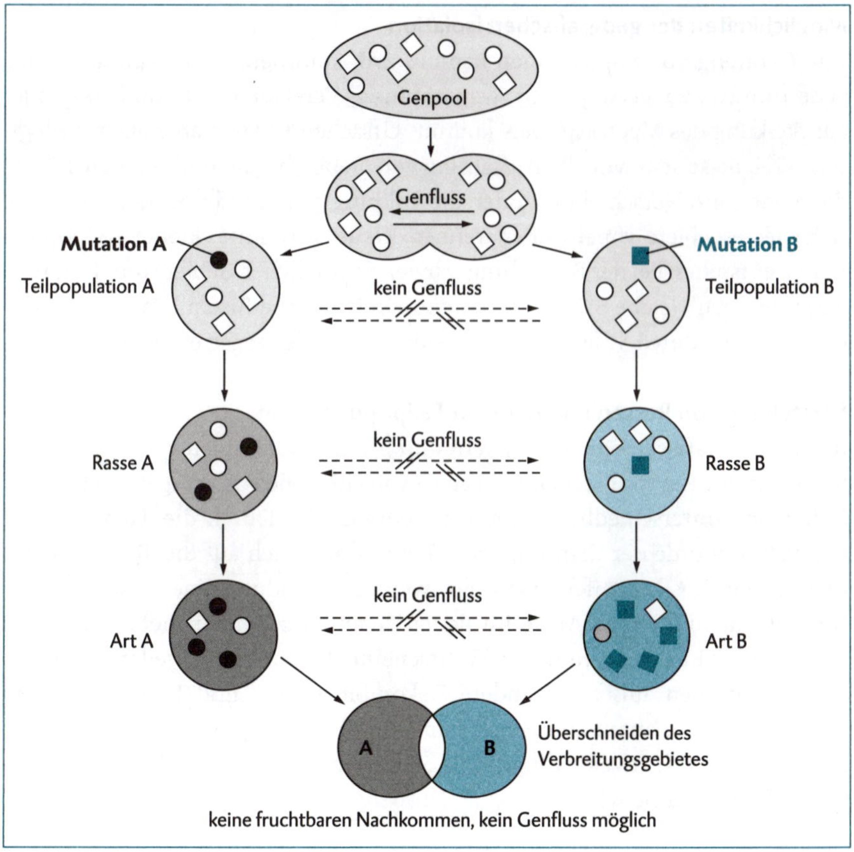

Abb. 38: Entstehung von Rassen und Arten durch Separation.

Wenn zwar deutliche Merkmalsunterschiede zwischen den Individuen der beiden Teilpopulationen bestehen, diese sich aber dennoch miteinander fruchtbar fortpflanzen können, z. B. nach Aufheben der geografischen Trennung, spricht man von zwei **Rassen** oder zwei Unterarten.

Durch Separation entstehen verschiedene
- **Arten**, wenn unterschiedliche Evolution in den Teilpopulationen Merkmale entstehen lassen, die als Fortpflanzungsbarrieren wirken.
- **Rassen** (Unterarten), wenn zwar deutlich verschiedene Merkmale entstehen, die aber keine Fortpflanzungsbarrieren darstellen, sodass weiterhin Genfluss zwischen den Populationen möglich ist.

Beispiele

Die **Kohlmeise** tritt in drei Rassen, der westlichen, der chinesischen und der südasiatischen, auf (siehe Abb. 39). Alle Meisenrassen gehören zu derselben Art, obwohl sich die chinesische und die westliche Rasse nicht miteinander paaren, also keine fruchtbaren Bastarde bilden. Die westliche und die chinesische Rasse können aber über die südasiatische, die mit beiden bastardiert, Allele austauschen. Würde die südasiatische Rasse aussterben, könnte man die chinesische und die westliche Rasse als zwei Arten betrachten.

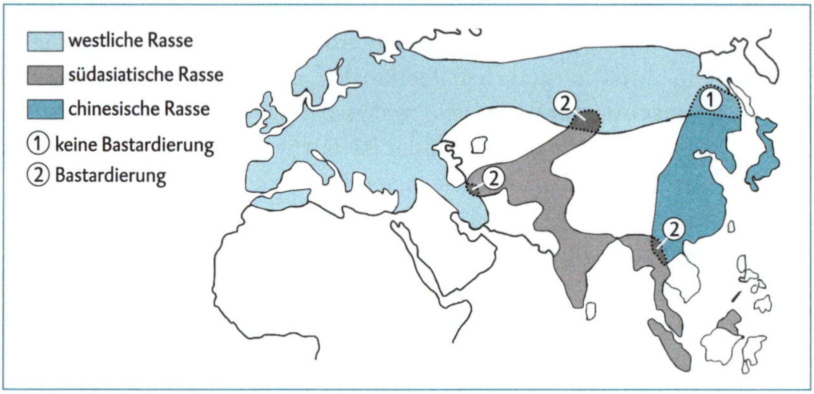

Abb. 39: Rassenbildung bei der Kohlmeise.

Raben- und Nebelkrähe sind zwei Rassen der Art „Aaskrähe“. Die ursprüngliche **Krähenpopulation** wurde durch den großen Festlandgletscher, der während der Eiszeit von Skandinavien her nach Mitteleuropa vordrang, in eine westliche und in eine östliche Teilpopulation getrennt. In den zwei Teilpopulationen verlief die Evolution unterschiedlich. Es entstanden zwei verschiedene Formen von Krähen, die **Raben-** und die **Nebelkrähe**, mit einer unterschiedlichen Gefiederfärbung (siehe Abb. 40).

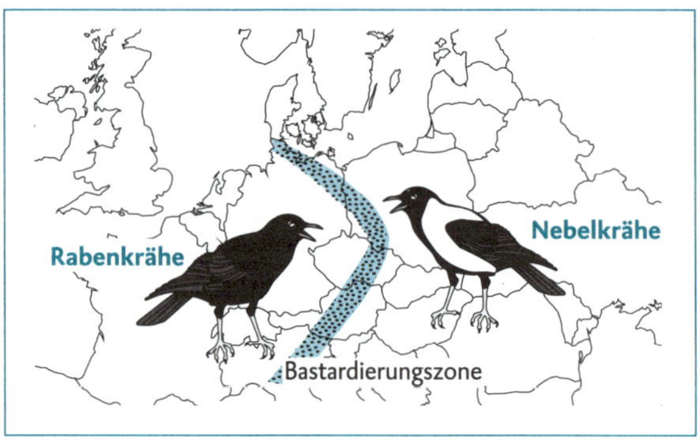

Abb. 40: Bildung von Rassen bei der Aaskrähe.

Nachdem das Eis abgeschmolzen war, kam es zu einer Überschneidung des Verbreitungsgebietes der beiden Krähenpopulationen. Die Individuen beider Populationen können sich heute im Überschneidungsgebiet fruchtbar miteinander fortpflanzen. Es entstehen fruchtbare **„Bastarde“** (Hybride). Die Bastardierungszone liegt etwa im Gebiet der Elbe. Raben- und Nebelkrähen sind daher trotz ihrer deutlich verschiedenen Gefiederfärbung nur zwei Rassen derselben Art „Aaskrähe“ (siehe S. (2) 3).

Geschwisterarten

Zuweilen entstehen Arten, die zwar reproduktiv voneinander isoliert sind, sich aber in ihren körperlichen Merkmalen nur wenig unterscheiden. Man nennt sie **Geschwisterarten**. Sehr wahrscheinlich entstehen sie aus Populationen, die zwar so lange voneinander isoliert waren, dass sich unterschiedliche Merkmale bilden konnten, die eine erfolgreiche Fortpflanzung verhinderten, bei denen aber die Trennung nicht lange genug andauerte, um in den Teilpopulationen einen deutlich unterschiedlichen Körperbau entstehen zu lassen.

Beispiele

Geschwisterarten findet man z. B. unter den heimischen Vögeln. Einige Vogelarten sehen sich sehr ähnlich, paaren sich aber nicht, da ihre Balzgesänge unterschiedlich sind. Geschwisterarten sind:

- die kleinen Singvogelarten **Fitis** und **Zilpzalp**, die in Gärten und Parks leben (siehe Abb. 41).
- Waldbaumläufer und Gartenbaumläufer; kleine Vögel, die sich vorwiegend von Insekten auf der Rinde von Baumstämmen ernähren.
- Sprosser und Nachtigall.
- Grauspecht und Grünspecht.
- Sommergoldhähnchen und Wintergoldhähnchen; sehr kleine in Nadelbäumen lebende Singvögel.

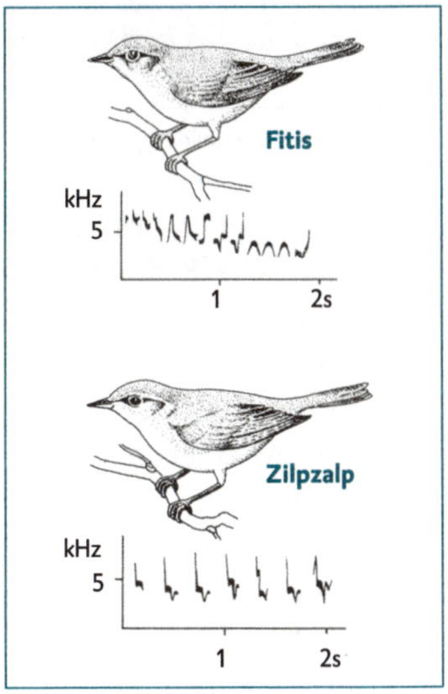

Abb. 41: Fitis und Zilpzalp mit den Klangspektrogrammen ihrer Gesänge.

Mechanismen der reproduktiven Isolation

In der Natur sind viele verschiedene Merkmale zu finden, die zwei Arten reproduktiv voneinander isolieren, die also den Genfluss auch dann verhindern, wenn zwei Arten im selben Gebiet leben. Sowohl im Tier- als auch im Pflanzenreich findet man zahlreiche Beispiele für solche Isolationsmechanismen.

Isolationsmechanismen sind Faktoren, die den Genfluss zwischen Populationen verhindern, die im **gleichen Gebiet** leben.

Zeitliche Isolation

Beispiele

- Einige einheimische Frosch- und Krötenarten paaren sich zu verschiedenen Zeiten im Jahr.
- Roter und Schwarzer Holunder blühen in unterschiedlichen Monaten. So kann Pollen der einen Art nicht in die Blüte der anderen gelangen.

Ethologische Isolation

Beispiele

- Fitis und Zilzalp sowie einige andere Geschwisterarten haben ein unterschiedliches Balz- und Paarungsverhalten.
- Leuchtkäferarten haben verschiedenfarbige Leuchtorgane und unterschiedliche Blinkrhythmen, durch die sich die Paarungspartner finden.

Anatomische und physiologische Isolation

Beispiele

- Viele Insektenarten unterscheiden sich durch ihre kompliziert gebauten Kopulationsorgane, die wie ein Schlüssel zum Schloss zusammenpassen. Bereits kleinste Veränderungen machen eine Paarung unmöglich.
- Bei Pflanzen können artfremde Pollen häufig auf der Narbe keinen Pollenschlauch bilden, was eine Voraussetzung für die Befruchtung ist.

Isolation durch Sterilität oder Polyploidie

Beispiele

- Aus einer Paarung zwischen Pferd und Esel gehen Maultier oder Maulesel hervor. Beide Tiere sind aber nicht fortpflanzungsfähig.
- Bei Pflanzen kann eine Polyploidisierung die fruchtbare Kreuzung unmöglich machen (siehe S. (2) 92).

5.2 Artentstehung ohne Separation

Ob sich Arten auch **ohne** geografische Trennung (Separation) in Teilpopulationen bilden können, ist unter Fachleuten umstritten. Sicher ist nur, dass es durch **Polyploidisierung** (siehe S. (2) 56) zur Artentstehung kommen kann. Diese Form der Genommutation kommt fast ausschließlich bei Pflanzen vor. Wenn in einer Population diploider Pflanzen (2n) ein Individuum durch eine Genommutation tetraploid (4n) wird, kann es keine fruchtbaren Nachkommen mit den übrigen Pflanzen der Population erzeugen, da Nachkommen aus einer Kreuzung von diploiden und tetraploiden Pflanzen (2n × 4n) triploid (3n) sind. Triploide Genotypen aber sind steril. Die ungerade Zahl der Chromosomen verhindert eine erfolgreiche Meiose (siehe S. (1) 81 f.). Es können keine Keimzellen (Ei- und Pollenzellen) entstehen. Damit ist die Fortpflanzung auf sexuellem Wege ausgeschlossen. Durch eine einzige Genommutation können also bei Pflanzen Individuen auftreten, die reproduktiv isoliert sind. Eine tetraploide Pflanze kann sich aber durch Selbstbestäubung oder auf ungeschlechtlichem (vegetativem) Wege über Ableger u. Ä. vermehren und so eine eigene, **neue Population** bilden. In den durch Polyploidisierung getrennten 2n- bzw. 4n-Populationen kann die Evolution dann durch unterschiedliche Wirkung der Evolutionsfaktoren in verschiedene Richtungen laufen und zu unterschiedlichen Merkmalen führen.

Bei **Pflanzen** können neue Arten ohne vorangehende Separation entstehen, wenn in einer Population einzelne Individuen durch **Polyploidisierung** reproduktiv isoliert werden.

5.3 Artumwandlung

Evolutionsfaktoren wirken immer auf eine Population ein, sodass sich ihr Genpool ständig verändert. Wenn sich Umweltbedingungen **über lange Zeit in eine bestimmte Richtung** verlagern, ändert sich auch die Selektionsrichtung dauerhaft. Infolgedessen kommt es zu einer fortschreitenden Verschiebung der Allelhäufigkeiten des Genpools in eine Richtung (transformierende Selektion; siehe S. (2) 64 f.) und damit zur Änderung von Merkmalen der Art. Man bezeichnet solche Veränderungen als **Artumwandlung**. Schwierig ist in solchen Fällen die Abgrenzung der Arten. Es ist nicht zu klären, ab wann z. B. eine der in der Abb. 42 (siehe S. (2) 93) dargestellten Schnecken eine neue Art bildet.

Bei einer **Artumwandlung** ändern sich die Merkmale einer Art über lange Zeit, ohne dass dabei weitere neue Arten entstehen.

Beispiel

Bei einigen Fossilien ist die Artumwandlung in beeindruckender Weise erkennbar, so etwa bei der Veränderung des Gehäuses der Wasserschnecke *Viviparus (Paludina)* in aufeinanderfolgenden Schichten aus dem Tertiär.

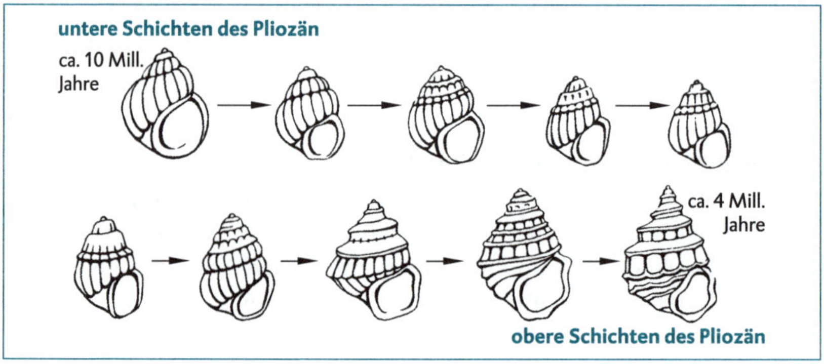

Abb. 42: Abwandlung der Gehäuseform der Schnecke *Viviparus*.

Eine **ständig gleichbleibende Umwelt** führt im Gegensatz zu einer sich ständig ändernden Umwelt zu stabilisierender Selektion. Arten oder deren einzelne Merkmale bleiben dadurch über einen sehr langen Zeitraum hinweg unverändert. „Lebende Fossilien" lassen sich auf diese Weise erklären (siehe Belege für die Evolution, S. (2) 20 f.).

5.4 Einnischung

Ökologische Nische und Konkurrenz zwischen Arten

Verschiedene Arten nutzen ihre Umwelt in unterschiedlicher Weise, sie sind an verschiedene **ökologische Nischen** angepasst. Dadurch können **mehrere Arten** den **gleichen** Lebensraum nutzen, ohne miteinander in Konkurrenz zu treten. Ihre ökologischen Nischen können sich z. B. in der Art der Nahrung, im Nistplatz oder in der Zeit, in der der Lebensraum genutzt wird (tagaktive, nachtaktive Tiere) unterscheiden.

Als ökologische Nische bezeichnet man die **Summe aller Faktoren** der Umwelt, die das Überleben eines Organismus ermöglichen.

Nach einer Grundregel der Ökologie können zwei Arten mit identischer ökologischer Nische, also mit identischen Ansprüchen an ihre Umwelt, nicht nebeneinander im gleichen Lebensraum überleben. Die Konkurrenz zwischen den beiden Arten führt dazu, dass entweder eine Art verdrängt wird, oder dass sie sich durch evolutive Prozesse an eine freie ökologische Nische anpasst und auf diese Weise die Konkurrenz vermindert. Das Phänomen der Anpassung an verschiedene ökologische Nischen nennt man **Einnischung**.

> Im **gleichen** Lebensraum können auf Dauer nur Arten nebeneinander existieren, die unterschiedliche ökologische Nischen besetzen.

Einnischung als Prozess der Evolution

Es ist umstritten, ob die Einnischung einer Population ihre **reproduktive** Isolation zur Folge haben kann. Unklar ist also, ob die Anpassung an eine ökologische Nische die Ursache für die Bildung einer neuen Art sein kann oder ob immer zunächst eine Separation stattfinden muss, damit eine neue Art entstehen kann. In jedem Fall ist die Einnischung ein Prozess der Evolution.

Im Folgenden wird erklärt, wie eine Einnischung erfolgen kann, wenn bereits zwei Arten entstanden sind. Folgende Vorgänge müssen vorausgegangen sein:

- Entstehung von zwei Arten durch **Separation**.
- **Aufhebung** der Separation: Die beiden neu entstandenen Arten leben dann nebeneinander im gleichen Lebensraum, können sich miteinander aber nicht fruchtbar fortpflanzen.

Für die darauffolgende **Einnischung** kommen zwei Möglichkeiten infrage:

- Während der Separation haben sich die beiden Teilpopulationen durch unterschiedliche Selektionsbedingungen an verschiedene ökologische Nischen angepasst. Nach Aufhebung der Trennung konkurrieren sie daher nicht miteinander und können **nebeneinander** im gleichen Gebiet existieren.
- Die beiden Arten, die nach der Aufhebung der Separation im gleichen Raum leben, haben ihre ökologischen Ansprüche in der Zeit während der Trennung nicht verändert, beide blieben an die gleiche ökologische Nische angepasst und stehen daher nun miteinander in **Konkurrenz**. Die beiden Arten unterscheiden sich lediglich in einigen Merkmalen, die die reproduktive Isolierung ausmachen.

Tritt nicht der Fall ein, dass eine der beiden konkurrierenden Arten verdrängt wird, sind folgende Szenarien denkbar:

- Innerhalb einer der beiden Arten treten solche Mutanten oder Rekombinanten auf, die Merkmale tragen, die für die Nutzung einer freien ökologischen Nische günstig sind und daher die Konkurrenz vermindern. Diese Varianten haben dadurch einen Selektionsvorteil, sie können ihre Allele daher häufiger in den Genpool der nächsten Generation einbringen.

- Durch transformierende Selektion (siehe S. (2) 64 f.) kommt es über viele Generationen hinweg zu einer immer stärkeren Anpassung an die freie ökologische Nische. Nach der Anpassung an eine andere ökologische Nische können beide Arten nebeneinander im gleichen Gebiet leben.

Einnischung ist ein Prozess der Evolution, in dem Merkmale so verändert werden, dass sich Arten an **ökologische Nischen** anpassen.

Zur Einnischung ist nicht unbedingt eine freie ökologische Nische erforderlich. Möglich ist auch die Einnischung in eine ökologische Nische, die bereits von einer anderen Art besetzt ist. Wenn diese Art weniger gut angepasst ist, kann es zu ihrer **Verdrängung** kommen.

Konvergenz

Wenn sich zwei geografisch isolierte Arten an ähnliche ökologische Nischen anpassen, können **konvergente Formen** entstehen. Ähnliche ökologische Nischen rufen ähnliche Selektionsfaktoren hervor. Die transformierende Selektion verändert daher die Merkmale der beiden Arten in ihren verschiedenen Verbreitungsgebieten unabhängig voneinander in die gleiche Richtung.

Beispiel

Die Sprosse von Kakteen (Neue Welt) und einigen Wolfsmilcharten (Alte Welt) sind konvergent zu Organen der Wasserspeicherung (Stammsukkulenz) umgewandelt worden (siehe Abb. 7, S. (2) 20; S. (2) 17 f.).

Konvergenz kann auftreten, wenn sich zwei Arten in getrennten Gebieten an ähnliche ökologische Nischen anpassen.

5.5 Adaptive Radiation

Im Laufe der Erdgeschichte traten Situationen auf, in denen einer Art oder einer kleinen Gruppe von Arten viele verschiedene freie ökologische Nischen zur Verfügung standen, z. B. wenn sie neue, bisher nicht oder nur von wenigen Arten bewohnte Gebiete besiedelten. In solchen Fällen konnten aus der Stammart viele neue, an verschiedene ökologische Nischen angepasste Arten entstehen. Man nennt dieses Phänomen **adaptive Radiation**.

Zur **adaptiven Radiation** kommt es, wenn sich aus einer Stammart oder einer kleinen Artengruppe viele neue Arten bilden, die unterschiedliche ökologische Nischen besetzen.

Darwin-Finken

Das bekannteste Beispiel für adaptive Radiation sind die **Darwin-Finken** auf den Galapagos-Inseln, einer Gruppe vulkanischer Inseln, die im Tertiär entstand und heute etwa 1 000 km vor der Westküste Südamerikas liegt. Schon Charles DARWIN nahm an, die Arten der Darwin-Finken, die nur hier zu finden sind, seien aus einer einzigen Stammart entstanden. Wenige Individuen der Art seien vom amerikanischen Kontinent her in einem Sturm, auf Treibholz oder ähnliche Weise auf die Inseln gelangt. Die Abb. 43 gibt eine denkbare Erklärung dafür, wie die heutigen Arten der DARWIN-Finken im Zuge einer adaptiven Radiation entstanden sein könnten: Wenige Finken – wenigstens ein bereits befruchtetes Weibchen – „verschlug" es vom südamerikanischen Kontinent her auf eine der Galapagos-Inseln. Die Gründerindividuen (1), vermutlich den Boden bewohnende, körnerfressende Finken, konnten sich vermehren, da sie auf der Galapagos-Insel keine Konkurrenten vorfanden. Sie bildeten eine **Gründerpopulation** (Bild A). Einige Individuen dieser Ursprungspopulation gelangten auf eine weitere, zu diesem Zeitpunkt finkenfreie Insel (Bild B). Durch **Separation** entstand eine Teilpopulation (2). In dieser isolierten Teilpopulation und in der Ursprungspopulation (1) verlief die Evolution in verschiedene Richtungen.

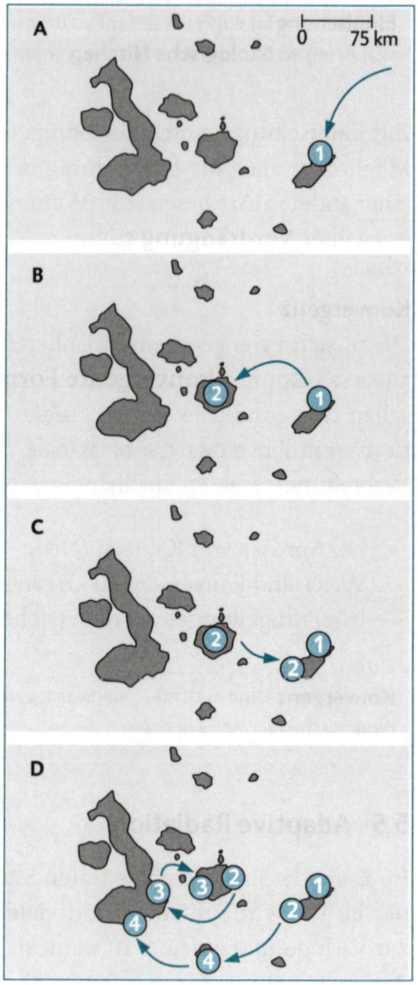

Abb. 43: Die adaptive Radiation der Darwin-Finken.

Folgende Ursachen könnte es dafür gegeben haben:

- **Zufällige Auswahl der Allele** bei der Abtrennung der Teilpopulation, die als neue Gründerindividuen die zweite Insel besiedelten (Flaschenhalseffekt, siehe S. (2) 70 f.)
- **Gendrift:** zufällige Veränderung des Genpools (möglich, da die Population 2 sehr klein war)
- Unterschiedliche Mutationen und Rekombinationen
- Unterschiedliche **Richtungen der Selektion**, da die Umweltbedingungen auf den beiden Inseln verschieden waren.

Die in unterschiedliche Richtungen verlaufende Evolution konnte zur reproduktiven Isolation der beiden Populationen führen. Damit hatte sich die ursprüngliche Art 1 in zwei Arten aufgespalten. Einige Individuen der abgetrennten Population 2 kehrten auf die ursprüngliche Insel zurück (Bild C). Durch die getrennte Entwicklung hatten sich Merkmale gebildet, die die fruchtbare Fortpflanzung zwischen den Individuen der beiden Populationen unmöglich machten (reproduktive Isolation, Verhinderung des Genflusses). Dies könnte zwei mögliche Folgen für den Verlauf der **Einnischung** gehabt haben:

- Die Individuen der Teilpopulation 2 hatten sich während der Trennungszeit an eine andere ökologische Nische angepasst. Sie konkurrierten daher nicht mit den Individuen der Population 1 und konnten als zweite Art neben der ursprünglichen auf der gleichen Insel leben.
- Die Individuen der Teilpopulation 2 waren zwar reproduktiv von der Teilpopulation 1 isoliert, aber weiterhin an die gleiche ökologische Nische angepasst. Entweder wurde eine der beiden Populationen verdrängt (Konkurrenz) oder die zwischenartliche Konkurrenz zwischen der Ursprungspopulation (1) und der neuen Art (2) führte zur Besetzung einer freien Nische. Dann konnten beide Arten nebeneinander auf der gleichen Insel existieren.

Die Separation und die Einnischung wiederholten sich noch weitere Male (Bild D), sodass bis heute mehrere Arten entstanden, die aufgrund ihrer Anpassung an jeweils unterschiedliche ökologische Nischen nebeneinander auf den gleichen Inseln existieren können **(adaptive Radiation)**.

Abb. 44: Vertreter einiger der insgesamt 13 Arten von Darwin-Finken auf den Galapagos-Inseln.

Weitere Beispiele für eine adaptive Radiation

Eine adaptive Radiation lief auch in der Stammesgeschichte der **Säugetiere** ab. Am Ende der Kreidezeit starben in verhältnismäßig kurzer Zeit viele Reptilien aus, v. a. die Dinosaurier. Dadurch wurden zahlreiche der bisher besetzten ökologischen Nischen frei. Die Säuger, die bis dahin vermutlich nur eine kleine Gruppe dargestellt hatten, konnten die frei gewordenen ökologischen Nischen besetzen. In der Folge stieg, entsprechend der Zahl der ökologischen Nischen, die Zahl der Säugetierarten. Es entstanden viele an verschiedene ökologische Bedingungen angepasste Arten. In einigen Fällen bildeten die Säuger konvergente Formen zu den vorher existierenden Reptilien, da beide die gleichen ökologischen Nischen besetzten, allerdings in verschiedenen geologischen Zeitaltern.

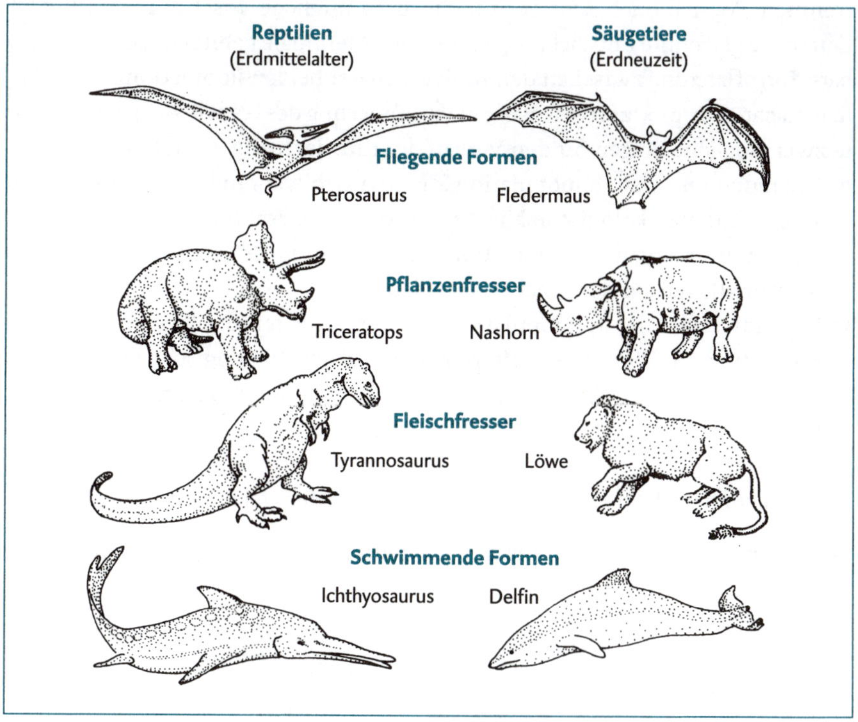

Abb. 45: Konvergente Formen bei ausgestorbenen Reptilien und Säugern.

Zusammenfassung

- Die **Bildung von Arten** ist abgeschlossen, wenn zwischen ihren Populationen **kein Genfluss** mehr möglich ist. Dadurch sind sie voneinander **reproduktiv isoliert**.
- Die **Separation** ist ein Ereignis, das die **Bildung neuer Arten** auslösen kann.
- Bei **Geschwisterarten** geschah die Artspaltung erst vor geologisch kurzer Zeit.
- Auf dem langen Weg zur Artbildung kommt es zunächst zur Entstehung von **Rassen**.
- Durch **Polyploidisierung** können Arten auch ohne vorangegangene Separation entstehen.
- Die **Artentstehung** ist mit der Anpassung an eine ökologische Nische **(Einnischung)** verbunden.
- Wenn viele **freie ökologische Nischen** existieren, kann es zur **adaptiven Radiation** kommen. Sie geht von einer Art oder einer systematischen Gruppe aus.

Aufgaben

94 In der folgenden Tab. 9 ist die Wirkung von Evolutionsfaktoren in knapper Form zusammengefasst.
Ergänzen Sie die mit Kennziffern versehenen, fehlenden Teile des Textes. Stellen Sie fest, ob der jeweilige Evolutionsfaktor zu einer Erhöhung der Anpassung führt oder nicht, und markieren Sie entsprechend in der dritten Spalte das „ja“ oder „nein“.

Evolutionsfaktor	Wirkung auf den Genpool	Verbessert die Anpassung an die jeweilige Umwelt
Selektion	Unterschiedlicher Fortpflanzungserfolg erhöht oder verringert die Frequenz einiger … **(1)**	ja/nein
Mutation und Rekombination	Veränderung der Allelhäufigkeiten und Erhöhung der Zahl unterschiedlicher … **(2)**	ja/nein
… **(3)**	Veränderung der Allelhäufigkeiten in einem kleinen Genpool aufgrund von Zufallsereignissen	ja/nein
Separation	Zufällige Zusammenstellung der Allele bei der … **(4)** von Populationen	ja/nein

Tab. 9: Wirkung von Evolutionsfaktoren.

95 Definieren Sie den populationsgenetischen Artbegriff.

96 Beschreiben Sie die Kriterien, die erfüllt sein müssen, um zwei Gruppen von Individuen als Rassen bezeichnen zu können.

97 Der Myrtenwaldsänger und der Audubonwaldsänger sind kleine Singvögel Nordamerikas. Früher galten sie als zwei Arten. Fachleute halten sie heute für zwei Rassen, eine westliche und eine östliche, einer einzigen Art, des Kronwaldsängers.
Nennen Sie von den unten aufgeführten Erkenntnissen diejenige, die zu dieser Änderung der systematischen Einordnung geführt haben könnte.

Myrtenwaldsänger und Audubonwaldsänger

- a kommen im selben Gebiet vor.
- b kreuzen sich in der Natur fruchtbar miteinander.
- c sehen sich ähnlich genug, um in dieselbe Art gestellt zu werden.
- d sind voneinander reproduktiv (fortpflanzungsmäßig) isoliert.
- e leben in vollständig voneinander getrennten Gebieten.

98 Beschreiben Sie in Stichworten Ereignisse, die zur Separation (geografische Isolation) von Populationen führen können.

99 Einige Jahre, nachdem ein Grasland durch breite, stark befahrene Straßen in mehrere Gebiete zerteilt wurde, verglich man den Genpool von Populationen aus verschiedenen, durch die Straßen getrennten Gebieten. Die Unterschiede zwischen den Populationen der verschiedenen Gebiete waren je nach Art der Organismen unterschiedlich groß.
Nennen Sie von den unten aufgeführten Arten diejenige, bei der man die größten Unterschiede fand. Begründen Sie Ihre Antwort.

- a Mäuse
- b windbestäubte Gräser
- c Schnecken
- d Fliegen
- e Krähen
- f Kaninchen

100 Die Individuen zweier voneinander getrennter Populationen der gleichen Art verändern in der Regel über Generationen hinweg ihre Merkmale. Erklären Sie, warum sich die Merkmale in den beiden Populationen in unterschiedliche Richtungen verändern können.

101 a Erklären Sie, wie es zur Entstehung von Geschwisterarten kommt.
b Nennen Sie zwei Beispiele für Geschwisterarten.

102 Man nimmt an, es gibt drei Populationen A, B und C.

- Die Individuen der Population A pflanzen sich fruchtbar mit denen der Population B fort.
- Die Individuen der Population B pflanzen sich fruchtbar mit denen der Population C fort.
- Die Individuen der Population C können sich nicht fruchtbar mit denen der Population A fortpflanzen, obwohl beide im gleichen Gebiet vorkommen.

a Nennen Sie die Zahl der Arten, die vorliegen. Begründen Sie Ihre Antwort.

b Stellen Sie die Zahl der Arten für folgende Situationen fest, wenn:
- die Population B restlos ausstirbt.
- die Population C restlos ausstirbt.

Begründen Sie Ihre Antwort.

103 Arten können auf verschiedene Weise voneinander reproduktiv isoliert sein. Nennen Sie drei Formen der reproduktiven Isolation und geben Sie jeweils ein Beispiel an.

104 Nennen Sie die richtige(n) Aussage(n).
Polyploidisierung

a kann die Entstehung von Arten ohne vorangehende Separation möglich machen.

b führt zwar häufig zur Entstehung von Individuen, die sich in ihrer Größe deutlich von den übrigen Pflanzen einer Population unterscheiden, kann aber dennoch nie eine Bedeutung für die Entstehung einer neuen Art haben.

c kann innerhalb einer Population zur reproduktiven Isolation der Nachkommen der betroffenen Individuen führen.

d kann dazu führen, dass in einer Population sterile Individuen auftreten.

e erhöht die Zahl der unterschiedlichen Allele in einer Population.

f kommt in der Natur nicht vor, lässt sich aber unter Laborbedingungen leicht auslösen.

g verhindert die vegetative (ungeschlechtliche) Vermehrung des betreffenden Individuums.

105 Eine Pflanzenart A hat 14 Chromosomen im diploiden Satz ($2n = 14$); eine andere Art B hat eine diploide Chromosomenzahl von 18 ($2n = 18$). Aus den Hybriden (Mischlingen, Bastarden) zwischen A und B ist ausnahmsweise eine neue Pflanzenart C entstanden.
Nennen Sie die Zahl der Chromosomen, die die Art C hat.
Begründen Sie Ihre Antwort.

106 Der Dinkel, eine mit dem heutigen Hochzuchtweizen verwandte, ursprüngliche Getreideform, wurde bereits vor ca. 6 500 Jahren in der Westukraine angebaut. Der Dinkel hat 42 Chromosomen. Er entstand als Bastard aus dem Wildemmer mit $2n = 28$ und einem Wildgras *(Aegilops squarrosa)* mit $2n = 14$ Chromosomen.

a Begründen Sie, warum Wildemmer und *A. squarrosa* zwei verschiedene Arten darstellen.

b Erläutern Sie den Vorgang, der erforderlich war, um Dinkel aus dem Bastard zwischen Wildemmer und *A. squarrosa* entstehen zu lassen.

107 Nennen Sie die richtige(n) Aussage(n).

a Einnischung verhindert Konkurrenz zwischen den Arten eines Lebensraums.

b Konvergenz kann die Folge der Einnischung zweier Arten in ähnliche ökologische Nischen in verschiedenen, voneinander getrennten Gebieten sein.

c Zwei ähnliche ökologische Nischen können nicht auf verschiedenen Kontinenten vorkommen.

d Die Zahl der Arten eines Lebensraums steht in einem ursächlichen Zusammenhang mit der Zahl seiner ökologischen Nischen.

e Für die Entstehung von konvergenten Formen sind ausschließlich Zufallsereignisse verantwortlich.

f Nach der Einnischung verschwindet die entsprechende ökologische Nische aus dem jeweiligen Lebensraum.

108 Beschreiben Sie die Vorgänge, die zu einer Einnischung führen können, wenn folgende Situationen vorliegen:

- Durch Separation sind zwei Arten entstanden.
- Nach der Aufhebung der geografischen Trennung beanspruchen die beiden entstandenen Arten die gleiche ökologische Nische.
- Es sind freie ökologische Nischen vorhanden.

109 Nennen Sie von den folgenden Aussagen diejenige, durch die der Begriff „adaptive Radiation“ am besten beschrieben wird.

- **a** Aktives Umherstreifen von Tieren auf der Suche nach einer freien ökologischen Nische.
- **b** Vermehrung von Individuen, die eine ökologische Nische besetzen.
- **c** Aussterben von Arten.
- **d** Trennung der Population einer Art in mehrere Teilpopulationen.
- **e** Aufspaltung einer Stammart in zahlreiche neue Arten.
- **f** Erhöhung der Mutationsrate durch radioaktive Strahlung.

110 Ein sehr bekanntes Beispiel für adaptive Radiation geht auf Beobachtungen zurück, die Charles DARWIN auf einer Inselgruppe ca. 1 000 km vor der südamerikanischen Westküste machte.

- **a** Nennen Sie das Gebiet, um das es in diesem Beispiel geht. Beschreiben Sie seine geografische Lage.
- **b** Nennen Sie die Gruppe von Lebewesen, die hier in besonders auffälliger Weise eine adaptive Radiation durchlaufen hat.
- **c** Beschreiben Sie kurz ein Ereignis, das in diesem Fall dem Beginn der adaptiven Radiation vorangegangen sein könnte.
- **d** Beschreiben Sie kurz, wie es in diesem Gebiet zu einer mehrfachen Separation (geografischen Isolation) gekommen sein könnte.

111 Nennen Sie ein Beispiel für eine adaptive Radiation, die vermutlich nicht von einer einzigen Stammart ausging, sondern von einer kleinen Artengruppe.

112 (Themenübergreifende Aufgabe) Beutelwolf und Dingo kamen eine Zeit lang nebeneinander in Australien vor. Beide Arten ernähren sich von den gleichen Beutetieren. Der Beutelwolf gehört zur ursprünglichen Fauna (Tierwelt) Australiens. Der Dingo, ein Wildhund, der nicht zu den Beuteltieren zählt, wanderte vor einigen Tausend Jahren aus Asien nach Australien ein. Der Beutelwolf ist dem Dingo an Körperkraft überlegen, der Dingo allerdings ist beim Nahrungserwerb erfolgreicher.

Abb. 46: Körperbau des Dingos und des ausgestorbenen Beutelwolfs.

a Erläutern Sie, wie im Sinne DARWINs der Kampf ums Dasein *(„struggle for life")* zwischen Beutelwolf und Dingo zu verstehen ist.

b Geben Sie eine mögliche Erklärung dafür, dass heute in Australien keine Beutelwölfe, sondern nur noch Dingos vorkommen.

c Die Dingos gelangten nie bis nach Tasmanien, einer großen Insel vor Australien. Beutelwölfe lebten dort, bis die weißen Siedler sie ausrotteten. Das letzte Tier wurde vor etwa 50 Jahren dort gesehen. Auf dem australischen Kontinent starb der Beutelwolf schon lange Zeit vor der Entdeckung durch die Europäer aus.
Beurteilen Sie, ob die in der Teilaufgabe b gegebene Erklärung durch die Tatsache, dass der Beutelwolf sich in Tasmanien sehr viel länger halten konnte als auf dem australischen Festland, bestätigt oder widerlegt wird.

113 (Themenübergreifende Aufgabe)
Nehmen Sie Stellung zu der folgenden Aussage:
„Die heutigen Pferde, z. B. die Zebras, sind besser angepasst als die Urpferde im Tertiär (z. B. *Hyracotherium = Eohippus*)".

114 Der Braunbär *(Ursus arctos)* hat ein weites Verbreitungsgebiet. Er kommt in mehreren Unterarten (= Rassen) vor, z. B. in Europa als Europäischer Braunbär *(Ursus arctos arctos)*, in Nordamerika als Grizzly-Bär *(Ursus arctos horribilis)* und als Kodiak-Bär *(Ursus arctos middendorffi)*, in Asien z. B. als Kamtschatka-Bär *(Ursus arctos beringianus)* oder als Syrischer Braunbär *(Ursus arctos syriacus)*. Der Eisbär *(Ursus maritimus)* dagegen hat sich im Laufe seiner Stammesgeschichte nicht in verschiedene Rassen aufgespalten.
Entwerfen Sie Hypothesen zur Lösung der Frage, wie es dazu kam, dass mehrere Braunbärenrassen auf der Erde entstanden, aber nur eine einzige Form von Eisbären. Verwenden Sie dazu die Erkenntnisse der Theorie der Synthetischen Evolution.

6 Stammesgeschichte des Menschen

Grundlage der naturwissenschaftlichen Erklärung der Herkunft des Menschen ist der Vergleich seiner Merkmale mit denen bestimmter Fossilien und heute noch lebender Affen.

6.1 Stellung des Menschen im natürlichen System

System der Primaten

Der Mensch lässt sich zwanglos in das System der Tiere einordnen. Innerhalb der Wirbeltiere gehört er zu den Säugern, und dort bildet er zusammen mit den Affen und Halbaffen die Ordnung der **Primaten**. Seine nächsten Verwandten sind die Menschenaffen:

- Schimpanse (Afrika, zwei Arten)
- Orang-Utan (Asien)
- Gorilla (Afrika)

Abb. 47: Menschenaffen. Von links nach rechts: Schimpanse, Orang-Utan und Gorilla

Die nächsten Verwandten des Menschen sind Schimpanse, Orang-Utan und Gorilla.

Die Verwandtschaftsbeziehungen zwischen Menschenaffen und Mensch sind nicht ganz geklärt. Der **anatomische Vergleich** und die **DNA-Analyse** ergeben unterschiedliche Stammbäume:

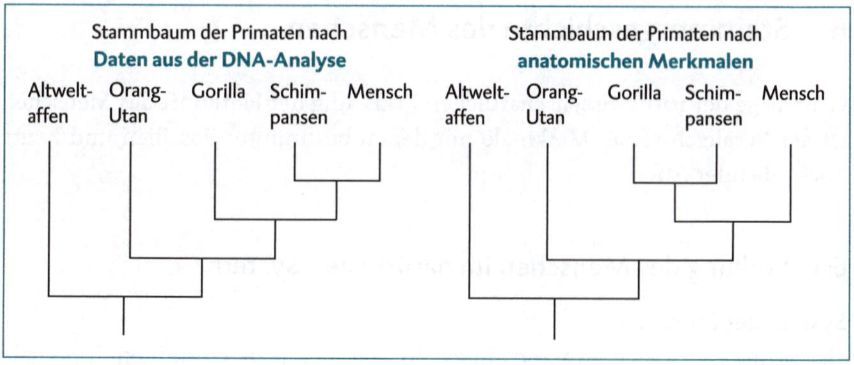

Abb. 48: Verwandtschaftsbeziehungen zwischen Menschenaffen und Mensch nach anatomischen und biochemischen Analysen.

Alle heutigen Menschen gehören zur selben Art und Unterart, zum *Homo sapiens sapiens*. Die nächsten Verwandten des Menschen und der Menschenaffen sind die **Altweltaffen**. Das sind die Affen Afrikas und Asiens, z. B. Paviane, Meerkatzen und Makaken. Nach anatomischen Merkmalen ist der Mensch am nächsten mit einer Gruppe von Menschenaffen verwandt, die von Schimpansen und Gorillas gebildet wird. Aus den Daten des DNA-Vergleichs ergibt sich dagegen, dass der Mensch mit den Schimpansen näher verwandt ist als mit den übrigen Menschenaffen. In den Stammbäumen in Abb. 48 sind die Gibbons und die Neuweltaffen nicht berücksichtigt. Gibbons sind kleine, den Menschenaffen nahe verwandte Arten, die in den tropischen Wäldern Asiens leben. Die systematische Gruppe der Neuweltaffen ist auf Süd- und Mittelamerika beschränkt. In Australien gibt es weder rezente noch fossile Affen. In Europa sind heute alle Affen ausgestorben, außer einer sehr kleinen Population in Gibraltar.

Veränderung von Merkmalen in der frühen Stammesgeschichte der Affen

Affen entstanden in der adaptiven Radiation der Säuger (siehe S. (2) 98) aus bodenbewohnenden Insektenfressern, die einen guten Geruchssinn, aber nur wenig leistungsfähige Augen hatten. Mit der Anpassung an das Leben auf Bäumen traten Merkmale und Fähigkeiten auf, die sich später als wichtige Voraussetzungen (Prädispositionen, Präadaptationen, siehe S. (2) 67) bei der stammesgeschichtlichen Entwicklung zum Menschen erwiesen. Mit dem Lebensraum „Baum“ sind einige Besonderheiten verbunden. Er ist dreidimensional (die Bodenregion ist zweidimensional), birgt die Gefahr abzustürzen und hat viele Lücken zwischen Zweigen und Ästen, die ständig Entscheidungen über die Wahl des Weges erfordern.

Im Folgenden sind einige **Anpassungstendenzen der Primaten** an den Lebensraum „Baum“ und deren spätere Bedeutung für den Menschen dargestellt:

- Die **Augen vergrößerten** sich. Für die Orientierung im Geäst sind sie günstiger als der Geruchssinn. Beim Menschen sind die Augen die wichtigsten und leistungsfähigsten Sinnesorgane.
- Die **Augen verlagerten** sich weiter nach vorne, sodass sich die beiden Sehfelder stark überlappten. Dies verbesserte die Fähigkeit zum räumlichen Sehen. Überlappende Sehfelder sind günstig für das Abschätzen von Entfernungen beim Klettern und Greifen im Geäst. Das sehr gute räumliche Sehen erlaubt u. a. ein geschicktes und feines Hantieren unter Augenkontrolle (siehe S. (1) 212 ff.).
- Das **Großhirn wurde größer** und seine Rinde faltete sich stärker. Dadurch erhielt seine Oberfläche mehr Furchen. Die vergrößerte Großhirnrinde ist günstig, um schnell entscheiden zu können, welcher Weg im Geäst eingeschlagen werden soll. Beim Menschen ermöglicht sie eine hohe Planungsfähigkeit (Intelligenz) (siehe S. (1) 206).
- Der Daumen und die große Zehe konnten abgespreizt und der Hand- bzw. der Fußfläche gegenübergestellt (opponiert) werden. Die Hände und Füße wurden zu **Greiforganen**, die das Klettern sicherer machten. Durch den opponierbaren Daumen erhält der Mensch seine hohe handwerkliche Geschicklichkeit.
- Das **Gleichgewichtsorgan** und die Hirnbereiche, die die Körperlage kontrollieren und steuern, wurden leistungsfähiger. Die feine Kontrolle der Körperlage ist günstig für Bewegungen im dreidimensionalen Lebensraum. Die Fortbewegung im Geäst stellte hohe Anforderungen an die Gleichgewichtssteuerung. Die genannten Anpassungen sind erforderlich für die komplizierte Kontrolle des Gleichgewichts im instabilen, zweibeinigen Stand, Lauf, Sprung u. Ä.

6.2 Vergleich der Anatomie von Menschenaffen und Mensch

Menschen und Menschenaffen ähneln sich in ihrem Körperbau sehr stark, jedoch bewegen sich Menschenaffen vorwiegend vierbeinig. Der Mensch ist ein zweibeinig aufrecht laufender Bodenbewohner. Viele Merkmale, durch die sich der heutige Mensch von den Menschenaffen unterscheidet, stehen im Zusammenhang mit dem **aufrechten Gang**. Im Folgenden sind einige Unterschiede zwischen Menschenaffen und dem heutigen Menschen mit einer möglichen Erklärung dargestellt.

Körperhaltung und Körperproportionen

Die Arme der Menschenaffen sind länger als die Beine. Beim Menschen dagegen sind die Größenverhältnisse umgekehrt. Die langen Beine ermöglichen eine große Schrittweite beim Menschen, beim Menschenaffen lassen die langen Arme eine größere Greifweite beim Hangeln in den Bäumen zu (siehe Abb. 49). Beim Menschenaffen ist der Oberschenkel im aufrechten Stand gegen die Wirbelsäure abgeknickt, beim Menschen dagegen bildet er mit der Wirbelsäule eine gerade Linie. In aufrechter Körperhaltung liegt der **Schwerpunkt** beim Menschen günstiger, sodass ein geringerer Kraftaufwand beim zweibeinigen Gang erforderlich ist (siehe Abb. 50).

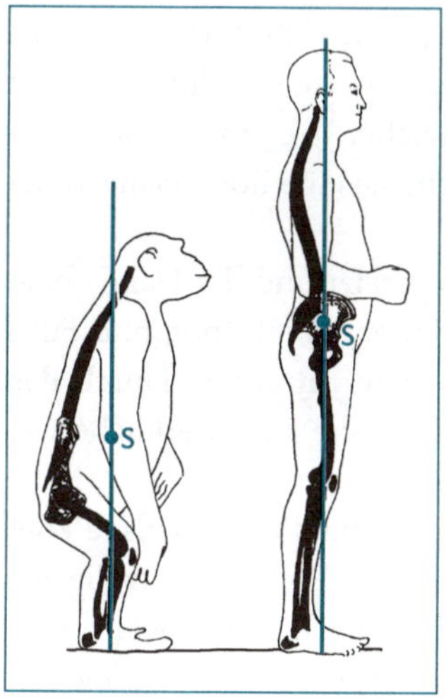

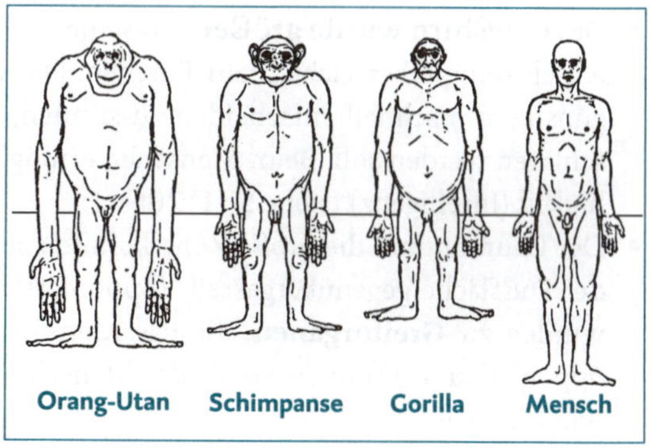

Abb. 49 (oben): Körperproportionen beim Menschenaffen und beim Menschen.

Abb. 50 (links): Lage des Schwerpunktes bei aufrechter Körperhaltung beim Menschenaffen und beim Menschen.

Wirbelsäule und Becken

Die **Wirbelsäule** der Menschenaffen ist gerade oder bogenförmig. Beim Menschen dagegen ist sie **doppelt S-förmig** gebogen. Dadurch kann sie beim aufrechten Gang und beim Sprung die Last des Kopfes und Rumpfes abfedern (siehe Abb. 50).

Das **Becken** der Menschenaffen ist lang und schmal, das der Menschen breit und schüsselförmig. Beim Menschen wirkt das Becken wie eine tragende Schüssel für die im aufrechten Stand in Körperlängsachse nach unten gerichtete Last der Eingeweide. Beim Menschenaffen trägt die Bauchdecke den größten Teil der Eingeweide. Die Öffnung im Becken, die den **Geburtskanal** darstellt, ist beim Menschen viel weiter als bei den Menschenaffen. Die weite Beckenöffnung des Menschen stellt eine Anpassung an den großen Kopfdurchmesser des Kindes dar, der durch das große Gehirnvolumen bedingt ist.

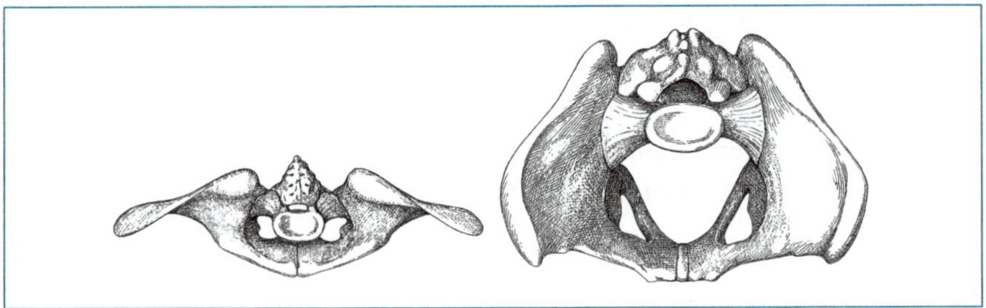

Abb. 51: Das Becken von Schimpanse (links) und Mensch (rechts) (Ansicht von oben).

Hände und Füße

Beim Menschenaffen liegt die Last des Körpers im zweibeinigen Stand auf der äußeren Fußkante (Zwei-Punkt-Stand). Die erste Zehe auf der Innenseite, die große Zehe, ist abgespreizt und opponierbar. Der Fuß des Menschen hat drei Auflagepunkte **(Drei-Punkt-Stand)**. Außerdem ist er gewölbt. Seine erste Zehe ist nicht abgespreizt und auch nicht opponierbar (siehe Abb. 52). Durch die opponierbare erste Zehe können Menschenaffen mit den Füßen greifen. Das erleichtert ihnen die Bewegung im Geäst der Bäume. Beim Menschen bringt der Stand auf drei Punkten des Fußes mehr Stabilität. Vor allem ist es leichter möglich, auf nur einem Bein zu stehen. Das erhöht die Standsicherheit in der Phase des Gangs, in der der Körper nur auf einem Fuß ruht. Das Fußgewölbe federt die Last des Körpers beim Gehen und beim Springen ab.

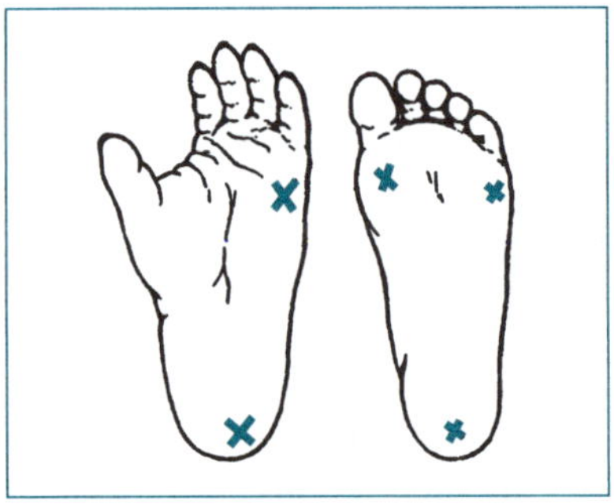

Abb. 52: Fuß eines Gorillas und eines Menschen mit Auflagepunkten.

Menschenaffen haben nur einen kurzen Daumen. Er kann daher den übrigen Fingern nur unvollkommen gegenübergestellt werden. Der Daumen des Menschen ist lang und sehr gut gegen alle Finger opponierbar. Dieser sehr bewegliche, kräftige Daumen erlaubt durch seine vollständige Opponierbarkeit zu allen Fingern, fest, aber gefühlvoll zuzugreifen. Dadurch wird der **Präzisionsgriff** möglich, der

Abb. 53: Der Präzisionsgriff des Menschen.

u. a. für die große handwerkliche Geschicklichkeit des Menschen verantwortlich ist (siehe Abb. 53, S. (2) 109). Die leistungsfähige, geschickte Hand ist besonders vorteilhaft, weil sie durch den aufrechten Gang für die Fortbewegung nicht erforderlich und daher für andere Aufgaben frei ist. Sie kann zu jeder Zeit, sowohl in Ruhe als auch beim Laufen eingesetzt werden.

Schädel

Der **Schädelinnenraum** der Menschenaffen ist mit ca. 500 *ml* viel kleiner als der des Menschen mit ca. 1 500 *ml*. Das große Gehirn, das das Innere des Schädels fast ganz ausfüllt, ermöglicht eine hohe Intelligenz. Bemerkbar wird das u. a. in einer stark ausgebildeten Fähigkeit, zu planen und differenziert und flexibel auf verschiedene Situationen zu reagieren.

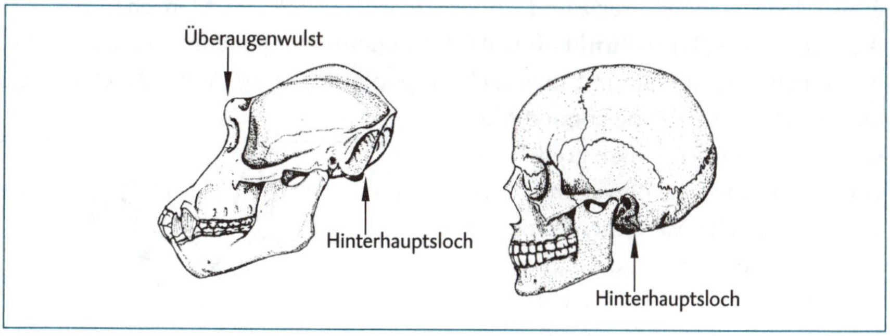

Abb. 54: Schädel von Schimpanse und Mensch.

Das **Hinterhauptsloch**, die Eintrittsstelle des Rückenmarks am Auflagepunkt des Schädels auf der Wirbelsäule, liegt beim Menschenaffen im hinteren Bereich des Schädels, beim heutigen Menschen dagegen im Zentrum der Schädelunterseite. Beim Menschen ruht der Schädel bei aufrechter Körperhaltung gut ausbalanciert auf der Wirbelsäule. Daher ist nur eine geringe Nackenmuskulatur erforderlich, um den Schädel aufrecht zu halten. Menschenaffen brauchen eine stärkere Nackenmuskulatur, um den Schädel in Position zu halten.
Menschenaffen haben eine sehr flache, **fliehende Stirn**, der Mensch eine steile und hohe (siehe Abb. 54). Die hohe Stirn des Menschen ist als Erweiterung des Hirnraums nach vorne zu verstehen, als Raum für die Vergrößerung des Gehirns durch „Überbauung" des Hirnschädels über den Augenbereich.
Der **Gesichtsschädel** der Menschenaffen wölbt sich in Form einer **Schnauze** vor. Beim Menschen ist der Gesichtsschädel flach (siehe Abb. 54). Der Oberkiefer (Schnauzenteil) ist beim Menschen unter den Hirnschädel verlagert. So rückt der Schwerpunkt des Kopfes näher zur Schädelmitte, also näher zum

Auflagepunkt und kann bei aufrechter Körperhaltung besser ausbalanciert werden. Ein vorspringender Gesichtsschädel würde dem Schädel ein Übergewicht nach vorne geben, sodass eine stärkere Nackenmuskulatur erforderlich wäre, um zu verhindern, dass der Kopf nach vorne zur Brust hin kippt. Menschenaffen haben starke **Überaugenwülste**. Beim Menschen sind sie sehr schwach ausgebildet (siehe Abb. 54, S. (2) 110). Die Überaugenwülste der Menschenaffen stellen Verstrebungen des Schädels dar, die den Kaudruck des Gesichtsschädels auffangen. Beim Menschen sind die Überaugenwülste reduziert, da der Kaudruck durch die Verlagerung des Oberkiefers unter den Hirnschädel besser auf den Schädel abgeleitet werden kann. Außerdem verdeckt der Knochen des Hirnschädels im Stirnbereich einen Teil der reduzierten Überaugenwülste.

Gebiss

Die **Backenzahnreihen** der Menschenaffen verlaufen parallel **U-förmig**, die des Menschen **parabel**förmig (siehe Abb. 55). Durch die Verlagerung des Oberkiefers unter den Hirnschädel wird der Platz für die Backenzähne knapp (wie eng der Raum ist, zeigen die Schwierigkeiten, die uns Weisheitszähne bereiten können).

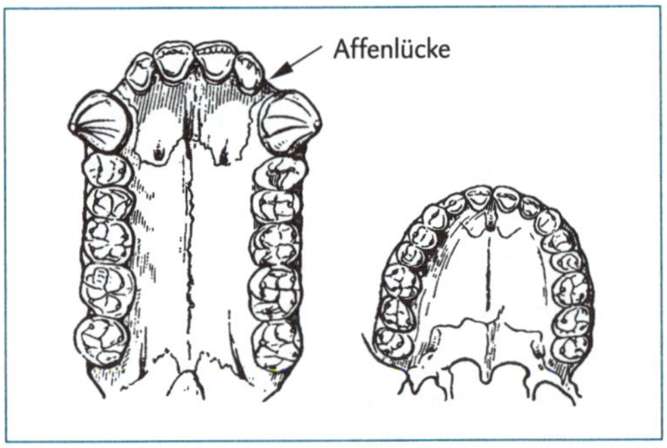

Abb. 55: Oberkiefer von Menschenaffe und Mensch.

Die Parabelform bietet mehr Raum als geradlinige Zahnreihen. Die Zahnreihen der Menschenaffen werden von einer charakteristischen Lücke unterbrochen, die man als **Affenlücke** bezeichnet. Sie liegt im Oberkiefer zwischen Schneide- und Eckzähnen, im Unterkiefer zwischen Eck- und Backenzähnen. Der Mensch hat keine Zahnlücke, seine Zahnreihen sind geschlossen. Beim Menschenaffen ist diese Zahnlücke erforderlich, um das Maul trotz der großen Eckzähne vollständig schließen zu können. Die Eckzähne liegen bei geschlossenem Maul in den Zahnlücken. Beim Menschen sind die Zahnlücken überflüssig, da die Eckzähne kaum größer sind als die Schneidezähne. Die **Eckzähne** sind beim Menschenaffen sehr groß und dolchartig, beim Menschen ragen sie nur wenig über die Schneidezähne hinaus. Die Reduktion der Eckzähne beim Menschen bringt Vorteile, da kleine Eckzähne beim Schließen der Kiefer keine Zahnlücke erfordern. Der nicht mehr beanspruchte Raum kann von Backenzähnen besetzt werden. Günstig ist dies, da durch die Verlagerung des Oberkiefers unter den Hirnschädel „Platzmangel“ herrscht.

Unterkiefer

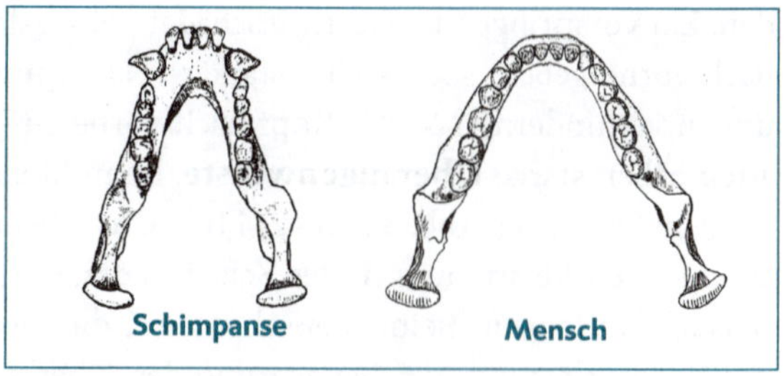

Abb. 56: Unterkiefer von Schimpanse und Mensch.

Die beiden Unterkieferhälften sind bei Menschenaffen durch einen breiten, horizontal liegenden Bereich, der **„Affenplatte“**, miteinander verbunden. Der Mensch dagegen hat nur eine vertikal liegende Verbindung, allerdings verstärkt durch ein vorspringendes Kinn. Beim Kauen können sehr starke, einseitig wirkende Kräfte auftreten (Scherkräfte), die die Unterkieferäste belasten. Um zu verhindern, dass die beiden Unterkieferäste bei einseitigem Kaudruck gegeneinander verschoben werden, muss die Verbindung zwischen den beiden Hälften des Unterkiefers sehr fest sein. Bei Menschenaffen dient dazu neben der vertikalen Verbindung auch noch eine horizontale, die Affenplatte. Beim Menschen würde eine Affenplatte nach der Rückverlagerung des Kiefers unter den Hirnschädel zu viel Platz in Anspruch nehmen. Das **vorspringende Kinn**, ein charakteristisches Merkmal des menschlichen Unterkiefers, ist als Leiste zu verstehen, die die beim Menschen fehlende Affenplatte ersetzt. Es erhöht die Festigkeit der Verbindung zwischen den beiden Unterkieferästen. Den Menschenaffen fehlt diese Knochenleiste, sie haben ein **fliehendes** Kinn.

6.3 Zytologische und molekularbiologische Merkmale

Die enge Verwandtschaft zwischen Menschen und Menschenaffen, die trotz vieler Unterschiede besteht, lässt sich auch durch zytologische und biochemische Merkmale belegen: Menschenaffen haben **48 Chromosomen** ($2n = 48$), der Mensch nur **46** ($2n = 46$). Alle Chromosomen der Menschenaffen stimmen in ihrer Feinstruktur mit den menschlichen überein. Sehr wahrscheinlich „verschmolzen“ zwei kleine Chromosomen der Menschenaffen beim Menschen zu einem großen. So ist die unterschiedliche Chromosomenzahl erklärbar.

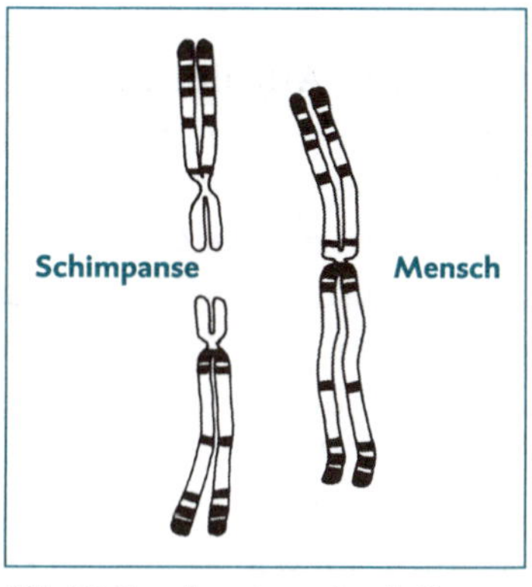

Abb. 57: Einander entsprechende Chromosomen des Schimpansen und des Menschen.

Serologische Untersuchungen und die **Aminosäuresequenzanalyse** vergleichbarer Proteine von Menschenaffen und Mensch, z. B. aus dem Hämoglobin, ergeben nur sehr geringe Unterschiede (siehe Präzipitintest, S. (2) 29 f., und Aminosäuresequenz, S. (1) 57 f.). Menschen und Menschenaffen sind sich in ihrer **immunologischen Ausstattung**, z. B. in der Art der Antigene ihrer Zellen, sehr ähnlich. Auch die Blutgruppen des AB0-Systems sind gleich (siehe S. (1) 244 ff.)
Die Ergebnisse der Analyse der **Basensequenz der DNA**, wie auch die der DNA-Hybridisierung (siehe Verwandtschaftsanalyse, S. (2) 30 f.), ergeben eine enge Verwandtschaft des Menschen zu den afrikanischen Menschenaffen (Schimpansen und Gorilla), am nächsten sehr wahrscheinlich zu den Schimpansen (siehe Stammbaumschema, S. (2) 106). Untersucht wurden u. a. eine Basensequenz des Hämoglobingens, aber auch die DNA der Mitochondrien. Alle Daten weisen darauf hin, dass die letzten gemeinsamen Vorfahren von Menschenaffen und Mensch vor ca. **5 Millionen Jahren** im oberen Tertiär gelebt haben.

6.4 Fossilgeschichte des Menschen

Aus Fossilfunden geht hervor, dass die stammesgeschichtliche Entwicklung, die zur Entstehung des heutigen Menschen führte, vor etwa 5 Mio. Jahren begann. Die Fossilien lassen sich so anordnen, dass Entwicklungstendenzen und Abstammungsverhältnisse deutlich werden. Wegen der geringen Zahl und des häufig schlechten Erhaltungszustands der Fossilien sind die Verwandtschaftsbeziehungen in einigen Bereichen des Stammbaums noch nicht geklärt. Alle Stammbaumschemata haben Lücken und sind als vorläufig zu betrachten. Neue Funde machen häufig Änderungen erforderlich.
Alle fossilen Arten der Gattungen *Australopithecus* und *Homo* hatten parabelförmige Backenzahnreihen und kleine Eckzähne. Sie liefen ständig aufrecht auf zwei Beinen und lebten in den offenen und halb offenen Graslandschaften Afrikas, die von Bäumen und Büschen durchsetzt waren, ähnlich den heutigen Savannen.

Schema der stammesgeschichtlichen Entwicklung des Menschen

Ein Stammbaumschema, das zurzeit von vielen Fachleuten anerkannt wird, ist in vereinfachter Form in der Abb. 58 dargestellt.

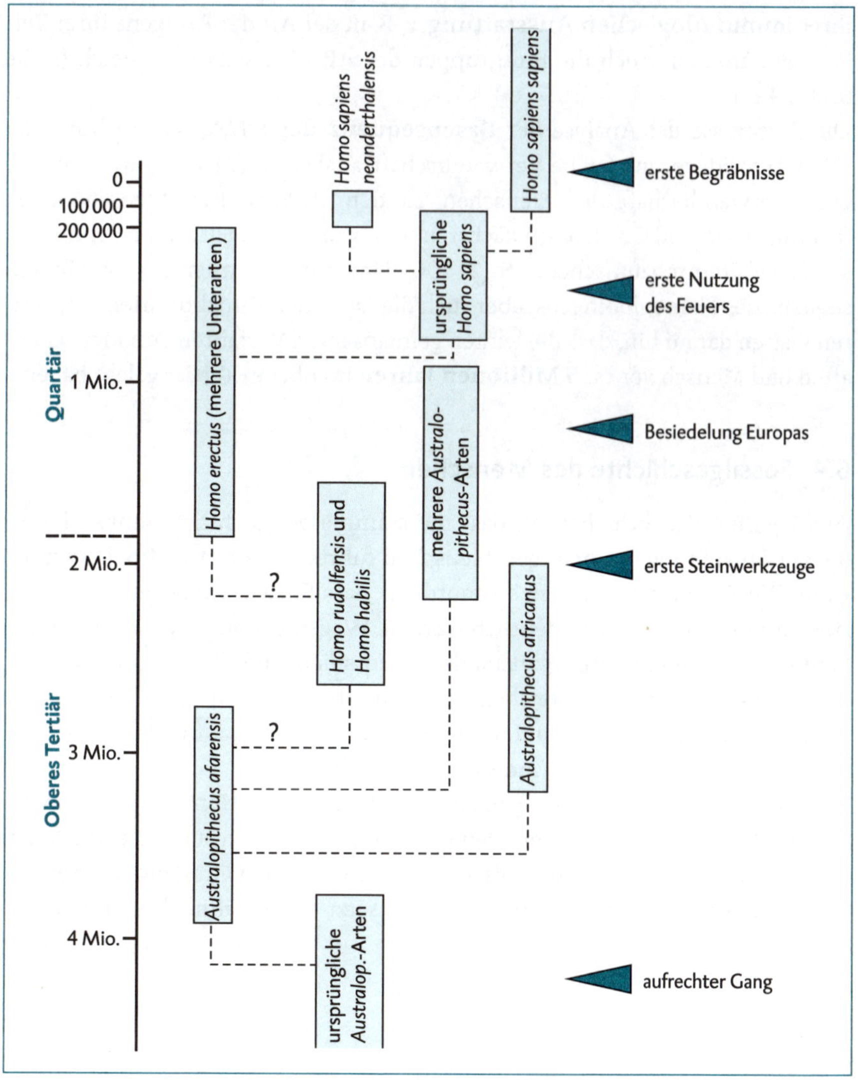

Abb. 58: Stammbaum des Menschen auf der Basis von Annahmen, die zurzeit von vielen Fachwissenschaftlern unterstützt werden.

Australopithecus-Gruppe (Vormenschen)

Vor etwa 4 bis 1 Millionen Jahren lebten mehrere *Australopithecus*-Arten auf der Erde. Dies geht aus Fossilien hervor, die fast ausschließlich in Süd- und Ostafrika gefunden wurden. Dort durchstreiften diese **„Vormenschen"** offene und halb offene Landschaften, die Savannen, auf der Suche nach pflanzlicher Nahrung und Kleintieren. Im Bau des Schädels zeigen die *Australopithecinen* noch viele Merkmale von Menschenaffen (siehe Tab. 10, S. (2) 120). Im Skelett unterhalb des Halses dagegen ähneln sie schon der Gattung *Homo*. Einige Arten gehören zu blind endenden Seitenzweigen des menschlichen Stammbaums. Sie starben aus, ohne Nachfahren hinterlassen zu haben. Andere dagegen bilden Gruppen, aus denen Vorfahren des heutigen Menschen hervorgingen. Besonders aufschlussreich waren die zum Teil ungewöhnlich umfangreichen Funde von *Australopithecus afarensis* in Tansania und Äthiopien. Ihr Alter liegt bei 3,7 bis 2,9 Mio. Jahren. Reste von über 100 Individuen stehen den Fachleuten heute zur Verfügung. Ein Glücksfall für die Wissenschaft war der Fund von **„Lucy"** in Äthiopien, da nicht nur der Schädel, sondern auch sehr viele Teile des Körper- und Extremitätenskeletts erhalten waren. Die Beinknochen und das Becken ließen z. B. den Schluss zu, dass *Australopithecus afarensis* ständig aufrecht auf zwei Beinen lief. Diese Annahme konnte durch einen erstaunlichen Fund in Laetoli (Tansania) bestätigt werden. Dort sind in vulkanischer Asche die später versteinerten **Fußspuren** von *Australopithecus afarensis* erhalten. Die Abdrücke zeigen, dass er nicht auftrat wie ein Menschenaffe, sondern dass seine Füße denen des Menschen sehr ähnelten.

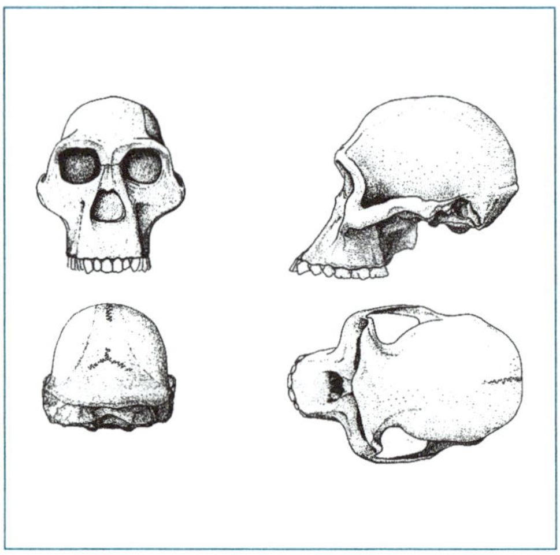

Abb. 59: *Australopithecus:* Schädelskelett und Fußspuren von Laetoli.

Nach Ansicht einiger Fachleute entstanden aus *Australopithecus afarensis* durch Artspaltung (Separation, Gendrift, siehe S. (2) 86 ff. und 71 ff.) sowohl weitere *Australopithecus*-Arten, wie auch die ersten Vertreter der Gattung *Homo*. Diskutiert wird aber auch die Entstehung von *Homo*-Arten durch eine Artumwandlung.

Homo rudolfensis-Gruppe

Die ältesten Vertreter der Gattung *Homo* stammen aus Ostafrika (Kenia, Tansania). *Homo rudolfensis* (2,5 bis 1,8 Mio. Jahre alt) und *Homo habilis* (2 bis 1,5 Mio. Jahre alt) lebten in der Savanne und ernährten sich von Pflanzen, Kleintieren und vermutlich auch von Aas. Sie waren bereits in der Lage, einfache Steinwerkzeuge herzustellen. Dazu zerschlugen sie Kieselsteine, sodass scharfkantige Bruchstücke entstanden. Man bezeichnet sie als **„pebble tools"**.

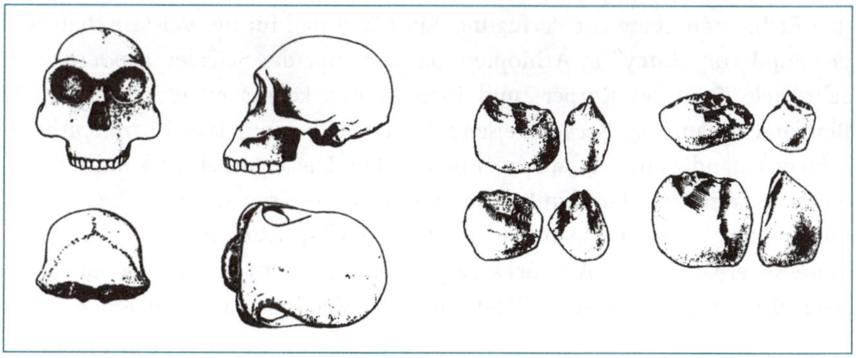

Abb. 60: Schädel von *Homo habilis* und Steinwerkzeuge.

Diese Geröllgeräte waren dazu geeignet, große Säugetiere zu zerlegen. Mit ihren scharfen Kanten ließ sich die zähe Haut öffnen, um an die Innereien und das Muskelfleisch heranzukommen. Vermutlich handelte es sich dabei aber um bereits tote Tiere, da man mit *pebble tools* keine großen Beutetiere erlegen kann. Wegen der Möglichkeit, Aas zu nutzen, lag der Fleischanteil der Nahrung bei *Homo rudolfensis* und seinen nahen Verwandten wahrscheinlich höher als bei *Australopithecus*. *Homo rudolfensis* entstand wahrscheinlich aus *Australopithecus afarensis*, entweder durch Artspaltung oder Artumwandlung. *Homo habilis* ging vermutlich durch Artspaltung aus *Homo rudolfensis* hervor.

Homo erectus-Gruppe (Frühmenschen)

Die wichtigsten Fundorte von Fossilien des *Homo erectus* liegen in Ostafrika, Südasien (Java), Ostasien (China) und Europa (z. B. Heidelberg). Diese **„Frühmenschen"** stellten Faustkeile her, das sind Steinwerkzeuge, die in mehreren Arbeitsgängen gezielt auf ihre Verwendung hin bearbeitet wurden. *Homo erectus* lebte als Sammler und machte **Jagd** auf große Säugetiere. Möglich wurde das durch die leistungsfähigen Steinwerkzeuge und die ersten Fernwaffen wie Speere und Lanzen. Sehr wahrscheinlich führte das dazu, dass er sich in noch stärkerem Maße von Fleisch ernährte als *Homo rudolfensis*. Zumindest einige Unterarten, eventuell sogar alle, nutzten das **Feuer**.

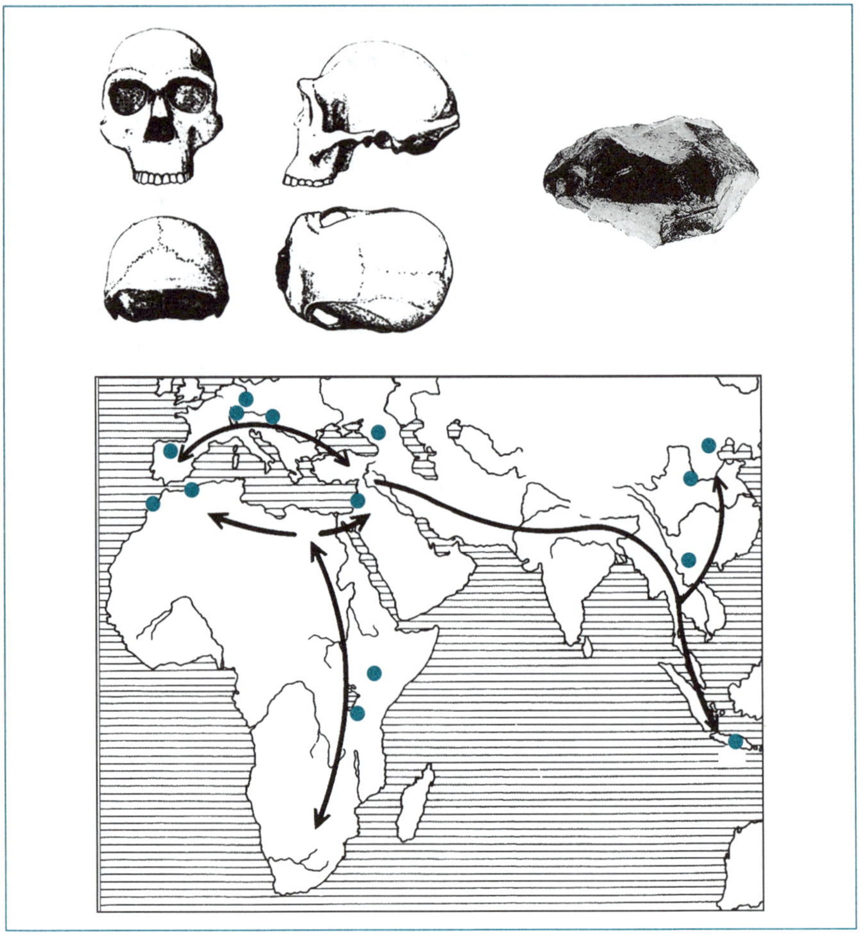

Abb. 61: *Homo erectus:* Schädel, Steinwerkzeug, Verbreitung und Fundorte **(farbig)**.

Homo erectus trat in mehreren lokalen Unterarten auf. Nicht geklärt ist, ob er sich durch Artumwandlung oder Artspaltung aus *Homo rudolfensis* gebildet hat. Gesichert aber ist, dass er in Ostafrika entstand und sich von dort aus nach Asien und Europa ausbreitete (erste Auswanderung der Gattung *Homo* aus Afrika). Wie sich *Homo sapiens* aus *Homo erectus* entwickelt hat, wird zurzeit kontrovers diskutiert. Einige Fachleute nehmen an, dass sich aus der europäischen Unterart *(Homo erectus heidelbergensis)* der Neandertaler *(H. sapiens neanderthalensis)* bildete.

Homo sapiens-Gruppe

Zur Art *Homo sapiens* gehören unter anderem die Unterarten *Homo sapiens neanderthalensis*, der Neandertaler, und *Homo sapiens sapiens*, der heutige moderne Mensch. Die Fossilien des **Neandertalers** haben ein Alter zwischen 200 000 und 30 000 Jahren. Die Fundorte liegen in Europa, u. a. im Neandertal bei Düsseldorf, und in Vorderasien. *Homo sapiens neanderthalensis* war ein kompakt und gedrungen gebauter Mensch mit dickwandigen Knochen und sehr starker Muskulatur. Sein Körpergewicht lag deutlich höher als bei gleich großen heutigen Menschen, es betrug etwa 80 kg bei einer Größe von ca. 1,60 m. Er lebte in Mitteleuropa in den Kältesteppen der Eiszeit als Jäger und Sammler. An das Leben im kalten Eiszeitklima war er gut angepasst. Einen Selektionsvorteil brachte v. a. die geringe Oberfläche des kleinen, aber massigen Körpers, da sie die Wärmeabgabe reduzierte. Vielfältige, fein bearbeitete Geräte lassen auf eine hohe Werkzeugkultur schließen. Die Steinwerkzeuge sind häufig von denen des *Homo sapiens sapiens* nicht zu unterscheiden. An einigen Fundorten konnte man die Bestattung von Toten nachweisen. Man darf daher vermuten, dass die Neandertaler an ein Leben nach dem Tode glaubten, dass sie also bereits religiöse Vorstellungen hatten.

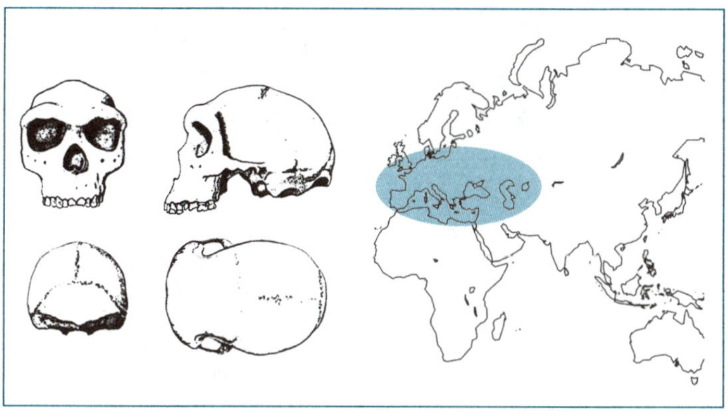

Abb. 62: *Homo sapiens neanderthalensis:* Schädel und bisher nachgewiesenes Verbreitungsgebiet.

Die Vorfahren des Neandertalers waren vermutlich Vertreter einer Gruppe von ursprünglichen *Homo sapiens*-Typen, zu der auch der in Baden-Württemberg (Steinheim an der Murr) gefundene *Homo sapiens steinheimensis* gehört. Sie hatten einen ähnlich geformten, jedoch kleineren Schädel als die Neandertaler. Diskutiert wird aber auch die Artumwandlung aus *Homo erectus*. Wenn diese Annahme zutrifft, müsste die Fachbezeichnung *H. neanderthalensis* heißen, um deutlich zu machen, dass es sich um zwei Arten, und nicht um Unterarten handelt.

Als **Vorfahre des heutigen Menschen** kommt der Neandertaler nicht infrage, da beide Unterarten des *Homo sapiens* für wenigstens einige Tausend Jahre nebeneinander im gleichen Verbreitungsgebiet lebten. Was zum Aussterben des Neandertalers geführt hat, ist unklar. *Homo sapiens sapiens* könnte ihn aus seiner ökologischen Nische verdrängt oder beide Unterarten könnten sich vermischt haben, sodass der Neandertaler in eine gemeinsame Population mit *Homo sapiens sapiens* aufging. Die ältesten, ca. 150 000 Jahre alten Funde des *Homo sapiens sapiens* stammen aus Afrika. Dort lebte er als Jäger und Sammler in offenen und halb offenen Landschaften, ähnlich den heutigen Savannen. Von Afrika verbreitete er sich über die ganze Erde (zweite Auswanderung der Gattung *Homo* aus Afrika). Nach der Auffassung einiger Fachleute war er wendiger, geistig flexibler und kreativer und konnte daher den Neandertaler aus seiner ökologischen Nische verdrängen, obwohl dieser mit seinen massigen Muskelpaketen dem grazilen *Homo sapiens sapiens* an Körperkraft vermutlich überlegen war. Mit ca. 40 000 Jahren ist der *Cro Magnon* die älteste Form des *Homo sapiens sapiens* in Europa. Von seiner hohen Kultur zeugen die ältesten bekannten Kunstwerke des Menschen, die Höhlenmalereien in Südfrankreich und Nordspanien und Kleinplastiken aus Elfenbein in Süddeutschland, z. B. in der Nähe von Ulm (siehe kulturelle Evolution, S. (2) 125 f.). Alle heute lebenden Menschen gehören zur Unterart *Homo sapiens sapiens*. Er hat als einziger Vertreter des menschlichen Stammbaums bis in die Gegenwart überlebt. Erstaunlich ist die kurze Zeit von etwa 150 000 Jahren, in der er aus einer Unterart des *Homo erectus* in Afrika entstand (siehe multiregionales Modell und „Out of Africa“-Hypothese, S. (2) 124 f.).

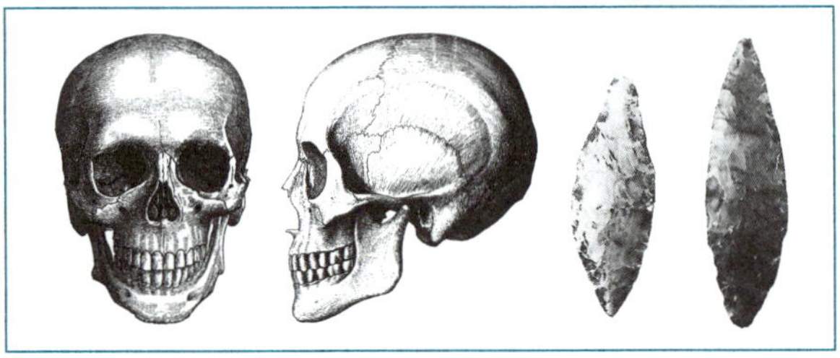

Abb. 63: *H. sapiens sapiens:* Schädel und Steinwerkzeuge (*Cro Magnon*).

Die Tab. 10 gibt einen Überblick über die Veränderung ausgewählter Merkmale in der Stammesgeschichte des Menschen.

	***Australo-pithecus*-Gruppe**	***Homo rudolfensis*-Gruppe**	***Homo erectus*-Gruppe**	***Homo sapiens neanderthalensis***	***Homo sapiens sapiens***
Alter [Jahre]	4 bis 1 Mio.	2 bis 1,5 Mio.	1,8 Mio. bis 300 000	200 000 bis 30 000	150 000
Größe [m]	bis 1,50	ca. 1,50	ca. 1,65	ca. 1,60	> 1,60
Form des Hirnschädels	**klein (ähnlich Menschenaffen)**	Schädeldach höher als bei *Australopithecus*	**lang gestreckt,** Schädeldach **niedrig**	**groß, lang gestreckt** („Brotlaibform"); Schädeldach **höher** als bei *H. erectus*	**hoch, rundlich** (weniger lang als beim Neandertaler)
Volumen des Hirnschädels [cm³]	ca. 400 bis 500 (ähnlich Menschenaffen)	ca. 600 bis 800 (*Homo habilis*: 500 bis 650)	ca. 800 bis 1 200 (durchschnittlich 1 000)	ca. 1 500 (höher als der Durchschnitt beim heutigen Menschen)	ca. 1 400
Stirn	sehr flach (fliehend)	flach (fliehend)	flach (fliehend)	fliehend	**steil, hoch**
Überaugenwülste	stark ausgebildet	deutlich ausgebildet, aber weniger massiv als bei *Australopithecus*	stark ausgebildet	stark ausgebildet	**sehr schwach ausgebildet**
Gesichtsschädel	deutlich vorspringend **(Schnauze)**	deutlich vorspringend, aber weniger als bei *Australopithecus*	vorspringend, aber nicht schnauzenartig	leicht vorspringend	flach, nicht vorspringend
Lage des Hinterhauptslochs	näher am Zentrum der Schädelunterseite als beim Menschenaffen, aber weiter hinten als beim heutigen Menschen	vermutlich ähnlich wie bei *Australopithecus*	weiter der Mitte des Schädels genähert als bei *Australopithecus* und vermutlich auch *H. rudolfensis*	im Zentrum der Schädelunterseite	im Zentrum der Schädelunterseite
Kinn	fliehend	vermutlich fliehend	fliehend	fliehend	**vorspringend**

Tab. 10: Veränderung ausgewählter Merkmale in der Stammesgeschichte des Menschen (Erkennungsmerkmale des Schädels sind **farbig** hervorgehoben).

Weitere Erläuterungen zu fossilen Vorfahren und Verwandten des Menschen

Die stammesgeschichtliche Entwicklung, deren Produkt der heutige Mensch ist, verlief nicht geradlinig, sondern in einer Art „Zickzack-Kurs“ mit zahlreichen Verzweigungen und blind endenden Sackgassen, von denen nur einige wenige im Stammbaumschema (siehe Abb. 58, S. (2) 114) eingetragen sind. Eine gezielt auf den heutigen Menschen hin ausgerichtete Entwicklung ist aus dem Stammbaum nicht ablesbar.

Zumindest in einigen Abschnitten hatte die Evolution des Menschen eine ungewöhnlich hohe Geschwindigkeit. Erklärbar wird dies, wenn man annimmt, dass die Populationen oder Teilpopulationen für gewisse Zeiten sehr klein waren, sodass die Gendrift Bedeutung erhielt. Eventuell trat auch der Flaschenhalseffekt auf (siehe S. (2) 70 f.). Angenommen wird dies z. B. für die Auswanderung von *Homo sapiens sapiens* aus Afrika (siehe S. (2) 119).

Innerhalb der Entwicklungslinie, an deren Ende der *Homo sapiens* steht, lassen sich mehrere **Evolutionstendenzen** beobachten: So wird das Gehirn größer, der Geschichtsschädel flacher, die Überaugenwülste schwächer, das Hinterhauptsloch verlagert sich in Richtung zur Mitte der Schädelbasis und die geistigen Fähigkeiten und die handwerkliche Geschicklichkeit nehmen zu.

Über sehr lange Zeit lebten *Australopithecus*-Arten und *Homo*-Arten nebeneinander im gleichen Verbreitungsgebiet (Ostafrika). Frühe *Homo*-Arten wie *Homo rudolfensis* und *Homo habilis* besetzten möglicherweise eine andere ökologische Nische als die gleichzeitig im selben Gebiet lebenden *Australopithecinen*. Durch die Fähigkeit zur Herstellung von Steingeräten konnten sie größere Tiere zerlegen. Daher war vermutlich der Fleischanteil ihrer Nahrung höher als bei *Australopithecinen*, die vorwiegend pflanzliche Kost und Kleintiere zu sich nahmen.

Die Gattung *Homo* entstand während des Wechsels vom Tertiär zum Quartär (Pleistozän). Als Kriterium für die **Definition des Menschen** verwenden viele Fachleute die Fähigkeit zur Herstellung von Werkzeugen, verbunden mit einem ständig aufrechten Gang. Der Übergang vom Tier zum Menschen geschah nicht plötzlich, sondern während eines langen Zeitraums (**Tier-Mensch-Übergangsfeld** = TMÜ).

Weitere Erläuterungen zu den Merkmalsänderungen des Menschen

Das Schlüsselereignis, das die Änderung von vielen Merkmalen und den Erwerb einiger Fähigkeiten erklären kann, ist der **Wechsel des Lebensraums** von tropischen Wäldern zu Savannen, also offenen Landschaften.

Vermutlich hatten frühe Vorfahren und Verwandte des Menschen, die in der Lage waren, auch in der Savanne zu leben, einen Selektionsvorteil, als die Wälder infolge einer Klimaveränderung schrumpften und offene Landschaften entstanden. Die ersten Formen, die die Savanne besiedelten, brachten Anpassungen an den Lebensraum „Baum" mit (siehe Stammesgeschichte der Primaten, S. (2) 106 f.). Sie hatten z. B. sehr **leistungsfähige Augen**, eine hervorragende Fähigkeit, **räumlich zu sehen**, und **Greifhände**. Diese Anpassungen, die sich im Wald gebildet hatten, erwiesen sich als **Präadaptationen** an das Leben in der Savanne. So konnten die leistungsfähigen Augen Feinde oder auch Beutetiere in der offenen Landschaft erkennen.

Die Greifhände, die unter der Kontrolle der räumlich sehenden Augen geschickt arbeiteten, konnten Steinwerkzeuge herstellen, die zur Zerlegung großer Säuger erforderlich waren *(Homo rudolfensis)*. Nach neueren Erkenntnissen waren schon die ersten Besiedler der Savanne in der Lage, ständig oder vorwiegend **aufrecht auf zwei Beinen** zu laufen. Dies brachte in der offenen Landschaft einige Vorteile:

- Die Landschaft konnte ständig **weit überblickt** werden (Orientierung und Feindvermeidung auch im hohen Gras).
- Der Körper ließ sich leichter **vor Überhitzung schützen**, da er eine geringere Fläche besaß, die der Sonneneinstrahlung ausgesetzt war.
- Die **Hände** waren zur Fortbewegung nicht erforderlich und konnten **andere Aufgaben** übernehmen, z. B. die gesammelte Nahrung über weite Strecken tragen, mit Werkzeugen oder Waffen auch während des Laufs hantieren und kleine Kinder auf den Wanderungen mitnehmen.

Im Laufe der Stammesgeschichte veränderten sich viele Merkmale derart, dass sich der aufrechte Gang immer weiter verbesserte.

Der **Mensch** entstand in den Savannen Afrikas. Schlüsselmerkmale, die zur Entwicklung typisch menschlicher Merkmale und Fähigkeiten führten, waren der **aufrechte Gang**, der die Hände für zahlreiche Aufgaben frei machte, und die **Fähigkeit, räumlich zu sehen**, die das geschickte Hantieren unter der Kontrolle der Augen ermöglichte.

Die **Fähigkeit zu sprechen** ist ein wesentliches Kennzeichen des Menschen. Über die Ursachen der Entstehung der Sprache kann nur spekuliert werden. Möglicherweise erhielten diejenigen Individuen einen Selektionsvorteil, die in der Lage waren, sich untereinander **differenziert** zu verständigen, z. B. wenn sie anderen mitteilen konnten, wo sich ergiebige Nahrungsquellen befinden, oder wenn sie sich bei der Jagd absprechen und gemeinsam Strategien entwickeln konnten, oder wenn sie bei vielen anderen Tätigkeiten fein aufeinander abgestimmt kooperierten. Nach Ansicht vieler Fachleute lag der Selektionsvorteil auch darin, mithilfe einer differenzierten Sprache das **Zusammenleben in der Gruppe** zu regeln, Bindungen zu festigen und Konflikte zu vermeiden (siehe kulturelle Evolution, S. (2) 125 f.).

Über die Ursache der **Vergrößerung des Gehirns** besteht in der Fachwelt keine Einigkeit. Diskutiert werden v. a. zwei Hypothesen:

- Die Zunahme der Gehirngröße geschah im Zusammenhang mit der Fähigkeit, **verbesserte Werkzeuge** herzustellen, was einen Selektionsvorteil bedeutete. Bessere Werkzeuge waren dann besonders vorteilhaft, wenn sie nach einem durchdachten Plan eingesetzt wurden. Voraussetzung für die Fähigkeit, planend zu handeln, ist ein leistungsfähiges Gehirn. Auch zur Verbesserung der Koordination der Finger, Hände und Arme ist die Vergrößerung des Gehirns erforderlich (siehe motorische Felder der Großhirnrinde, S. (1) 206 f.). Je leistungsfähiger das Gehirn, desto besser die Werkzeuge. Herstellung und Gebrauch von Werkzeugen und die Gehirngröße bedingen und verstärken sich daher gegenseitig.
- Die Zunahme der Gehirngröße brachte einen Selektionsvorteil durch die damit verbundene Fähigkeit zur **differenzierten Sprache**, die eine bessere Organisation, Planung und Absprache in der Gruppe ermöglichte, z. B. vor und bei der Jagd, der Sammeltätigkeit usw.

Da der Proteingehalt von Nervenzellen hoch ist, soll nach Ansicht einiger Fachleute die Zunahme der Gehirngröße erst möglich gewesen sein, als die Nahrung **eiweißreicher** wurde. So ließe sich erklären, warum sich in der Entwicklungslinie zum *Homo rudolfensis* das Hirnvolumen in kurzer Zeit von ca. 500 auf ca. 800 cm^3 vergrößerte. Steinwerkzeuge ermöglichten es dem Menschen erstmalig, das Fleisch großer Säugetiere als Eiweißquelle zu nutzen.

Hypothesen zur Entstehung des heutigen Menschen

Zur Entstehung des heutigen Menschen werden **zwei Hypothesen** diskutiert:

- **Multiregionaler Ursprung**
  Die verschiedenen Formen des heute lebenden Menschen entstanden jeweils getrennt aus den verschiedenen Unterarten des *Homo erectus*. Sie verbreiteten sich weiter nach Amerika (ostasiatische Unterart) und Australien (südasiatische Unterart). Nach dieser Hypothese haben sich die heutigen Menschentypen in weitgehend getrennten Populationen über lange Zeit hinweg unabhängig voneinander entwickelt.

- **„Out of Africa"-Hypothese** (= „Eva"- oder „Arche-Noah"-Hypothese)
  Der Jetztmensch, *Homo sapiens sapiens*, entstand in Afrika und wanderte von dort aus nach Asien und Europa ein (zweite Auswanderung aus Afrika, siehe *Homo erectus* S. (2) 117 f.). Vermutlich geschah das in einer oder mehreren kleinen, evtl. nur sehr wenige Individuen umfassenden Gruppen. Dort verdrängte er die *Homo erectus*-Unterarten durch Konkurrenz um die gleiche ökologische Nische. Sein größeres Gehirn brachte ihm wahrscheinlich einen Selektionsvorteil. Dies geschah vermutlich vor etwa 100 000 Jahren. Der heutige Mensch hat sich seit dieser Zeit entwickelt. Von Asien aus besiedelte er Australien und über die damals trockene Beringstraße Nordamerika, später dann auch Mittel- und Südamerika. Nach dieser Hypothese sind also die heutigen Menschentypen innerhalb einer sehr kurzen Zeit von ca. 100 000 Jahren entstanden.

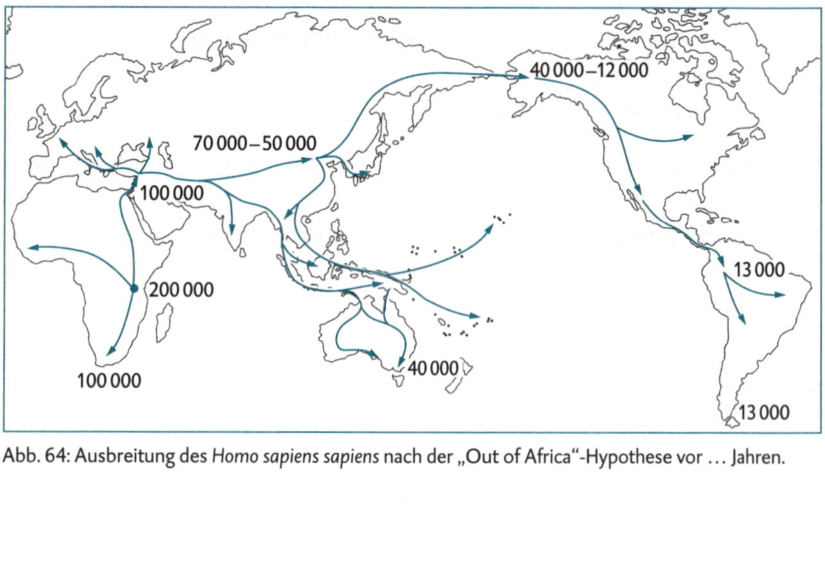

Abb. 64: Ausbreitung des *Homo sapiens sapiens* nach der „Out of Africa"-Hypothese vor … Jahren.

Die „Out of Africa“-Hypothese lässt sich weit besser belegen als die des multiregionalen Ursprungs. Durch den Vergleich der DNA vieler verschiedener Menschengruppen konnte man feststellen, dass die genetischen Unterschiede zwischen den heutigen Typen von Menschen nur sehr gering sind. Das ist leichter zu erklären, wenn man **einen gemeinsamen Vorfahren** aller heute auf der Erde lebenden Menschen annimmt, aus dem sich erst vor Kurzem die heutigen Menschentypen entwickelt haben. Nach dem jetzigen Erkenntnisstand gibt es keinen Grund dafür, die heutigen Menschen in Unterarten (Rassen) einzuteilen. Verschiedene Menschenrassen waren z. B. der Neandertaler oder der Steinheimer (siehe S. (2) 119 f.). Die Hypothese des multiregionalen Ursprungs wird von einigen Leuten **missbraucht**, denen daran gelegen ist, möglichst große Unterschiede zwischen den heutigen Menschentypen nachzuweisen, z. B. um **rassistischen Ideologien** eine pseudonaturwissenschaftliche Grundlage zu verschaffen.

Alle heute auf der Erde lebenden Menschen gehören zur **Unterart** *Homo sapiens sapiens*.
Die Einteilung der heutigen Menschen in **Rassen** ist aus biologischer Sicht unsinnig.

6.5 Kulturelle Evolution

Die starke Zunahme des Hirnvolumens und die daraus resultierende hohe Intelligenz ermöglichte dem Menschen als einzigem Lebewesen eine **kulturelle Evolution**. Grundlagen dafür sind der besondere **Bau der Hand**, die zu sehr feinen Manipulationen fähig ist und deren Bewegungen durch sehr leistungsfähige Gehirnfelder gesteuert werden, sowie die artikulierende **Wortsprache**, die die detaillierte Weitergabe erworbener Kenntnisse möglich macht.

Merkmale kultureller Evolution

Biologische und kulturelle Evolution laufen nach ähnlichen Prinzipien ab. In beiden Fällen geht es um Änderung, Weitergabe und Speicherung von Information. Neue kulturelle Ideen z. B. entsprechen **Mutationen** und die Prüfung auf Brauchbarkeit eines neuen Gedankens durch die Individuen einer Gruppe ist mit der **Selektion** vergleichbar.
Die kulturelle Evolution läuft sehr viel schneller ab als die biologische. Der Grund liegt in der Fähigkeit, **erworbene Eigenschaften** (Ideen, Kenntnisse, Fähigkeiten) mithilfe der Sprache weiterzugeben. Häufig verbreiten sich sprachliche Informationen schnell und weit, da sie alle Gruppenmitglieder erreichen können. Die Information wird nicht nur von den Eltern auf die Kinder übertragen wie in der biologischen Evolution. Bewährte, vorteilhafte

Ideen, Kenntnisse, Fertigkeiten u. Ä. werden bevorzugt weitergegeben (tradiert), bleiben dadurch erhalten, sammeln sich über Generationen hin an und werden so zum **Kulturgut** einer Gruppe, was bei der biologischen Evolution dem Genpool entspricht. Nicht bewährte Informationen werden nicht tradiert und gehen daher verloren, ein Vorgang, der der Selektion entspricht. Durch diese gründliche und gezielte Auswahl und Ansammlung günstiger Informationen stieg v. a. im Bereich der **materiellen Kultur** die Geschwindigkeit des Fortschritts ständig an.

Die Phasen der technischen Erneuerung wurden immer kürzer. Für die Ansammlung der tradierten Informationen war ursprünglich nur das menschliche Gehirn verantwortlich. Durch seine hohe Leistungsfähigkeit ließ sich eine Fülle von Gedanken, Ideen, Kenntnissen, Fertigkeiten u. Ä. speichern und auch neu kombinieren, ähnlich wie durch die Rekombination in der biologischen Evolution. Die Möglichkeit zur Speicherung von Informationen erreichte mit der Erfindung der **Schrift** eine neue Dimension. In geschriebener Form lässt sich kulturelle Information auch außerhalb des Gehirns speichern (externer Speicher) und das in viel größerer Menge als im Gehirn, wenn man z. B. Bibliotheken einrichtet. Außerdem bleiben schriftlich gespeicherte Informationen über sehr lange Zeit verfügbar und lassen sich über große räumliche Entfernung transportieren. Ein weiterer noch leistungsfähigerer externer Informationsspeicher entstand mit der Erfindung des **Computers**.

Die **Sprache** erlaubt die Weitergabe erworbener Eigenschaften. Sie ermöglicht die Ansammlung bewährter Ideen, Kenntnisse und Fähigkeiten zum Kulturgut und ist für die **hohe Geschwindigkeit** kultureller Evolution verantwortlich.

Bedeutung der langen Jugend- und Altersphasen des Menschen

Als günstig für die kulturelle Evolution erwiesen sich die außergewöhnlich **lange Kindheit** und Jugend des Menschen. Sie ermöglichen eine ausgedehnte Phase des Lernens, in der der junge Mensch einen großen Teil der bisher in der Gruppe gesammelten Erfahrung übernehmen kann. Vermutlich haben wir der kulturellen Evolution auch unser hohes, weit über die Fortpflanzungszeit hinaus reichendes **Lebensalter** zu verdanken. Möglicherweise hatten in der Vergangenheit solche Gruppen einen Selektionsvorteil, in denen sich die Generationen weit überlappten, sodass ältere Menschen ihre in einem langen Leben gesammelten Erfahrungen für die Gemeinschaft zur Verfügung stellen konnten. Das könnte die hohe Achtung erklären, die alten Menschen in ursprünglichen Gesellschaften entgegengebracht wird.

Ergebnisse der kulturellen Evolution

Die kulturelle Evolution hat eine große Vielfalt von Ergebnissen erbracht. Eine Auswahl an materiellen und nichtmateriellen Kulturgütern, die den Fortschritt und dessen zunehmende Geschwindigkeit verdeutlichen, ist im Folgenden zusammengestellt:

Materielle Kulturgüter sind:

- Steinwerkzeuge (*pebble tools*; *Homo rudolfensis*, *Homo habilis*)
- Gebrauch von Feuer *(Homo erectus)*
- Höhlenmalerei, Plastik aus Elfenbein (ca. 30 000 Jahre; *Homo sapiens sapiens*)
- Züchtung von Nutzpflanzen und Haustieren (ca. 10 000 Jahre; neolithische Revolution)
- Metallgewinnung und -bearbeitung (ca. 7 000 Jahre)
- Schrift (Kleinasien; ca. 5 000 Jahre)
- Buchdruck (15. Jahrhundert)
- Computer (Mitte des 20. Jahrhunderts)
- Internet (ab ca. 1990)

Nichtmaterielle Kulturgüter wie Weltanschauungen, Regeln oder Religionen sind:

- Kooperative Jagd *(Homo erectus)*
- Bestattung (Vorstellung vom Jenseits; Neandertaler)
- Sesshaftigkeit (Gesellschaft von Ackerbauern und Viehhaltern; neolithische Revolution; ca. 10 000 Jahre, *Homo sapiens sapiens*)
- Städtische Kulturen (ca. 8 000 Jahre)
- Antike Demokratien (Athen, Rom)
- Umsetzung der Ideen der Aufklärung (Demokratisierung der Gesellschaft; Anerkennung der Rechte des Individuums)
- Abschaffung der Sklaverei (in den USA ab Mitte des 19. Jahrhunderts); verstärkte Tendenzen zur weltweiten Ächtung der Todesstrafe; verstärkte Tendenzen zur Gleichstellung von Mann und Frau

Zusammenfassung

- Die **Primaten** sind aus einer Gruppe **bodenbewohnender Insektenfresser** entstanden. Viele Merkmale der Primaten sind als Anpassung an das **Leben auf Bäumen** zu erklären.
- Einige Anpassungen an das Baumleben dürfen als **Präadaptationen** betrachtet werden, aus denen sich die evolutionäre Grundlage für die Entstehung des **aufrechten Gangs**, der **hohen manuellen Geschicklichkeit** und des **sehr leistungsfähigen Gehirns** bildete.
- Das Skelett von Menschenaffen ist nur in seinen Proportionen von dem des heutigen Menschen verschieden.
- Viele **anatomische Unterschiede** zwischen Menschenaffen und Mensch stehen im Zusammenhang mit dem **ständig aufrechten, zweibeinigen Gang** des Menschen sowie mit seiner hohen Fähigkeit zur **Herstellung und Nutzung von Werkzeugen**.
- Zytologisch und molekularbiologisch sind sich Menschenaffen und heutige Menschen **sehr ähnlich**.
- *Australopithecus*-Arten zweigen an der Basis des Stammbaums ab, an dessen jüngsten Zweigen auch der heutige Mensch steht.
- ***Australopithecus*-Arten** liefen ständig **zweibeinig**, hatten aber noch eine **geringe Gehirngröße**, die die von Menschenaffen kaum überstieg.
- Die Vorfahren des Menschen, die **zweibeinig** liefen und **Geräte anfertigen** konnten, ordnet man heute der Gattung ***Homo*** zu.
- Die Gattung *Homo* entstand in **Afrika**. Vertreter von ***Homo erectus*** verließen als Erste diesen Kontinent und drangen bis nach **Europa, Süd- und Ostasien** vor.
- Die Besiedlung **Australiens** sowie **Nord- und Südamerikas** gelang erst einigen Gruppen von ***Homo sapiens sapiens***.
- **Neandertaler und Steinheimer** sind Unterarten (Rassen) des ***Homo sapiens***. Sie lebten v. a. in Europa.
- Nach der **„Out of Africa"-Hypothese** entstand der heutige Mensch **in Afrika**. Die Hypothese des **„multiregionalen Ursprungs"** nimmt an, dass die heutigen Menschentypen weitgehend unabhängig voneinander aus jeweils anderen **Unterarten** des *Homo erectus* entstanden.
- Grundlage für die **kulturelle Evolution** ist die zu sehr feinen Bewegungen fähige **Hand**, die **artikulierende Wortsprache** und das **sehr leistungsfähige Gehirn**.
- Durch die Möglichkeit der **sprachlichen und schriftlichen Tradition** erhält die kulturelle Evolution eine **sehr hohe Geschwindigkeit**.
- Die **lange Jugend- und Altersphase** im Leben des Menschen begünstigen die kulturelle Evolution.

Aufgaben

115 Nennen Sie die drei nächsten Verwandten des Menschen innerhalb der Gruppe der heutigen Primaten und geben Sie jeweils ihr Verbreitungsgebiet an.

116 Die Primaten entwickelten zu Beginn ihrer Stammesgeschichte Merkmale, die sich später für die Entstehung des *Homo sapiens* als wichtige Präadaptationen erwiesen.

- a Beschreiben Sie kurz, wodurch die Bildung dieser Merkmale zu Beginn der Stammesgeschichte der Primaten ausgelöst wurde.
- b Nennen Sie vier solcher Merkmale oder Evolutionstendenzen und erläutern Sie in Stichworten ihren Anpassungswert in der frühen Stammesgeschichte der Primaten.
- c Nennen Sie Merkmale und Fähigkeiten des heutigen Menschen, die sich auf die genannten Präadaptationen zurückführen lassen.

117
- a Nennen Sie in Stichworten fünf Merkmale des heutigen Menschen, die in der Stammesgeschichte nach dem Übergang vom Leben auf den Bäumen zum Bodenleben entstanden sind und die in einem direkten Zusammenhang mit dem ständig aufrechten, zweibeinigen Gang stehen.
- b Nennen Sie Merkmale, durch die sich der heutige Mensch von den übrigen Primaten unterscheidet, die jedoch nicht in einem direkten Zusammenhang mit dem ständig aufrechten, zweibeinigen Gang stehen.

118 In der Abb. 65 sind die Halswirbel eines Menschen (A) und eines Gorillas (B) in Seitenansicht dargestellt. Erklären Sie die unterschiedliche Größe der Wirbelfortsätze bei den beiden Arten.

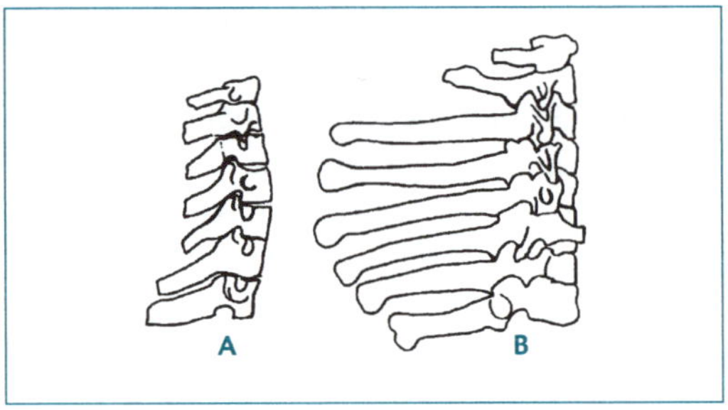

Abb. 65: Halswirbel des Menschen (A) und des Gorillas (B).

119 Nennen Sie von den im Folgenden angegebenen Paaren von Merkmalen und Veränderungen diejenigen, die in einem direkten, ursächlichen Zusammenhang miteinander stehen.

- **a** Zunahme der Gehirngröße – aufrechter Gang
- **b** Verlagerung des Ober- und Unterkiefers weit unter den Hirnschädel – parabelförmige Backenzahnreihen
- **c** Reduktion der Chromsomenzahl von 48 auf 46 – ständig aufrechter, zweibeiniger Gang
- **d** Lage des Hinterhauptslochs im Zentrum der Schädelunterseite – Reduktion der Nackenmuskulatur
- **e** Zunahme der Gehirngröße – steile und hohe Stirn
- **f** Reduktion der Überaugenwülste – Geburtskanal weit

120 In der Abb. 66 sind verschiedene Primatenschädel von hinten gezeigt. Die Ansatzflächen der Nackenmuskulatur sind farbig gekennzeichnet.

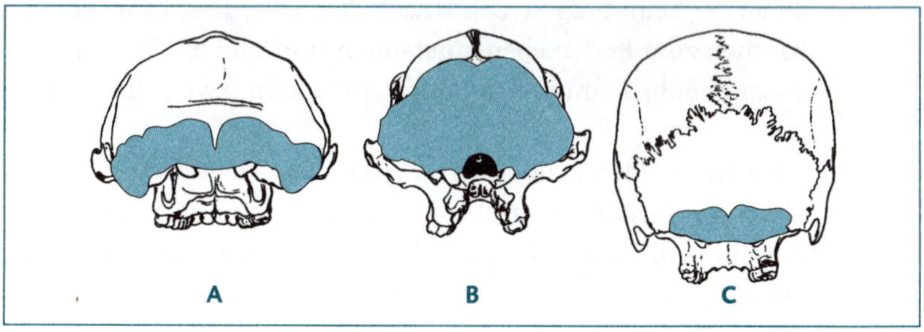

Abb. 66: Ansicht des Schädels von hinten (Ansatzfläche der Nackenmuskulatur farbig).

- **a** Ordnen Sie die Schädel folgenden Arten zu: *Homo sapiens sapiens, Homo erectus,* Gorilla.
- **b** Begründen Sie die Zuordnung über die Größe der dargestellten Muskelansatzflächen.

121 Nennen Sie drei Ergebnisse molekularbiologischer und zytologischer Untersuchungen, die für eine nahe Verwandtschaft zwischen Mensch und Menschenaffen sprechen.

122 Nennen Sie drei Merkmale, die *Australopithecus*-Arten und Vertretern der Gattung *Homo* gemeinsam sind und die sie von den Menschenaffen unterscheiden.

123 Nennen Sie das ungefähre Hirnvolumen folgender Gruppen:
- Vormenschen (*Australopithecus*-Arten),
- Frühmenschen (*Homo erectus*-Formen),
- *Homo sapiens*-Typen.

124 Beschreiben Sie kurz einen Nachweis für den aufrechten Gang früher *Australopithecinen*, der nicht durch die Anatomie der Fossilien geführt wird.

125 Nennen Sie Gebiete, in denen die meisten Fossilien gefunden wurden von
a *Australopithecus*-Arten.
b *Homo erectus*.
c Neandertalern.

126 Nennen Sie die Kriterien, die heute von vielen Fachleuten zur Definition der Gattung *Homo* verwendet werden.

127 In Abb. 67 sind die Umrisse einiger Primatenschädel abgebildet, die ständig aufrecht auf zwei Beinen liefen (nicht maßstabsgetreu).
a Ordnen Sie die Schädel den richtigen Gruppen von Vertretern aus der Stammesgeschichte des Menschen zu. Geben Sie dabei jeweils die vollständigen wissenschaftlichen Bezeichnungen an.
b Nennen Sie den Schädel, der nur von Fundorten in Afrika stammen, und den, der nicht in Afrika gefunden worden sein kann.
c Nennen Sie von den angegebenen Gruppen diejenigen, in denen die Nutzung von Feuer nachgewiesen ist.

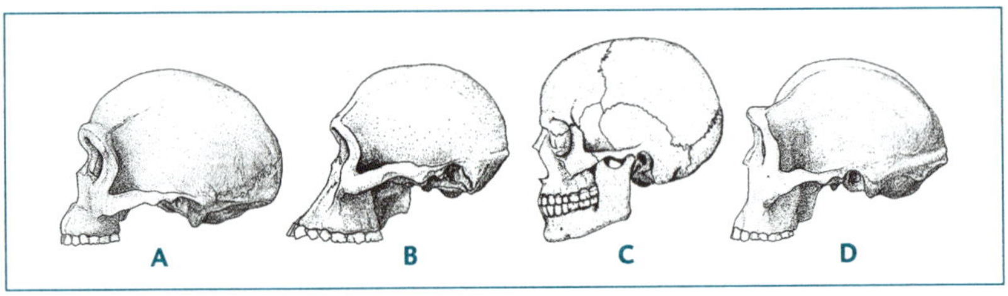

Abb. 67: Schädel rezenter und fossiler Vertreter des menschlichen Stammbaums.

128 An einer Fundstelle fand man verschiedene Knochenreste eines Primaten. Die Fundstücke seines Extremitätenskeletts lassen eindeutig auf einen zweibeinigen, ständig aufrechten Gang schließen. Vom Schädelskelett sind nur Reste der stark ausgebildeten Überaugenwülste und des Oberkiefers erhalten, der auf eine ausgeprägte Vorwölbung des Gesichtsschädels hinweist.

Markieren Sie von den folgenden, fossil nicht überlieferten Merkmalen in der Tab. 11 jeweils diejenigen, die bei diesem Primaten zu erwarten sind. Begründen Sie Ihre Antwort. Stellen Sie Vermutungen darüber an, welcher systematischen Gruppe der Fossilfund zugeordnet werden könnte.

Das Hinterhauptsloch lag im Zentrum der Schädelunterseite	**oder**	Das Hinterhauptsloch lag weiter hinten am Schädel
Das Schädelvolumen betrug etwa 500 ml	**oder**	Das Schädelvolumen lag bei ca. 1 000 ml
Die Eckzähne waren groß und dolchartig	**oder**	Die Eckzähne waren kaum höher als die Schneidezähne
Die Stirn war flach und fliehend	**oder**	Die Stirn war steil und hoch

Tab. 11: Merkmale von Primaten.

129 Ordnen Sie die Unterkiefer in der Abb. 68 den folgenden Primaten zu:
- Schimpanse
- *Homo erectus*
- *Homo sapiens sapiens*

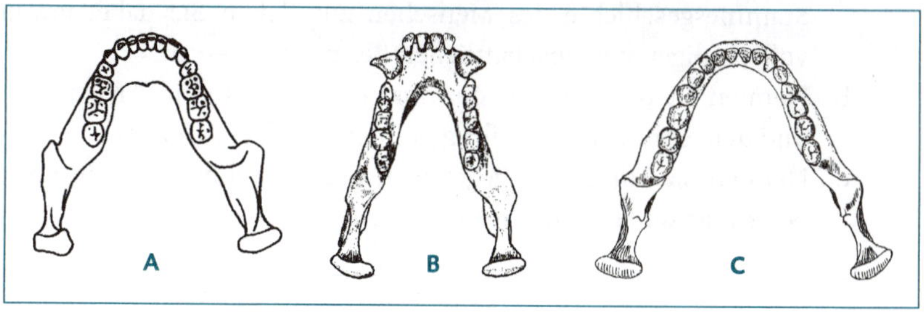

Abb. 68: Unterkiefer in Aufsicht (nicht maßstabsgetreu).

130 Abb. 69 zeigt die Schädel früher Verwandter des Menschen.

a Nennen Sie denjenigen der beiden Schädel, der von einem Vertreter der Gattung *Homo* stammt, und die vermutliche Art.

b Nennen Sie die Gattung, zu der der andere Schädel gehört. Begründen Sie Ihre Antwort.

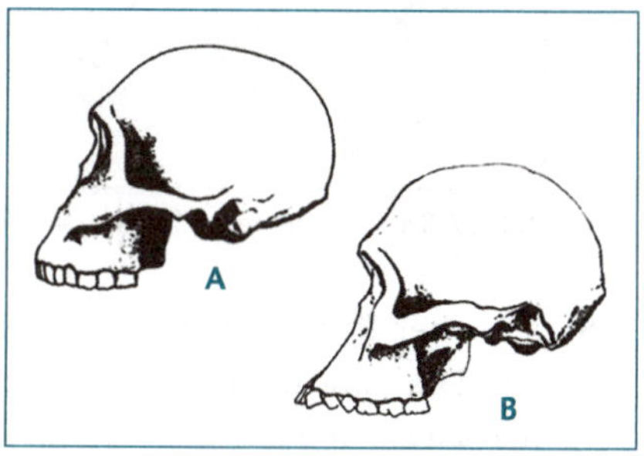

Abb. 69: Primatenschädel aus der frühen Stammesgeschichte des Menschen (ca. gleicher Maßstab).

131 Nehmen Sie Stellung zu der Aussage:
„Der Mensch stammt von einem der heute lebenden Menschenaffen ab.“

132 (Themenübergreifende Aufgabe)
Erklären Sie aus evolutionsbiologischer Sicht, wie verschiedene *Australopithecus*-Arten und Vertreter der Gattung *Homo* für lange Zeit im gleichen Gebiet leben konnten.

133 Nennen Sie die vollständigen wissenschaftlichen Bezeichnungen für drei Unterarten (Rassen) des *Homo sapiens*.

134 Neandertaler galten zu Beginn der anthropologischen Forschung als Vorfahren des heutigen Menschen *(Homo sapiens sapiens)*.
Stellen Sie einen Sachverhalt dar, der dieser Auffassung widerspricht.

135 Primatenformen, die sich ständig auf zwei Beinen fortbewegen, haben in den Savannen Afrikas Vorteile gegenüber ihren vierbeinig laufenden Verwandten. Erläutern Sie solche Vorteile.

136 a Nennen Sie den frühesten Vertreter aus dem Stammbaum des Menschen, bei dem man die Fähigkeit zur Herstellung von Werkzeugen nachweisen konnte.
b Beschreiben Sie kurz die Art dieser Werkzeuge.
c Beschreiben Sie, zu welchen Zwecken sich diese Geräte eigneten.

137 Nennen Sie die jeweils ältesten Vertreter aus dem Stammbaum des Menschen, bei denen man nachweisen konnte, dass sie
a Jagd auf größere Säuger machten.
b Feuer nutzen konnten.
c ihre Toten bestatteten.
d Tiere und Menschen in Malereien und Plastiken darstellen konnten.

138 Erläutern Sie die Selektionsvorteile, die als Folge der Fähigkeit zu einer differenzierten, artikulierenden Sprache denkbar sind.

139 LINNÉ unterteilte die heute auf der Erde lebenden Menschen in sechs Rassen, in Amerikaner, Europäer, Asiaten, Afrikaner, Wilde und Scheusale.
Erläutern Sie die heute geltende Auffassung zu den Rassen des Menschen.

140 Die Abb. 70 zeigt ein stark vereinfachtes Stammbaumschema.

a Geben Sie für die mit Buchstaben gekennzeichneten Stellen sinnvolle Begriffe an. Beachten Sie, dass es sich bei dem Schema nur um eine mögliche, nicht aber um die einzig begründbare Annahme der Stammesgeschichte des Menschen handelt.

b Nennen Sie den Faktor, mit dem die Zahlen der Zeitleiste zu multiplizieren sind.

c Nennen Sie wichtige Fähigkeiten der Arten, die man ab den mit römischen Ziffern gekennzeichneten Zeitpunkten nachweisen kann.

d Nennen Sie von den im Stammbaum eingetragenen Gruppen diejenigen, die als erste folgende Kontinente besiedelten:

- Europa
- Nordamerika
- Australien
- Südamerika

e Nennen Sie von den im Stammbaum berücksichtigten, ausgestorbenen Gruppen diejenigen, von denen man Fossilien in Deutschland gefunden hat. Nennen Sie jeweils einen Fundort.

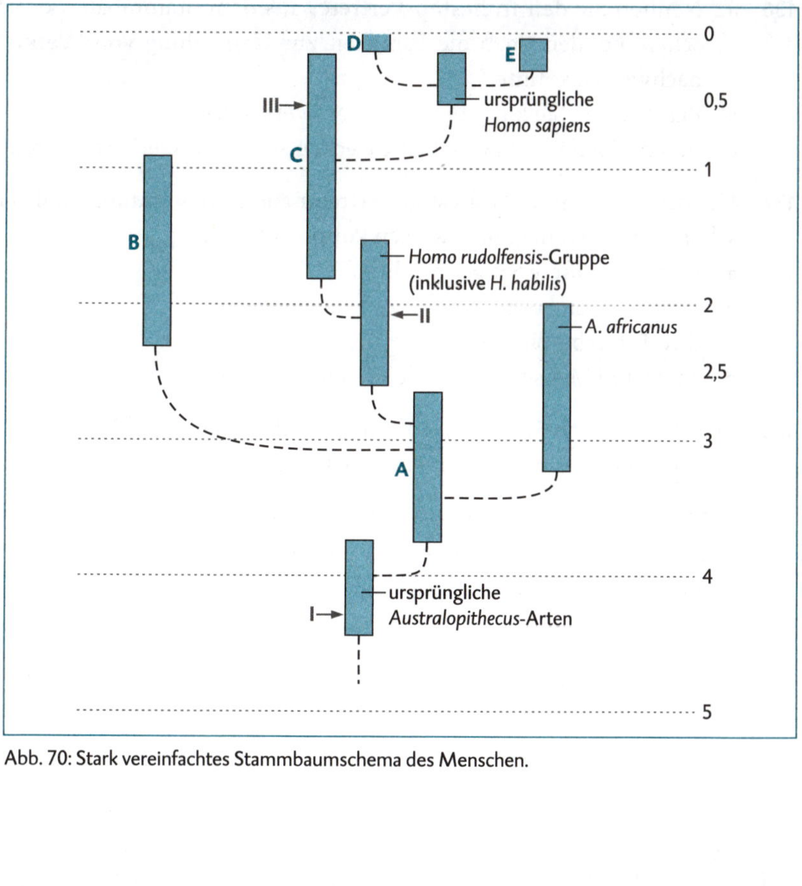

Abb. 70: Stark vereinfachtes Stammbaumschema des Menschen.

141 Nennen Sie von den folgenden Aussagen diejenigen, die sehr wahrscheinlich zutreffende Erklärungen dafür geben, wie es zur starken Zunahme der Gehirngröße bis zu der des heutigen Menschen kommen konnte.

- **a** Ein größeres Gehirn machte eine stärker differenzierte Sprache und die Weitergabe komplexer Informationen möglich und führte dadurch zu einem Selektionsvorteil.
- **b** Der stärkere Gebrauch der Sinnesorgane, v. a. der Augen, beim Leben in der Savanne führte dazu, dass die Gehirnbereiche, die die Reize verarbeiten, ständig trainiert wurden und dadurch an Größe zunahmen.
- **c** Das große Gehirn diente ursprünglich als Proteinspeicher, um Zeiten extremen Nahrungsmangels überstehen zu können, und hat im Laufe der Evolution einen Funktionswechsel erfahren.
- **d** Durch positive Rückkoppelung verstärkten sich die Fähigkeit zur Herstellung effektiver Werkzeuge (motorische Felder des Großhirns) und die Hirnbereiche, die für den planvollen Einsatz der Werkzeuge erforderlich sind, gegenseitig.
- **e** Das im Laufe der Stammesgeschichte in das Zentrum der Schädelunterseite gewanderte Hinterhauptsloch ermöglichte eine bessere Blutversorgung, sodass ein größeres Gehirn entstehen konnte.
- **f** Ohne das große Gehirn wäre der ständig aufrechte, zweibeinige Gang nicht möglich.
- **g** Ein großes Gehirn ermöglicht die vorausschauende Planung komplexer Sachverhalte und bietet daher einen Selektionsvorteil.

142 Nennen Sie die korrekten Aussagen.
Die beiden Auffassungen über den Ursprung der heute lebenden Menschen *(Homo sapiens sapiens)*, die Hypothese des multiregionalen Ursprungs und die „Out of Africa"-Hypothese stimmen darin überein, dass

- **a** der moderne Mensch *(Homo sapiens sapiens)* nur einmal und zwar in Afrika entstand.
- **b** der Neandertaler ein später Vorfahre des heutigen Menschen ist.
- **c** eine Gruppe von *Australopithecinen* aus Afrika nach Asien und Europa einwanderte.
- **d** *Homo erectus* in Afrika entstand.
- **e** *Homo erectus* aus Afrika nach Europa und Asien einwanderte.
- **f** nur der moderne Mensch nach Nord- und Südamerika einwanderte.
- **g** die ersten modernen Menschen in Europa auftraten.
- **h** die verschiedenen regionalen Formen des modernen Menschen aus verschiedenen Unterarten (Rassen) des *Homo erectus* entstanden.

143 In der Abb. 71 sind zwei Theorien dargestellt, durch die die Entstehung der heute auf der Erde lebenden Menschen erklärt werden soll.

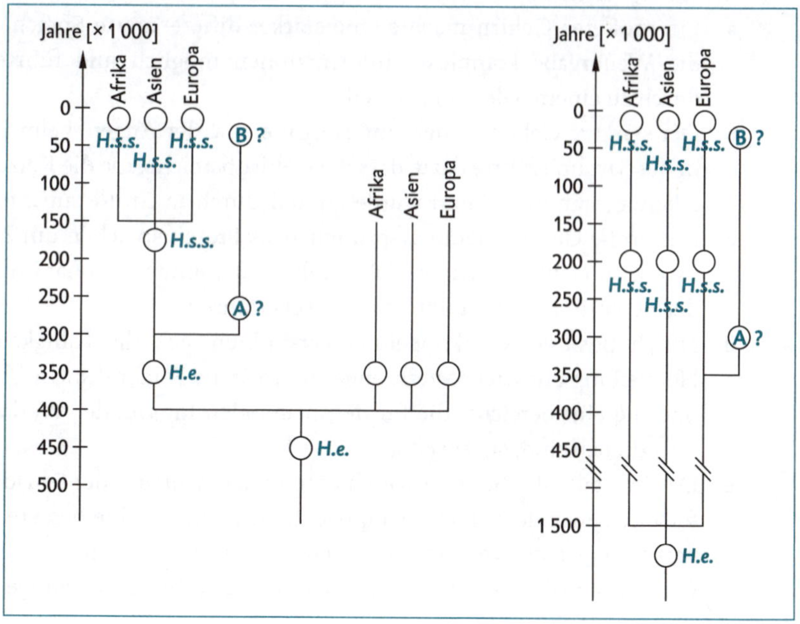

Abb. 71: Zwei Theorien zur Entstehung des modernen Menschen.

- **a** Nennen Sie die vollständigen Bezeichnungen der in der Abb. 71 verwendeten Abkürzungen.
- **b** Beschriften Sie die mit Fragezeichen markierten Stellen.
- **c** Ordnen Sie den beiden Stammbäumen die richtigen Theorien zur Entstehung des modernen Menschen zu. Erläutern Sie die Theorien kurz und nennen Sie diejenige, die besser begründet werden kann.
- **d** Eine der beiden dargestellten Theorien lässt sich verwenden, um rassistische Auffassungen zu begründen. Erläutern Sie, warum diese Theorie leichter missbraucht werden kann, und nehmen Sie dazu Stellung.

144 Stellen Sie kurz zwei Hypothesen zum Aussterben des Neandertalers dar, die zurzeit in der Wissenschaft diskutiert werden.

145 Erläutern Sie kurz grundsätzliche Merkmale und Fähigkeiten des Menschen, die v. a. dafür verantwortlich sind, dass es zu einer kulturellen Evolution kommen konnte.

146 Erläutern Sie, warum die Erfindung der Schrift, des Buchdrucks und der elektronischen Datenverarbeitung eine so große Bedeutung für die kulturelle Evolution hatten.

147 Nennen Sie in Stichworten und in der richtigen zeitlichen Anordnung
- a sechs wichtige Errungenschaften der materiellen Kultur.
- b fünf Ergebnisse kultureller Evolution im nichtmateriellen Bereich.

148 (Themenübergreifende Aufgabe)
Die differenzierte, artikulierende Sprache des Menschen wurde durch anatomische Veränderungen des Kehlkopfes und des Gaumensegels sowie durch eine erhöhte Beweglichkeit der Zunge möglich.
Beschreiben Sie kurz Veränderungen des Großhirns, die erforderlich waren, um die heutigen sprachlichen Fähigkeiten des Menschen zu ermöglichen.

149 (Themenübergreifende Aufgabe)
Die Ergebnisse genetischer Analysen legen die Ansicht nahe, dass während der letzten Eiszeit, vor etwa 100 000 Jahren, die Zahl der Menschen um etwa 90 % zurückging. Infolgedessen lebten vermutlich insgesamt nicht mehr als 10 000 Individuen auf der Erde. Heute würde diese Populationsgröße ausreichen, um einen Eintrag in die „Rote Liste" der bedrohten Arten zu rechtfertigen. Solche Einbrüche der Individuenzahlen kamen im Laufe der Stammesgeschichte des Menschen wahrscheinlich mehrfach vor.
Erklären Sie die Bedeutung für die Entstehung des heutigen Menschen, die dieses Schrumpfen der Populationen gehabt haben könnte.

Angewandte Genetik und Reproduktionsbiologie

Das Klonschaf Dolly und ihr „geistiger Vater“, der Embryologe und Leiter des Forschungsteams für medizinische Zellbiologie am Roslin Institute in Edinburgh, Sir Ian Wilmut. Das am 5. Juli 1996 geborene Schaf Dolly war das weltweit erste geklonte Säugetier.

1 Gentechnik

Unter dem Begriff „Gentechnik“ fasst man Verfahren zusammen, durch die fremde Gene in eine Zelle übertragen werden. Dazu gehören auch die Analyse, Veränderung und Vervielfältigung der DNA oder RNA, nicht jedoch die Methoden der Fortpflanzungsbiologie, z. B. die Klonierung von Embryonen und die Züchtung von Lebewesen. Folgende Arbeitsschritte sind erforderlich, um **transgene Zellen** herzustellen, d. h. Zellen, die ein **fremdes Gen** in ihr Genom (Gesamtheit der Gene) aufgenommen haben:

1 **Gewinnung** des Gens: Der betreffende DNA-Abschnitt muss isoliert oder synthetisiert werden.
2 **Transfer** des Gens: Der DNA-Abschnitt muss durch die Zellgrenzmembran in die Zelle eingeschleust werden.
3 **Vervielfältigung** der transgenen Zelle: Die transgene Zelle mit dem darin enthaltenen Fremdgen muss vermehrt werden.
4 **Selektion** transgener Zellen: Zellen, bei denen der Gentransfer gelungen ist, die also das Fremdgen aufgenommen haben, müssen erkannt und herausgesucht werden.

1.1 Gewinnung eines Gens

Isolierung eines Gens aus der DNA eines Spenderorganismus

Die wichtigsten Instrumente bei der Isolierung von Genen aus einem DNA-Strang sind die **Restriktionsenzyme**. In der Natur findet man Restriktionsenzyme in Bakterien, wo sie eingedrungene DNA von Bakteriophagen, das sind besondere Viren, zerschneiden und damit unschädlich machen. Bei der Gewinnung eines Gens zerlegen die Restriktionsenzyme ein DNA-Molekül wie Scheren in kleine Abschnitte. In der Gentechnik benutzt man v. a. solche Restriktionsenzyme, die den DNA-Doppelstrang versetzt zerschneiden, sodass an den Schnittstellen je ein kurzes Stück **Einzelstrang-DNA** aus 4 bis 6 Nukleotiden herausragt. Ein bestimmtes Restriktionsenzym spaltet die DNA immer an Stellen mit der gleichen, bestimmten Basenfolge, z. B. nach der Basensequenz AATT. Man spricht von der **Erkennungssequenz** des Restriktionsenzyms (siehe Abb. 72, S. (2) 141). Dadurch entstehen DNA-Stücke, deren überstehende Einzelstränge die Abfolge AATT bzw. im komplementären Strang TTAA tragen. Die Einzelstrang-Enden neigen aufgrund der Paarung komplementärer Basen dazu, sich wieder zusammenzulagern. Sie werden deshalb als „*sticky ends*“ (engl. „klebrige Enden“) bezeichnet.

Diese Methode der Gewinnung von Genen ist zwar technisch relativ einfach durchführbar, aber nur wenig zielgenau und wird deshalb als „Schrotschuss-Methode" bezeichnet. Die Restriktionsenzyme liefern nämlich eine Vielzahl **verschiedener DNA-Stücke**. Darunter sind auch solche, die das gewünschte Gen enthalten. Das richtige DNA-Stück muss in einem gesonderten Vorgang herausgesucht werden.

Abb. 72: Einbau eines fremden DNA-Stücks (Herstellung von rekombinanter DNA). Die Ziel-DNA ist die DNA, in die ein fremdes DNA-Stück eingebaut werden soll. Die Fremd-DNA wurde aus der Gesamt-DNA des Spender-Organismus mit demselben Restriktionsenzym herausgeschnitten, mit der die Ziel-DNA geschnitten wurde. Sie hat also die gleichen *sticky ends* wie die Ziel-DNA.

Gene lassen sich durch **Restriktionsenzyme** aus dem DNA-Molekül herausschneiden.

Umkopieren eines Gens von mRNA in DNA

Ein Gen lässt sich auch durch **Umkopieren** der entsprechenden mRNA herstellen. Benutzt wird dazu die mRNA aus Zellen, die das gewünschte Genprodukt herstellen. In ihnen ist das betreffende Gen aktiv, es wird durch **Transkription** von DNA auf mRNA umgeschrieben (siehe Transkription, S. (1) 104 ff.). Solche Zellen enthalten daher neben anderen mRNA-Strängen auch die mit der genetischen Information des gewünschten Gens. Beispielsweise findet man in den Insulin bildenden Zellen der Bauchspeicheldrüse viele mRNA-Stränge mit der Information für das Hormon **Insulin**.

Für den Vorgang des Umkopierens eines mRNA-Strangs in DNA ist ein bestimmtes Enzym erforderlich, die **reverse Transkriptase**. Sie wird aus Retroviren gewonnen. Die genetische Information dieser Viren ist als RNA gespeichert. In der Wirtszelle sorgt die reverse Transkriptase dafür, dass die Viren-RNA in DNA umgeschrieben wird, dass also eine Transkription in umgekehrter (reverser) Richtung abläuft. Folgende Arbeitsschritte sind erforderlich, um ein Gen als DNA aus mRNA herzustellen:

1 mRNA wird aus den entsprechenden Zellen isoliert.
2 Nach Zugabe von DNA-Nukleotiden wird mithilfe der reversen Transkriptase komplementär zur mRNA ein DNA-Einzelstrang synthetisiert.
3 Die mRNA wird vom DNA-Einzelstrang getrennt.
4 Die zugegebenen DNA-Nukleotide ergänzen den DNA-Einzelstrang komplementär zum Doppelstrang. Dazu ist u. a. das Enzym **DNA-Polymerase** erforderlich. Der entstandene DNA-Doppelstrang wird **cDNA** („copy-“ oder „complementary DNA“) genannt.

In den Zellen läuft nicht nur die Transkription eines einzigen Gens, sondern die Transkription aller gerade aktiven Gene ab. Es entstehen daher cDNA-Stücke mit den verschiedenen genetischen Informationen aller aktiven Gene. Darunter sind auch cDNA-Moleküle mit der Information für das gewünschte Genprodukt, z. B. für Insulin. Wie bei der Isolierung mithilfe von Restriktionsenzymen, so muss auch hier das richtige DNA-Stück in einem gesonderten Vorgang „herausgesucht“ werden (siehe Gensonden, Gelelektrophorese, S. (2) 148 ff. und 156).

In-vitro-Synthese eines Gens

Ein Gen lässt sich sehr gezielt gewinnen, indem man es chemisch *in vitro*, also im Labor im Reagenzglas, durch die Verkettung der entsprechenden Nukleotide in der richtigen Reihenfolge synthetisiert.

Dazu sind folgende Schritte erforderlich:

1 Die Abfolge der Aminosäuren des gewünschten Genprodukts (Protein) wird festgestellt (Aminosäuresequenz-Analyse).
2 Im Code-Lexikon wird abgelesen, welche Basensequenz der DNA die Information für die Aminosäuresequenz des Genprodukts speichern kann.
3 Aus DNA-Nukleotiden wird im Reagenzglas der entsprechende DNA-Doppelstrang synthetisiert.

Weil eine Aminosäure durch mehr als ein Basentriplett codiert werden kann (Degeneration des genetischen Codes, siehe S. (1) 101), ist damit zu rechnen, dass die künstlich hergestellte DNA eine andere Basenfolge hat als die natürliche, in den Zellen vorkommende. Die **Information**, die die künstliche DNA trägt, ist jedoch identisch mit der der natürlichen DNA.

1.2 Transfer eines Gens

Um ein isoliertes Gen in eine fremde Zelle einschleusen zu können, muss es i. d. R. an solche DNA-Stücke gekoppelt werden, die von Zellen leicht aufgenommen werden. Man bezeichnet sie als **Vektoren** oder „Genfähren“. Zielzellen des Gentransfers sind oft **Bakterien**. Die Bakterien-DNA liegt als geschlossener Ring („Bakterienchromosom“) frei im Zytoplasma. Ein Zellkern fehlt. Daneben können zusätzlich kleine ringförmige DNA-Stücke vorhanden sein, **Plasmide**. Sie lassen sich aus Bakterien isolieren und als Vektoren benutzen.
Im Folgenden sind die Arbeitsschritte eines **Gentransfers** für die Übertragung eines Gens auf Bakterienzellen mithilfe von Plasmiden dargestellt:

1 Öffnung von Plasmidringen im Reagenzglas mit den gleichen Restriktionsenzymen, die auch zur Isolierung des Gens dienten, das übertragen werden soll. Dadurch haben die Enden der geöffneten Plasmide die gleichen bzw. komplementäre *sticky ends* wie die isolierten Gene. Werden die zu übertragenden Gene nicht mithilfe von Restriktionsenzymen gewonnen, müssen in einem gesonderten Verfahren entsprechende *sticky ends* angefügt werden.
2 Mischung der isolierten Gene mit den geöffneten Plasmidringen: Wenn sich komplementäre *sticky ends* finden, bilden sich zwei Arten von Plasmidringen: Die eine Art enthält nur Bakterien-DNA, wenn sich die Plasmidringe an der Öffnungsstelle wieder schließen, die andere enthalten Bakterien-DNA und zusätzlich ein fremdes DNA-Stück. Es entstehen also u. a. **Hybridplasmide**, das sind Mischplasmide, in denen Bakterien-DNA mit fremder DNA kombiniert ist. Man spricht von **rekombinanter** DNA.

3 Zugabe von DNA-Ligase. Mithilfe dieses Enzyms verbinden sich die DNA-Stücke fest miteinander.
4 Mischung der Plasmide mit und ohne Fremdgen mit Bakterienzellen, die kein Plasmid enthalten.
5 Behandlung der Bakterienzellen mit Substanzen, die ihre Wand für Plasmide leicht passierbar machen. Dadurch nehmen einige wenige Bakterienzellen Plasmide in ihr Zytoplasma auf.

Plasmide lassen sich als **Vektoren** nutzen, wenn fremde Gene auf **Bakterien** übertragen werden sollen.

Nach Abschluss des Verfahrens enthält eine so behandelte Bakterienkultur viele Bakterienzellen ohne ein Plasmid, sehr wenige Bakterienzellen mit einem Plasmid, das aus reiner Bakterien-DNA besteht, sehr wenige Bakterienzellen mit einem Hybridplasmid, dessen fremdes DNA-Stück aber nicht das zu übertragende Gen darstellt, und schließlich sehr wenige Bakterienzellen mit einem Hybridplasmid, dessen fremdes DNA-Stück aus dem zu übertragenden Gen besteht. In Abb. 73 (siehe S. (2) 145) ist das der Zelltyp B.

1.3 Suche nach Bakterienzellen mit Hybridplasmiden

Anschließend an die Genübertragung werden in einem ersten Suchschritt alle diejenigen Zellen aussortiert, die ein Hybridplasmid und damit fremde DNA-Stücke aufgenommen haben.

Voraussetzungen für die Selektion

Für die Übertragung der fremden DNA-Stücke benutzt man keine normalen Plasmide, sondern solche, die zwei **Resistenzgene** gegen **Antibiotika** enthalten, z. B. gegen Tetracyclin und gegen Ampicillin (siehe Abb. 73, S. (2) 145). Die Erkennungsregion des verwendeten Restriktionsenzyms muss innerhalb des Tetracyclin-Resistenz-Gens liegen. In Plasmiden, die durch das Restriktionsenzym gespalten und danach wieder geschlossen wurden, bleibt das Resistenzgen erhalten. Solche Zellen lassen sich weder mit Tetracyclin noch mit Ampicillin abtöten. Wenn das Plasmid aber fremde DNA aufnimmt, bleiben die beiden Bereiche des Tetracyclin-Resistenz-Gens getrennt. Das Gen wird dadurch unwirksam, die Zelle verliert ihre Resistenz gegen Tetracyclin. Solche Zellen sind weiterhin unempfindlich gegen Ampicillin, sterben aber bei Zugabe von Tetracyclin ab.

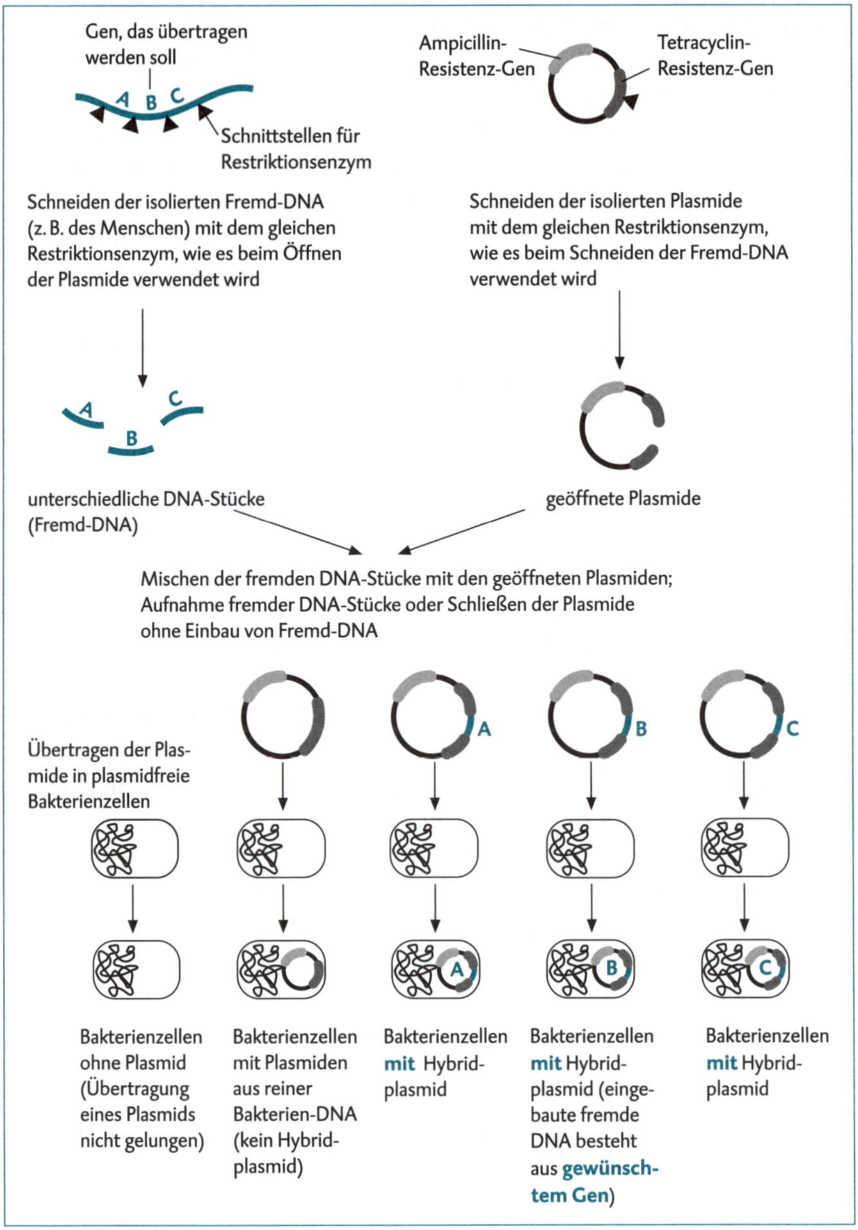

Abb. 73: Einbau fremder DNA-Stücke in Plasmide und Einschleusung von Plasmiden in Bakterienzellen.

Selektion von Zellen mit Hybridplasmid

Zunächst werden alle Bakterienzellen aussortiert, die ein Plasmid aufgenommen haben. Dazu bringt man sie, nachdem sie sich in einer Nährlösung mit Ampicillin vermehrt haben, auf einen Nährboden auf, der Ampicillin enthält. Dort können sich nur solche Bakterien vermehren, die ihr Genom durch die Aufnahme eines Plasmids erweitert haben. Die ursprünglich plasmidfreien Bakterien können die Fähigkeit zur Resistenz gegen Ampicillin nur durch die Aufnahme eines Plasmids erworben haben, weil das angebotene Plasmid ein Ampicillin-Resistenz-Gen enthält. Die Plasmide dieser Zellen bestehen entweder aus reiner Bakterien-DNA oder sie enthalten zusätzlich auch fremde DNA-Stücke (Hybridplasmide). Die Zellen, die ein fremdes DNA-Stück enthalten, sind nach diesem Schritt noch nicht identifiziert.

> Durch **Resistenzgene** in den Plasmiden können beim Versuch der Genübertragung die wenigen Bakterien identifiziert werden, die tatsächlich ein Plasmid aufgenommen haben.

Aus den Kulturen von plasmidhaltigen Zellen müssen nun diejenigen aussortiert werden, die ein **Hybridplasmid** enthalten. Dazu überträgt man Bakterien aus den Kolonien des ampicillinhaltigen Nährbodens mit einem sterilen Samtstempel auf eine Kulturschale, die Tetracyclin enthält (**Stempeltechnik** = Replika-Plattierung). Auf diese Weise können dort Kolonien im gleichen Muster wie in der Ampicillin-Schale wachsen. Durch die exakte Überstempelung des Koloniemusters kann man feststellen, aus welcher Kolonie der Ampicillin-Schale die Bakterien stammen, die eine bestimmte Kolonie auf dem Tetracyclin-Nährboden gebildet haben. Z. B. stammt die Kolonie 7 in der Tetracyclin-Schale (siehe Abb. 74, S. (2) 147) von Bakterien aus der Kolonie 7 in der Ampicillin-Schale. Allerdings können sich in der Tetracyclin-Schale nur solche Bakterien vermehren und Kolonien bilden, die Plasmide aus **reiner** Bakterien-DNA enthalten. Ein Bakterium, das ein Hybridplasmid aufgenommen hat, hat die Fähigkeit zur Tetracyclin-Resistenz verloren, da die fremde DNA das Tetracyclin-Resistenz-Gen des Plasmids in zwei getrennte Bereiche gespaltet und damit unwirksam gemacht hat. Die **Lücken im Koloniemuster** der Tetracyclin-Schale geben demnach an, welche Kolonien der Ampicillin-Schale aus Bakterien bestehen, die fremde DNA aufgenommen haben, in der Abb. 74 (siehe S. (2) 147) sind das die Kolonien 4 und 8. Sie bestehen aus Bakterien, deren Tetracyclin-Resistenz-Gen durch den Einbau eines fremden DNA-Stückes unwirksam geworden ist. Bakterien aus diesen Kolonien der Ampicillin-Schale werden in frischem Nährmedium vermehrt und für die weitere Arbeit verwendet.

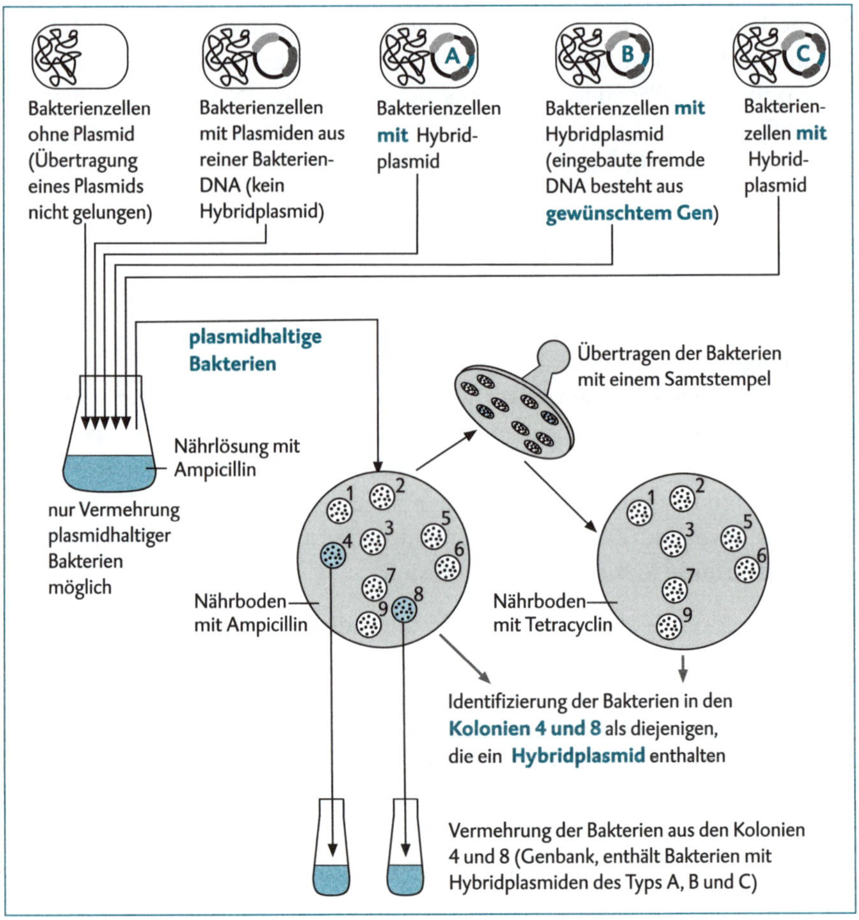

Abb. 74: Suche nach Bakterienzellen, die ein Hybridplasmid aufgenommen haben.

Mithilfe der **Stempeltechnik** können unter den Bakterien, die ein Plasmid aufgenommen haben, diejenigen gefunden werden, deren Plasmid ein **fremdes DNA**-Stück enthält.

Genbanken

Bakterien, von denen bekannt ist, dass sie Hybridplasmide enthalten, werden vermehrt. Bei der Teilung der Bakterienzellen verdoppeln sich jeweils in einem Kopiervorgang (Replikation) auch die Plasmide. Nach vielfacher identischer Vermehrung **(Klonierung)** liegen in solchen Bakterienkulturen zahlreiche Kopien der mit den Plasmiden in die Bakterienzellen eingeschleusten fremden DNA-Stücke vor.

Solche Bakterienkulturen bezeichnet man als **Genbanken** oder **Genbibliotheken**. Jede Genbank besteht aus mehreren verschiedenen Klonen von Bakterienzellen, die Plasmide mit jeweils anderer Fremd-DNA enthalten. Um herauszufinden, welche Bakterien einer Genbank das erwünschte fremde Gen tragen, ist ein weiterer Suchvorgang erforderlich.

> Eine **Genbank** besteht aus verschiedenen Klonen, die jeweils eine andere, fremde DNA in dem Plasmid enthalten, das sie aufgenommen haben.

Screening

Die Suche nach Bakterienzellen mit Hybridplasmiden, die das gewünschte Fremdgen enthalten und nicht andere Abschnitte der fremden DNA, geschieht mithilfe von **Gensonden**. Das sind **radioaktiv markierte** einsträngige DNA-Stücke, deren Basensequenz komplementär zu der des gesuchten Gens oder eines Teils davon ist. Zuweilen werden auch Gensonden eingesetzt, die durch **fluoreszierende** Substanzen markiert sind.

Dieses sogenannte „Screening“ läuft in folgenden Schritten ab (siehe Abb. 75, S. (2) 149):

1 Übertragung des Koloniemusters einer Kulturschale auf eine spezielle Folie. Dabei gelangt ein kleiner Teil der Zellen jeder Kolonie auf die Folie, ähnlich wie bei der Übertragung mithilfe der Stempeltechnik.
2 Behandlung der Folie, um die Bakterienzellen aufzubrechen, die DNA zu isolieren und durch Erhitzen einsträngig zu machen.
3 Zugabe der Gensonde zur vorbehandelten Folie.
4 Auswaschen der Gensonde. Aus den Bereichen der Folie, in denen das Fremdgen enthalten ist, lässt sich die Gensonde nicht auswaschen, da sie sich durch H-Brücken an das Fremdgen gebunden hat.
5 Auflegen der Folie auf einen Röntgenfilm. An den Stellen, an denen sich die Gensonde angelagert hat – das sind die Stücke der Bakterien-DNA, die das Fremdgen enthalten – schwärzt sich der Film durch die radioaktive Strahlung. Man bezeichnet ein solches Verfahren als **Autoradiografie**.
6 Durch den Vergleich der Folie mit dem Koloniemuster der Kulturschale lässt sich diejenige Kolonie ermitteln, die aus den gesuchten Bakterien besteht, nämlich aus solchen, die ein Plasmid mit dem gewünschten Fremdgen aufgenommen haben. Sie werden in frischem Nährmedium weitervermehrt.

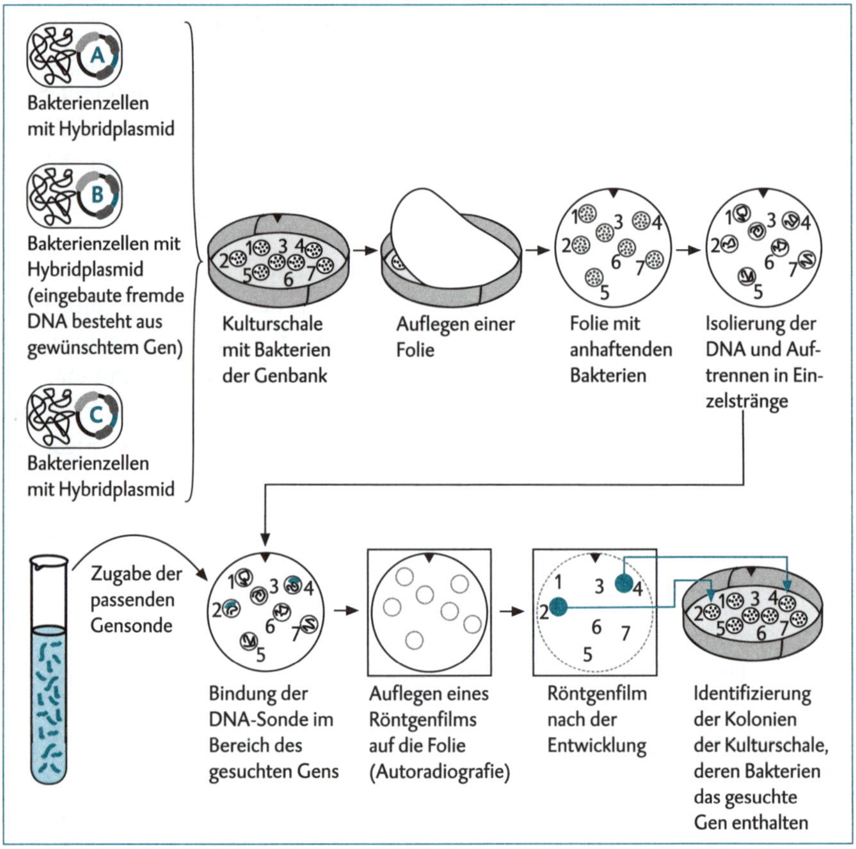

Abb. 75: Suche nach Bakterien, deren Hybridplasmid das gewünschte Gen enthält.

Mithilfe von **radioaktiv markierten Gensonden** können in einer Genbank diejenigen Klone identifiziert werden, die das Gen, das übertragen werden soll, in ihrem Plasmid enthalten.

In seltenen Fällen ist das übertragene Fremdgen in der Bakterienzelle aktiv. Seine Information wird abgelesen und es ist möglich, die entsprechenden Bakterienkolonien durch den Nachweis des Genprodukts zu identifizieren. Wenn z. B. ein Gen für ein bestimmtes Enzym übertragen werden soll, kann man Zellen, die das Gen enthalten, daran erkennen, dass in ihnen der Stoffwechselschritt abläuft, der durch das betreffende Enzym katalysiert wird. Das oben beschriebene aufwendige Screening mithilfe einer Gensonde kann dann entfallen.

Nach einem gelungenen Gentransfer sind **transgene Zellen** hergestellt. Meistens jedoch liest der Proteinsyntheseapparat der transgenen Bakterienzelle das Fremdgen jedoch nicht ab, das Gen wird nicht exprimiert. Grundsätzlich ist das wegen der Universalität des genetischen Codes aber möglich. Allerdings sind häufig mehrere Arbeitsschritte erforderlich, um die Faktoren zu aktivieren, die die Transkription steuern.

Beispiel

Das Hormon Insulin ist ein Protein, das in der Bauchspeicheldrüse gebildet wird. Es sorgt dafür, dass die Zellen Glucose aus dem Blut aufnehmen können. Menschen, die an Diabetes erkrankt sind, bilden kein oder zu wenig Insulin (siehe S. (1) 248). Sie müssen das Insulin von außen zuführen. Das früher dazu verwendete Insulin von Tieren unterschied sich in seiner Aminosäuresequenz von dem des Menschen und war daher weniger gut verträglich. Das heute eingesetzte Insulin wird von gentechnisch veränderten Bakterien gebildet. Es hat exakt die gleiche Aminosäuresequenz wie das Insulin des Menschen. Folgende Schritte sind erforderlich, um Bakterien zu erhalten, die menschliches Insulin (Humaninsulin) herstellen:

1 Gewinnung des menschlichen Insulingens
- Herstellung von cDNA aus der mRNA der Insulin bildenden Zellen des Menschen (siehe S. (2) 142)
- Anheften von *sticky ends* an die cDNA

Das menschliche Gen für Insulin kann in diesem Fall nicht dadurch gewonnen werden, dass Restriktionsenzyme das entsprechende Stück aus der DNA des Menschen herausschneiden (siehe Abb. 72, S. (2) 141). Die Gene des Menschen enthalten – wie die aller Eukaryoten – Introns und Exons. Beim Vorgang des Spleißens werden die Introns entfernt. Erst dadurch entsteht eine mRNA, die an den Ribosomen abgelesen werden kann (siehe Proteinbiosynthese S. (1) 106 f.). Bakterien sind nicht in der Lage zu spleißen. Sie können daher ein DNA-Stück wie das Insulingen des Menschen nicht zu mRNA umkopieren.

2 Übertragung des Insulingens des Menschen auf Bakterienzellen
- Verwendung von Plasmiden, die Resistenzgene gegen zwei Antibiotika enthalten (z. B. Ampicillin und Tetracyclin)
- Öffnung der Plasmide durch Restriktionsenzyme, sodass *sticky ends* entstehen (gleiche Basenfolge der *sticky ends* wie die, die der cDNA angefügt wurden)
- Mischen der geöffneten Plasmidringe mit der cDNA (Insulingen)

Ergebnis: Bei einigen wenigen Plasmiden wird das Insulingen eingebaut. Es entstehen Hybridplasmide. Durch den Einbau wird das auf dem Plasmid liegende Resistenzgen gegen Tetracyclin unwirksam (siehe S. (2) 144 f.).

3 Einschleusen der Plasmide in das Bakterium *Escherichia coli* (= *E. coli*)

4 Isolierung von *E. coli*-Bakterien, die ein Plasmid aufgenommen haben. Dazu wird *E. coli* in eine Ampicillin-haltige Nährlösung übertragen.
Ergebnis: In der Nährlösung können sich nur die *E. coli*-Bakterien vermehren, die ein Plasmid aufgenommen haben, weil sie damit auch das Resistenzgen gegen Ampicillin erhalten haben.

5 Suche nach denjenigen *E. coli*-Bakterien, die ein Plasmid besitzen, das das Insulingen enthält. Dazu werden *E. coli*-Bakterien aus der Nährflüssigkeit auf Kulturböden übertragen, die Ampicillin enthalten, sodass in den Kulturschalen einzelne, unterscheidbare Bakterienkolonien entstehen.
Ergebnis: Es entstehen Bakterienkolonien, die entweder ein Plasmid oder ein Hybridplasmid enthalten.

6 Identifizierung derjenigen *E. coli*-Bakterien, die das Insulingen (Hybridplasmid) enthalten. Dazu werden einige *E. coli*-Bakterien von dem Ampicillin-haltigen Nährboden auf einen anderen Nährboden übertragen, der Tetracyclin enthält (Stempeltechnik)
Ergebnis: Die Bakterienkolonien, die aus *E. coli*-Bakterien bestehen, deren Plasmid das Insulingen enthält, lassen sich identifizieren (siehe Abb. 74, S. (2) 147). Die in der Abb. 75, S. (2) 149 dargestellte Verwendung von Gensonden ist hier nicht erforderlich. Alle Hybridplasmide enthalten das Insulingen. Wenn ein Plasmid ein Fremdgen aufgenommen hat, kann es sich in diesem Fall nur um das Insulingen handeln.

7 Im weiteren Verfahren wird dafür gesorgt, dass die *E. coli*-Zellen solche DNA-Stücke erhalten, die erforderlich sind, um die Transkription und Translation des Insulingens ablaufen zu lassen. Nur so ist gewährleistet, dass das Gen auch realisiert wird, dass also der Proteinsyntheseapparat der *E. coli*-Bakterien Insulin herstellt. Danach werden die Bakterien vermehrt. Das Insulin wird aus den Bakterien isoliert und gereinigt. Es steht dann als reines Humaninsulin für die Behandlung von Diabetikern zur Verfügung.

1.4 Weitere Methoden des Gentransfers

Neben Plasmiden können auch **Bakteriophagen** als Genfähren für die Übertragung von Fremd-DNA auf Bakterien dienen. Bakteriophagen sind Viren, die Bakterienzellen befallen. Sie injizieren ihre DNA in die Bakterienzelle. In der Gentechnik fügt man zunächst wie bei den Hybridplasmiden die zu übertragende Fremd-DNA in die Phagen-DNA ein, sodass rekombinierte Phagen-DNA vorliegt. Wenn Phagen mit rekombinierter DNA Bakterienzellen befallen, gelangt auch die Fremd-DNA in die Bakterien. Danach schließen sich Arbeitsschritte an, die denen des Gentransfers mithilfe von Plasmiden ähneln.
Für die Übertragung von Genen auf die eukaryotischen Zellen von Pflanzen und Tieren sind Plasmide und Bakteriophagen in der Regel nicht geeignet. Eine Ausnahme unter den Eukaryoten bilden Hefezellen.
Mögliche Methoden des Gentransfers auf Eukaryoten sind:

- **Viren als Vektoren:** Viren, in deren DNA oder RNA das Fremdgen eingefügt wurde, können als Vektoren dienen. Besonders geeignet sind Retroviren. Das sind Viren, deren genetische Information in Form von RNA gespeichert ist. Nach der Infektion sorgt das Enzym reverse Transkriptase (siehe S. (2) 142) dafür, dass das Fremdgen in die DNA (Chromosomen) der Eukaryotenzelle eingebaut wird.
- **Durchlöchern der Zellhülle:** Mit elektrischen Entladungen lassen sich Löcher in der Zellmembran erzeugen, die für kurze Zeit bestehen bleiben. Die fremden DNA-Stücke können durch diese Löcher ins Zytoplasma der Eukaryotenzelle eindringen.
- **Partikelpistolen:** Winzige Goldpartikel werden mit der Fremd-DNA beschichtet und durch die Zellhülle ins Zytoplasma, z. T. bis in den Zellkern, geschossen.
- **Liposomen:** Die Fremd-DNA wird von einer Lipid-Doppelschicht, einer Art künstlicher Zellmembran, umgeben. Diese Vesikel, die man als Liposomen bezeichnet, können mit der Zellgrenzmembran verschmelzen und durch Phagozytose ins Zytoplasma gelangen (siehe S. (1) 16).
- **Mikroinjektion:** Mit außerordentlich feinen Glaskanülen wird die Zellhülle durchstoßen und die Fremd-DNA direkt in den Zellkern injiziert.
- **Bakterien:** Bakterien, die innerhalb von Pflanzenzellen parasitieren, können das Fremdgen übertragen. Vor allem *Agrobacterium tumefaciens* wird in der Gentechnik als Vektor für Pflanzenzellen benutzt (siehe S. (2) 200).

Auf **Zellen** mit Zellkern (Eukaryoten) lassen sich Fremdgene mit verschiedenen Methoden übertragen. Plasmide sind dazu meistens ungeeignet.

1.5 Polymerase-Kettenreaktion

Häufig steht für die gentechnische Arbeit eine zu geringe Ausgangsmenge an DNA zur Verfügung. Zur Vermehrung kann man die DNA in eine Zelle einschleusen, z. B. in ein Bakterium, und durch Replikationen während der Zellteilungen vervielfältigen lassen. Außerhalb von Zellen *(in vitro)* ist die Vermehrung mithilfe der **Polymerase-Kettenreaktion** (PCR) möglich. Im Zuge der PCR lässt sich ein DNA-Stück durch zahlreiche, schnell nacheinander ablaufende Replikationen **vielfach kopieren**. Aus sehr wenig DNA entsteht auf diese Weise in kurzer Zeit eine so große Menge, dass z. B. die Analyse der Basensequenz oder Gentransfer möglich werden.

Ablauf der PCR

Ein PCR-Ansatz enthält u. a. das zu vermehrende DNA-Stück, bei dem es sich im Extremfall nur um ein einziges Exemplar handeln kann. Außerdem werden für die Reaktion die vier Nukleotide benötigt, aus denen die DNA besteht. Die **DNA-Polymerase** ist das Enzym, das diese Nukleotide in der PCR zu einem DNA-Einzelstrang verkettet. Dazu ist eine Polymerase erforderlich, die auch bei sehr hohen Temperaturen ihre Struktur nicht verändert (siehe Denaturierung, S. (1) 61 u. 65). Außerdem werden in einem PCR-Ansatz **Primer** (Starter) benötigt. Das sind kurze DNA-Stücke mit einer Basenfolge, die komplementär zu den Enden des DNA-Stücks sind, das vervielfacht werden soll.

Ein **Vermehrungszyklus** der PCR läuft in drei, jeweils nur wenige Minuten dauernden Arbeitsschritten ab (siehe Abb. 76, S. (2) 154):

1 Durch kurzzeitiges Erhitzen der DNA auf ca. 90 °C trennt sich diese in **Einzelstränge**, da sich die H-Brücken lösen. Die Anlagerung von komplementären Nukleotiden ist nicht möglich und die Bildung neuer DNA-Einzelstränge kann ebenfalls nicht ablaufen, da die DNA-Polymerase bei so hohen Temperaturen nicht arbeitet.

2 Bei der anschließenden Abkühlung auf ca. 50 °C **beginnt** die **Replikation**. Die Primer lagern sich an die Enden des zu vervielfältigenden DNA-Stücks an.

3 Die **Replikation** wird durch die Erwärmung der DNA auf ca. 70 °C **fortgesetzt**, da die DNA-Polymerase bei dieser Temperatur zu arbeiten beginnt. Sie verlängert die Primer, indem sie die Nukleotide miteinander verbindet, die sich komplementär an den Einzelsträngen angelagert haben. So vervollständigt sich jeder DNA-Einzelstrang jeweils von den Primern her fortschreitend zu einem DNA-Doppelstrang. Die beiden Doppelstränge sind identisch.

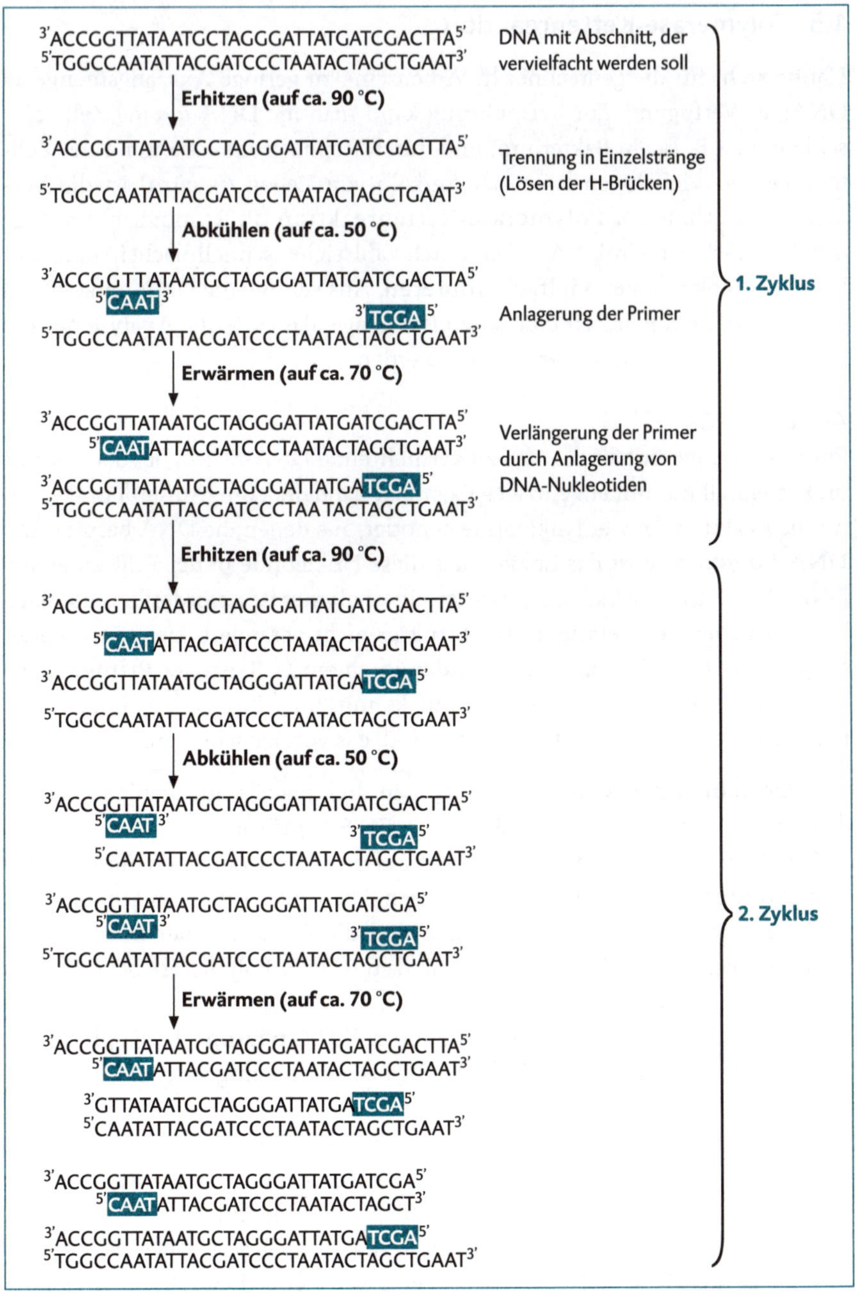

Abb. 76: Ablauf des ersten und des zweiten Zyklus der Polymerase-Kettenreaktion. Erforderlich sind u. a. DNA-Nukleotide, eine hitzebeständige Polymerase und Primer (farbige Kästchen).

Durch ein erneutes Erhitzen der DNA auf 90 °C beginnt ein **neuer PCR-Zyklus**. Die Arbeitsschritte „Trennung in Einzelstränge“, „Bindung des Primers“ und „Ergänzung zum Doppelstrang“ wiederholen sich so oft, bis die gewünschte Zahl identischer Kopien des DNA-Stücks erreicht ist. Die Zahl der Kopien steigt während der PCR **exponentiell** an. Nach **30 Durchläufen** sind 2^{30} Kopien des DNA-Stücks entstanden, das sind **$1{,}07 \cdot 10^9$** Exemplare.

Mithilfe der **PCR** lassen sich selbst kleinste Mengen an DNA in kurzer Zeit vermehren. Das gelingt durch den Wechsel zwischen bestimmten Temperaturbereichen, der viele nacheinander ablaufende **Replikationen** ermöglicht.

Erläuterungen zur PCR

Die DNA-Polymerase kann ein neues Nukleotid nur an einen bereits vorhandenen Nukleotid-Einzelstrang anheften und dieser muss bereits mit dem komplementären Strang gepaart sein. Sie kann also die Vervollständigung eines DNA-Einzelstrangs zu einem Doppelstrang nur fortsetzen, nicht aber beginnen. In der PCR ermöglichen die aus ca. 20 Nukleotiden bestehenden **Primer** der Polymerase den Start der Synthese der Einzelstränge. Die Basensequenz am Beginn und am Ende des zu vermehrenden DNA-Stücks muss daher bekannt sein, weil sonst die Auswahl passender Primer nicht möglich ist.
Wie unter natürlichen Bedingungen bei der Replikation im Zuge der Zellteilung kann die Polymerase einen DNA-Strang **nur in eine Richtung** von 5’ nach 3’ fortschreitend synthetisieren (siehe Replikation, S. (1) 77 f.). Die Primer legen daher die Richtung der Synthese des Einzelstrangs fest. Sie bestimmen, wo die Replikation während der PCR beginnen soll. Dadurch kann man ein bestimmtes DNA-Stück **gezielt** vermehren, ohne es vorher aus dem gesamten DNA-Molekül herausschneiden zu müssen.

Anwendungen der PCR

Die PCR ermöglicht es, **genetische Defekte** wie Erbkrankheiten, Krebs u. Ä. nachzuweisen, auch wenn nur sehr wenige Zellen einer Gewebeprobe zur Verfügung stehen. Ebenso kann man anhand sehr weniger Viren mittels PCR nachweisen, ob eine **Infektion** stattgefunden hat und um welche Virenart es sich handelt. Die Analyse winziger Reste von DNA aus Fossilien, z. B. aus 40 000 Jahre alten, eingefrorenen Mammuts, und den Vergleich ihrer Basensequenz mit der DNA heutiger, mutmaßlicher Verwandter führt man mithilfe der PCR-Technik durch (**Verwandtschaftsanalyse**, siehe Evolution, S. (2) 30).

Auch die **Identifizierung von Personen** durch die Bestimmung der Länge bestimmter DNA-Abschnitte mit nur geringen Resten von Blut, Speichel oder Sperma, z. B. vom Tatort eines Gewaltverbrechens, gelingt mittels dieses Verfahrens (siehe genetischer Fingerabdruck, S. (2) 171 f.).

1.6 Elektrophorese

Bei einigen Verfahren der Gentechnik ist es erforderlich, verschiedene Moleküle wie Proteine oder DNA-Abschnitte voneinander zu trennen. Dies kann mithilfe der **Elektrophorese** geschehen. Ähnlich wie bei der Chromatografie laufen dabei die Moleküle unterschiedlich schnell durch eine Trägersubstanz. Als Träger dient eine dünne Gelplatte (Gelelektrophorese). Für die Bewegung der Moleküle sorgen Elektroden (Anode und Kathode) an den Enden der Gelplatte, die ein Gleichspannungsfeld aufbauen. Je nach Gesamtladung, Größe und Gestalt wandern die Moleküle verschieden schnell und damit verschieden weit zu einem Pol des elektrischen Feldes, und zwar von der Kathode (Minus-Pol) zur Anode (Plus-Pol). Dabei behindert das Gel **kurze** DNA-Stücke nur wenig. Sie laufen schnell und legen daher in einer bestimmten Zeit eine größere Strecke im Gel zurück als lange DNA-Stücke. Um die dadurch entstehenden Bereiche, in denen sich gleich oder ähnlich lange DNA-Stücke gesammelt haben, **sichtbar** zu machen, werden die DNA-Abschnitte mit **fluoreszierenden** Farbstoffen markiert. Danach ist auf der Gelplatte ein leuchtendes Bandenmuster erkennbar. Alternativ ist auch eine **radioaktive** Markierung der DNA-Stücke möglich. Bei diesem Verfahren wird nach der Elektrophorese zunächst ein strahlungsempfindlicher Film auf die Gelplatte gelegt. Die radioaktive Strahlung der DNA in den Banden schwärzt dann den Film und erzeugt so ebenfalls ein Bandenmuster (Autoradiografie).
Die so voneinander in Banden getrennten, nach ihrer Länge geordneten DNA-Stücke lassen sich durch mitgelaufene **Kontroll-DNA-Stücke** bekannter Länge identifizieren. Die DNA einer Bande kann aber auch aus der Gelplatte gelöst und für weitere Arbeitsschritte verwendet werden. Entsprechendes gilt für die Elektrophorese anderer Substanzen, z. B. für Proteine.

Bei der **Elektrophorese** trennen sich die unterschiedlichen Moleküle einer Lösung durch verschieden weite **Wanderungen in einem elektrischen Feld**.

Zusammenfassung

- Gene lassen sich durch **Restriktionsenzyme** aus der DNA eines Spenderorganismus herausschneiden.
- Mithilfe des Enzyms **reverse Transkriptase** kann an einer mRNA ein DNA-Stück erzeugt werden, das in den wesentlichen Basenfolgen einem bestimmten Gen entspricht.
- Zur **Übertragung eines Gens auf ein Bakterium** können **Plasmide** dienen. In **Eukaryoten** können DNA-Stücke durch **Viren, Partikelpistolen, Liposomen oder Mikroinjektion** eingeschleust werden.
- Wenn gleichzeitig mit einem Fremdgen auch Gene übertragen werden, die eine **Resistenz gegen bestimmte Antibiotika** bedingen, lassen sich die Zellen ausfindig machen, in denen der **Transfer** des gewünschten Gens **erfolgreich** war.
- **Gensonden** werden verwendet, wenn geprüft werden soll, ob Zellen ein bestimmtes Gen enthalten.
- In der **PCR** laufen in kurzen Abständen nacheinander **Replikationen** ab, sodass aus einer geringen Menge an DNA eine **sehr hohe Zahl identischer DNA-Moleküle** entsteht.
- Ein Gemisch verschiedener DNA-Stücke lässt sich in der **Elektrophorese auftrennen**.

ufgaben

150 Restriktionsenzyme sind wichtige Werkzeuge der Gentechnik.
- a Erläutern Sie die Funktion der Restriktionsenzyme.
- b Beschreiben Sie die Aufgaben, die Restriktionsenzyme unter natürlichen Bedingungen erfüllen.

151 Erklären Sie, warum man beim Gentransfer mithilfe von Plasmiden das gleiche Restriktionsenzym dazu verwendet, das zu übertragende Gen aus der DNA des Spenderorganismus herauszuschneiden, sowie die Plasmide, die als Vektoren dienen sollen, aufzutrennen.

152 Gentechniker benutzen in einigen Verfahren mRNA, um DNA-Moleküle zu synthetisieren. Beschreiben Sie in Stichpunkten diese Methode der DNA-Synthese.

153 Ein durch die Verkettung von Nukleotiden *in vitro* künstlich hergestelltes Gen trägt zwar die gleiche Information wie das in der natürlichen DNA eines Organismus vorkommende Gen, es besitzt aber nicht unbedingt eine identische Basensequenz. Erklären Sie dieses Phänomen.

154 Hefezellen sind Eukaryoten, d. h. sie haben einen Zellkern und mehrere Chromosomen. Zusätzlich können sie auch Plasmide enthalten. Dies ist untypisch für eukaryotische Zellen.
Erläutern Sie, warum Hefen durch diese Besonderheit für bestimmte gentechnische Verfahren besonders geeignet sind. Berücksichtigen Sie dabei auch, dass Prokaryoten nicht in allen Fällen die gleiche Art der Transkription und Translation haben wie Eukaryoten.

155 Nennen Sie die richtigen Aussagen.
Als Vektoren können in der Gentechnik

a Plasmide
b embryonale Stammzellen
c Bakteriophagen
d Retroviren
e Geschlechtschromosomen
f Restriktionsenzyme
g DNA-Polymerase
h Genbanken

dienen.

156 (Themenübergreifende Aufgabe)
Die direkte Übertragung von Genen ohne die Verwendung von Vektoren wie Viren oder Bakterien ist bei Pflanzen schwieriger als bei Tieren.

a Erklären Sie diese Schwierigkeit.
b Beschreiben Sie die Vorbehandlung von Pflanzenzellen, durch die sich ein direkter Gentransfer erleichtern lässt.

157 Nennen Sie diejenigen Substanzen, Zellen oder Zellbestandteile, die mit der falschen gentechnischen Funktion oder Anwendung verknüpft sind.

a DNA-Polymerase – Zerschneiden der DNA
b Vektor – Transport von mRNA aus dem Zellkern in das Zytoplasma
c Restriktionsenzym – komplementäre Anlagerung von RNA-Nukleotiden an einen DNA-Einzelstrang
d Hybridplasmid – Übertragung fremder DNA-Stücke auf eine Bakterienzelle
e Gensonde – Nachweis von DNA-Bereichen mit bestimmter Basensequenz
f Bakteriophage – Herstellung von cDNA
g Virus – Übertragung von Fremdgenen auf Zellen von Eukaryoten
h Liposom – Auftrennen von Plasmiden

158 In der Gentechnik verwendet man in der Regel Plasmide, um Gene auf Bakterienzellen zu übertragen. Beschreiben Sie in Stichworten ein übliches Suchverfahren, mit dem diejenigen Bakterienzellen, die ein Plasmid aufgenommen haben, von solchen unterschieden werden können, die kein Plasmid enthalten.

159 Angenommen, eine Kultur von Bakterien (Kulturschale A) bestehe aus zwei Zelltypen:

- Typ I: mit Plasmid aus reiner Bakterien-DNA (ohne fremde DNA)
- Typ II: mit Hybridplasmid

Das Plasmid enthält ein Resistenzgen gegen das Antibiotikum Tetracyclin. Das fremde DNA-Stück liegt innerhalb dieses Resistenzgens.
Beschreiben Sie ein Suchverfahren, mit dem man die beiden Bakterientypen voneinander unterscheiden und weiter verwenden kann.

160 Wenn man Plasmide für den Gentransfer benutzt, entstehen während des Verfahrens der Übertragung von DNA-Stücken, die durch Restriktionsenzyme herausgeschnitten wurden, verschiedene Bakterientypen. Sie lassen sich in ihren genetischen Informationen unterscheiden.

a Beschreiben Sie in Stichworten solche Bakterientypen.
b Erklären Sie, welche der genannten Bakterientypen am seltensten entstehen. Begründen Sie die Antwort.

161 Nennen Sie die richtige Aussage.
Genbanken (Genbibliotheken), die sich durch das Verfahren des Gentransfers mithilfe von Plasmiden gewinnen lassen, bestehen aus Zellen, die außer der eigenen DNA

a alle dasselbe unbekannte, fremde DNA-Stück enthalten.
b verschiedenartige, fremde DNA-Stücke enthalten.
c nur das Gen enthalten, das übertragen werden soll.
d keine fremden DNA-Stücke enthalten.
f Gensonden enthalten, die für spätere Suchvorgänge verwendet werden können.

Erläutern Sie Ihre Antwort kurz.

162 Beschreiben Sie grob, wie sich eine Gensonde herstellen lässt, wenn der chemische Bau des Proteins bekannt ist, das das Genprodukt des gesuchten Gens darstellt. Stellen Sie kurz das Problem dar, das mit dem Verfahren verbunden ist.

163 Beim Gentransfer auf Bakterienzellen mithilfe von Plasmiden verläuft die Suche nach solchen Bakterienzellen, die ein Hybridplasmid mit dem gewünschten Fremdgen aufgenommen haben, in mehreren Schritten.
Erklären Sie, warum es nicht möglich ist, das Suchverfahren abzukürzen und gleich im ersten Arbeitsschritt mit Gensonden nach Bakterienzellen zu suchen, die das gewünschte Fremdgen enthalten.

164 Zum Nachweis von Salmonellen, das sind gefährliche, krankheitserregende Bakterien in Lebensmitteln, müssen bei traditioneller Vorgehensweise zunächst Bakterienkulturen angelegt werden. Sehr viel schneller ist eine neue Nachweismethode mithilfe von Gensonden.
Erläutern Sie grob, wie sich Salmonellen mithilfe von Gensonden auch ohne die Anlage von Bakterienkulturen nachweisen lassen.

165 Beim Menschen ist zur Blutgerinnung ein Protein, der Faktor VIII, erforderlich. Bei Bluterkranken ist das Gen, das die Information für den Faktor VIII trägt, defekt. 1997 ist es gelungen, menschliche cDNA für den Faktor VIII auf Schweineembryonen zu übertragen.
Beschreiben Sie den Vorgang, durch den man die cDNA des Menschen für den Faktor VIII gewinnen konnte.

166 Nennen Sie von den unten aufgeführten Verfahren diejenigen, die geeignet sind, um die in Aufgabe 165 erwähnte cDNA für den Faktor VIII auf Zellen von Schweineembryonen zu übertragen.

- a Gelelektrophorese
- b Einschleusen von Plasmiden
- c Infektion mit Viren, deren Nukleinsäure das menschliche Gen für den Faktor VIII enthält
- d Test auf Resistenz gegen Antibiotika
- e Durchlöcherung der Zellmembran der Schweinezellen und anschließende Zugabe des menschlichen Gens für den Faktor VIII
- f Stempeltechnik (Replika-Plattierung)
- g Liposomen, die das menschliche Gen für den Faktor VIII enthalten
- h Injektion des menschlichen Gens für den Faktor VIII mit feinen Glaskanülen in den Zellkern

167 Beschreiben Sie in groben Zügen, wie mithilfe von Gensonden nachgewiesen werden kann, ob ein Mensch ein Allel für eine bestimmte Erbkrankheit trägt oder nicht. Gehen Sie dabei davon aus, dass die Basensequenz des veränderten Allels bekannt ist.

168 Nennen Sie von den genannten Substanzen und Organellen diejenigen, die u. a. in einem Ansatz vorhanden sind, in dem die PCR abläuft.

- **a** Restriktionsenzyme
- **b** vier Arten von DNA-Nukleotiden
- **c** vier Arten von RNA-Nukleotiden
- **d** der zu vermehrende DNA-Bereich
- **e** DNA-Polymerase
- **f** Primer
- **g** Zellkerne
- **h** Ribosomen
- **i** Gensonden

169 Abb. 77 zeigt die Basensequenz eines Stücks aus einem DNA-Doppelstrang. Der Beginn und das Ende des Abschnitts, der durch eine PCR vermehrt werden soll, sind mit Pfeilen markiert. Die DNA-Polymerase kann vom Primer ausgehend einen komplementären Strang nur in Richtung vom 5'-Ende zum 3'-Ende der DNA aufbauen.

Beginn ↓ … Ende ↓

3'GGTATCAGGCCATAGTCCCAGCGGTTA5'
5'CCATAGTCCGGTATCAGGGTCGCCAAT3'

Abb. 77: Basensequenz eines DNA-Stücks.

- **a** Stellen Sie die Primer dar, die erforderlich sind. Zur Vereinfachung sollen Primer angegeben werden, die aus nur vier Basen bestehen.
- **b** Zeichnen Sie das DNA-Molekül in der Phase der PCR, in der sich die Primer bereits angelagert haben.
- **c** Stellen Sie die DNA-Moleküle dar, die nach dem ersten und nach dem zweiten PCR-Zyklus entstanden sind.

170 Die PCR wird in Verfahren mit unterschiedlichen Zielen verwendet. Nennen Sie von den unten aufgeführten Untersuchungen diejenigen, in deren Verlauf die PCR eingesetzt wird.

- **a** Nachweis genetischer Veränderungen beim Menschen
- **b** Nutzung als Vektor zur Übertragung eines Gens auf eine eukaryotische Zelle
- **c** Nachweis einer Infektion mit bestimmten Viren
- **d** Analyse von DNA-Resten aus Fossilien
- **e** Analyse der DNA in Resten von Blut, Speichel, Sperma u. Ä. (genetischer Fingerabdruck)
- **f** Nachweis des Verlustes der Resistenz gegen ein Antibiotikum
- **g** Nachweis von Plasmiden

171 Die in der PCR verwendete DNA-Polymerase stammt aus einem ungewöhnlich hohe Temperaturen ertragenden Bakterium *(Thermus aquaticus)*. Diese *Taq*-Polymerase hat ein Temperaturoptimum von 72 °C. Bei einer Temperatur von 90 °C ist sie nicht aktiv, ihre chemische Struktur bleibt aber auch bei einer so hohen Temperatur stabil. Erläutern Sie, warum die *Taq*-Polymerase für die PCR besser geeignet ist als eine „normale" Polymerase.

172 Wenn man DNA, die gentechnisch übertragen werden soll, vor dem Beginn des Gentransfers mithilfe der PCR vermehrt, erhöht sich die Wahrscheinlichkeit, dass eine Empfängerzelle das gewünschte Gen aufnimmt und nicht einen anderen Abschnitt der Spender-DNA. Erklären Sie dieses Phänomen.

173 DNA, die mit einem bestimmten Restriktionsenzym behandelt wurde, trennt sich in der Elektrophorese in Banden auf. Nennen Sie das Merkmal, in dem sich die DNA jeder der Banden ähnelt.

2 Chancen und Risiken der Gentechnik und -diagnostik

2.1 Nutzung transgener Mikroorganismen

Im vorangegangenen Kapitel wurden vor allem die Erkenntnisse und Verfahrensweisen dargestellt, die die Grundlagenforschung betreffen. Im Folgenden geht es um die Anwendung gentechnischer Verfahren in der Medizin und in einigen anderen Bereichen. Organismen wie Viren und Mikroorganismen, v. a. Bakterien und Hefen mit gentechnisch veränderter Erbinformation lassen sich medizinisch und wirtschaftlich nutzen.

Einsatz in Medizin und Gesundheitsvorsorge

Mithilfe von Bakterien oder Hefezellen, in die menschliche Gene oder Gene von Krankheitserregern eingeschleust wurden, können heute bereits einige **Medikamente und Impfstoffe** hergestellt werden. Sie sind in der Regel preiswert und besonders gut verträglich. Beispiele dafür sind in der Tab. 12 aufgeführt.

Wirkstoff	Kurzbeschreibung
Insulin	Ein Hormon der Bauchspeicheldrüse, das den Zuckerhaushalt regelt. Bei Insulinmangel kommt es zu Diabetes (Zuckerkrankheit). Das gentechnisch hergestellte Insulin ist chemisch identisch mit dem des Menschen. Das auf herkömmliche Weise, aus den Bauchspeicheldrüsen von Tieren erzeugte Hormon weist leichte Unterschiede zum menschlichen Insulin auf.
Interferon	Eine Substanz, die das Immunsystem stärkt und in bestimmten Fällen gegen Tumore eingesetzt werden kann.
Blutgerinnungsfaktor VIII	Zur Behandlung der Bluterkrankheit (Hämophilie). Der Verlust der Gerinnungsfähigkeit führt zu starkem Blutverlust auch bei nur kleinen Wunden (z. B. Verletzungen der Kapillaren in der Muskulatur durch Druck oder Schläge).
Impfstoff gegen Hepatitis B	Aktive Immunisierung gegen ein Virus, das eine sehr gefährliche Form der Leberentzündung hervorruft, durch gentechnisch hergestellte Antigene des Erregers. Gewonnen wird der Impfstoff aus transgenen Hefezellen.
Erythropoetin	Eine Substanz, die die Bildung von roten Blutkörperchen anregt. Wird medizinisch zur Behandlung bestimmter Formen der Blutarmut (Anämie) eingesetzt, allerdings auch im Leistungssport als Dopingmittel missbraucht.

Tab. 12: Mithilfe der Gentechnik hergestellte Produkte.

Gentechnik in Industrie und Umweltschutz

Ein Beispiel für den Einsatz der Gentechnik in der **Lebensmittelherstellung** ist die Steigerung der Effektivität der Mikroorganismen bei der Herstellung von Backwaren, Bier, Milch- und Käseprodukten, Vitaminen, Aromastoffen, Enzymen und anderen Proteinen. Häufig setzt man Enzyme ein, die von gentechnisch veränderten Mikroorganismen gebildet wurden.

Beispiele

- Labferment (Chymosin): Es ersetzt das Enzym, das früher aus den Labmägen von Kälbern gewonnen wurde. Labferment dient bei der Herstellung von Käse dazu, das Milcheiweiß auszufällen.
- Verschiedene Enzyme, die Stärke zu Zucker abbauen: Der so gewonnene Zuckersirup ersetzt den traditionellen Zucker in Kuchen, Süßwaren, Limonaden u. Ä.

Im Bereich der **Rohstoffgewinnung** kann die Gentechnik den Entzug von Mineralien aus Erzen durch gentechnisch veränderte Bakterien verbessern oder auch die Herstellung von Alkohol durch veränderte Hefestämme optimieren. Im **Umweltschutz** schließlich kann durch gentechnische Veränderungen eine Leistungssteigerung von Mikroorganismen erreicht werden, etwa bei der Reinigung von Abwässern, der Kompostierung, der Gewinnung von Biogas oder beim Abbau von Schadstoffen im Boden oder im Wasser, z. B. von Ölrückständen.

Risiken der Gentechnik mit Mikroorganismen und Viren

Die Manipulation des Erbgutes von Mikroorganismen und Viren birgt folgende, bisher schwer überschaubare Risiken:

- Durch die Veränderung der genetischen Information könnten neue Krankheitserreger entstehen, die nur schwer zu bekämpfen sind.
- Gentechnisch veränderte DNA eines Bakterien- oder Virenstammes könnte unbeabsichtigt auf andere Stämme übergehen (horizontaler Gentransfer), sodass neue Genkombinationen entstehen, deren Wirkungen nicht vorauszusehen sind. Bei Bakterien ist der horizontale Gentransfer auch zwischen Zellen möglich, die zu verschiedenen Arten gehören; sogar eine Übertragung auf Pflanzen ist denkbar.
- Gentechnisch veränderte Bakterien lassen sich als biologische Kampfmittel mit ungeahnter Wirkung militärisch nutzen, auch von Terroristen.
- Transgene Mikroorganismen und Viren könnten aus den Labors „entkommen" und im Freiland in Wechselwirkung mit anderen Umweltbedingungen und anderen Organismen unvorhersehbare Wirkungen haben.

2.2 Pflanzenzüchtung

Chancen der Pflanzenzüchtung mit gentechnischen Methoden

Die Gentechnik eröffnet bei der Züchtung von Pflanzen völlig neue Möglichkeiten. Beispiele für gentechnische Veränderungen von Nutzpflanzen sind:

- **Resistenz gegen Schädlinge und Krankheitserreger:** Beim Anbau dieser Pflanzen kann man auf den Einsatz entsprechender Schutzmittel verzichten.

Beispiel

Bt-Mais: Auf diese Maissorte wurde das Gen eines Bakteriums *(Bacillus thuringensis)* übertragen. Das Genprodukt, ein giftiges Protein, tötet Insekten, nicht aber Wirbeltiere. Bt-Mais ist so vor dem Maiszünsler geschützt. Die Raupe dieses Schmetterlings ernährt sich vom Gewebe im Inneren des Maisstängels und ist daher vor Insektenvernichtungsmitteln geschützt, die auf den Feldern versprüht werden.

- **Toleranz gegen Unkrautvernichtungsmittel (Herbizide):** In die meisten gentechnisch veränderten Pflanzen, die heute angebaut werden, wurden Gene eingeschleust, die sie unempfindlich gegen Unkrautvernichtungsmittel machen. Beim Einsatz von Herbiziden auf den Äckern sterben so nur die Unkräuter, nicht aber die transgenen Nutzpflanzen. Eine bestimmte gentechnisch veränderte Sojasorte erträgt z. B. das Totalherbizid „Roundup".

- **Veränderung der Inhaltsstoffe:** Durch gentechnische Maßnahmen können Pflanzensorten so manipuliert werden, dass sie bestimmte Stoffe neu oder vermehrt bilden. Dadurch werden sie für die Verwertung günstiger.

Beispiele

Golden Rice (Vitamin-A-Reis): Auf diese Reissorte wurden mehrere Gene übertragen, durch die die Pflanzen sehr viel Beta-Carotin, eine Vorstufe des Vitamins A, bilden.

Amflora-Kartoffel: Die Kartoffel stellt zwei verschiedene Formen von Stärke her, die Amylose und das Amylopektin. In die Amflora-Kartoffel wurde ein Gen eingefügt, das eine mRNA mit einer Basenfolge bildet, die komplementär zur Basenfolge der mRNA des Amylose-Gens ist. Man nennt eine solche RNA Antisense-mRNA. Die beiden mRNA-Moleküle können sich zu einem Doppelstrang zusammenlegen, sodass die mRNA des Amylose-Gens an den Ribosomen nicht mehr abgelesen werden kann (keine Translation möglich). Dadurch kann die Kartoffel keine Stärke mehr in Form von Amylose, sondern nur noch als Amylopektin bilden. Amylopektin wird vor allem für industrielle Zwecke genutzt.

Anti-Matsch-Tomate

(Flavr-Savr®-Tomate): Diese Tomatensorte wurde genau wie die Amflora-Kartoffel durch ein eingefügtes Gen verändert, das eine Antisense-mRNA bildet. Die Anti-Matsch-Tomate kann daher das Enzym Pektinase nicht mehr bilden. Die Pektinase lässt normalerweise die Tomaten bei der Reife matschig werden. Die Synthese des Enzyms kann durch die Antisense-Technik verhindert werden.

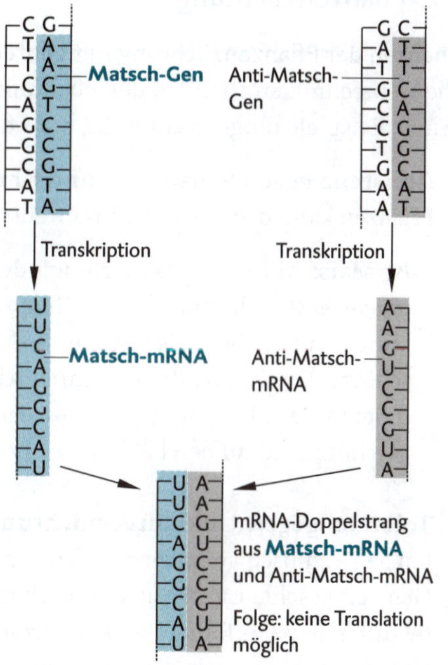

Abb. 78: Antisense-Technik bei der Anti-Matsch-Tomate.

Außerdem arbeitet man daran, mithilfe der Gentechnik Pflanzen herzustellen, die ungünstige Umweltfaktoren wie Trockenheit, Nässe, geringe oder hohe Temperaturen, versalzte oder versandete Böden oder sauren Regen besser ertragen. Allgemein ist das Ziel, eine höhere Fotosyntheseleistung und damit eine stärkere Nährstoffproduktion bei einem geringeren Bedarf an Mineralsalzen und Wasser zu erreichen.

Eine interessante Idee ist es, Pflanzen mithilfe der Gentechnik die Fähigkeit zu geben, den Stickstoff aus der Luft zu nutzen. Fast alle Pflanzen können Stickstoff nur mit dem Wasser aus dem Boden aufnehmen. Wenn sie wie bestimmte Mikroorganismen fähig wären, ihren Bedarf an Stickstoff aus der Luft zu decken, könnte die Stickstoffdüngung entfallen. Auf diese Weise könnte man auch die mit der Stickstoffdüngung verbundenen Umweltschäden vermeiden.

Einige der besprochenen Möglichkeiten sind bereits verwirklicht, an anderen, wie an der Übertragung der Gene, die die Nutzung des Luftstickstoffs ermöglichen, arbeitet man noch.

Risiken der Pflanzenzüchtung mit gentechnischen Methoden

Die gentechnische Veränderung von Pflanzen birgt, v. a. wenn diese im Freiland kultiviert werden, bestimmte Risiken für Mensch und Natur:

- In Kulturpflanzen eingeschleuste Fremdgene können unbeabsichtigt mit Pollen auf andere Pflanzen übertragen werden (horizontaler Gentransfer). Resistenzgene, z. B. gegen Schädlingsbekämpfungsmittel, können auf diese Weise von Kulturpflanzen in das Genom verwandter, wild wachsender Pflanzen gelangen und sich so im gesamten Lebensraum ausbreiten.
- Gentechnisch veränderte Pflanzen, auch solche, die unbeabsichtigt durch Pollenübertragung zu transgenen Pflanzen wurden, können durch ihre höhere Vitalität heimische Pflanzen verdrängen. Das kann die Verringerung der Artenvielfalt und tiefgreifende ökologische Störungen zur Folge haben.
- Fremdgene können durch Pollenübertragung von transgenen Pflanzen in gentechnisch unveränderte Nutzpflanzen gelangen. Davon betroffene Pflanzen könnte man dann nicht mehr als gentechnikfreie Produkte vermarkten.
- Transgene Pflanzen könnten unvorhergesehene, neue Proteine bilden, die Allergien auslösen oder andere gesundheitsgefährdende Wirkungen auf den Menschen haben.
- Übertragene Gene könnten dazu führen, dass außer den Schädlingen auch andere, im Naturhaushalt wichtige Tiere getötet werden. Besonders gefährlich wird es, wenn Bienen betroffen sind. Sie sind für die Bestäubung und damit für die Samen- und Fruchtbildung vieler Pflanzen von großer Bedeutung.
- Zuweilen werden mit den veränderten Genen Markergene übertragen, die eine Resistenz gegen bestimmte Antibiotika hervorrufen. Im Freiland besteht die Gefahr, dass diese Gene sich ausbreiten und die betreffenden Antibiotika auch beim Menschen wirkungslos machen.

2.3 Tierzüchtung und Tierhaltung

Anwendungsmöglichkeiten gentechnischer Methoden und Produkte

Im Bereich der Züchtung von Tieren sind folgende Anwendungen der Gentechnik denkbar:

- Einschleusen von Genen, die die Tiere z. B. schnellwüchsiger oder unempfindlicher gegen Krankheiten machen oder die die Qualität z. B. des Fleisches, der Milch oder der Wolle verbessern.
- Behandlung von Tieren mit gentechnisch hergestellten Substanzen zur **Produktionssteigerung** (Wachstumshormone, Impfstoffe u. Ä.).

- Transfer menschlicher Gene in das Genom von Tieren. Die transgenen Tiere können dann z. B. in ihren Milchdrüsen **Medikamente oder Impfstoffe** produzieren (siehe S. (2) 183).
- Tiere könnten gentechnisch so verändert werden, dass ihre Organe sich für die Transplantation auf den Menschen eignen. Dazu müssten vor allem die Membranproteine der tierischen Zellen durch menschliche Proteine ersetzt werden, um die Abstoßung durch Reaktionen des Immunsystems zu verhindern. Als Spendertiere eignen sich vor allem Schweine, da sie im Bau und in der Größe ähnliche Organe haben wie der Mensch.

Tiere als Modellorganismen

In der medizinischen Forschung verwendet man häufig Tiere, die gezielt gentechnisch verändert wurden. Durch das Ausschalten eines bestimmten Gens lässt sich mithilfe solcher Modelltiere erkennen, welche Wirkungen das betreffende Gen im gesunden Organismus hat, z. B. welches Produkt durch das Gen gebildet wird. Bei solchen Tieren, meist Labormäusen, lassen sich auf diese Weise gezielt Krankheiten auslösen, um Möglichkeiten der Therapie entwickeln und prüfen zu können.

Beispiele

Onkomäuse: Labormäuse, die durch eine gezielte Veränderung menschliche Krebsgene in ihrem Genom enthalten. Diese Mäuse erkranken an Krebs, sodass sich Ursachen des Krebs genau erkennen und Therapien an ihnen erproben lassen.

Knock-out-Mäuse: Tierstämme, bei denen bestimmte DNA-Abschnitte blockiert oder entfernt wurden. Die infolgedessen auftretenden Ausfallerscheinungen lassen Rückschlüsse auf die Wirkung der betreffenden Gene im Organismus zu.

Risiken der Gentechnik in der Tierhaltung

Der Einsatz der Gentechnik in der Tierzucht birgt Chancen, aber auch einige Risiken. So können transgene Tiere neben den gewünschten Veränderungen ungewünschte, **negative Merkmale** aufweisen, z. B. eine höhere Anfälligkeit für bestimmte Krankheiten oder Veränderungen des Skeletts. Außerdem könnten **Rückstände** von gentechnisch hergestellten Substanzen wie Hormonen, Impfstoffen usw. im Fleisch oder in der Milch gesundheitsschädlich sein. In der BRD müssen alle Lebens- und Futtermittel sowie alle Zusatzstoffe, die aus gentechnisch veränderten Organismen bestehen oder aus ihnen hergestellt wurden, mit folgenden Vermerken gekennzeichnet werden: „gentechnisch verändert" oder „aus gentechnisch veränderten … hergestellt".

Für Lebensmittel, die nicht aus, sondern nur mithilfe von transgenen Organismen produziert wurden, z. B. Fleisch, Eier oder Milch von Tieren, die mit transgenen Pflanzen gefüttert wurden, sind jedoch keine Angaben vorgeschrieben.

2.4 Gentherapie beim Menschen

Theoretisch lassen sich mit gentechnischen Methoden Erbkrankheiten des Menschen genetisch „behandeln“. Bisher ist das allerdings nur in sehr wenigen Fällen gelungen.

Somatische Gentherapie

Bei diesem gentechnischen Verfahren wird das veränderte Gen des Menschen, das in allen Körperzellen vorhanden ist, nur in den Körperbereichen korrigiert, in denen es aktiv ist, in denen es also zu Schädigungen führt. Durch Einschleusung von intakten Genen hofft man, in Zukunft viele schwere Erbkrankheiten heilen zu können. Gelungen ist dies bisher nur in einem Fall. Eine sehr seltene Immunschwäche lässt sich heute durch somatische Gentherapie heilen. Die Bemühungen um die gentechnische Therapie weiterer Erbkrankheiten, z. B. der Mukoviszidose, hat immerhin schon gewisse Fortschritte gebracht.

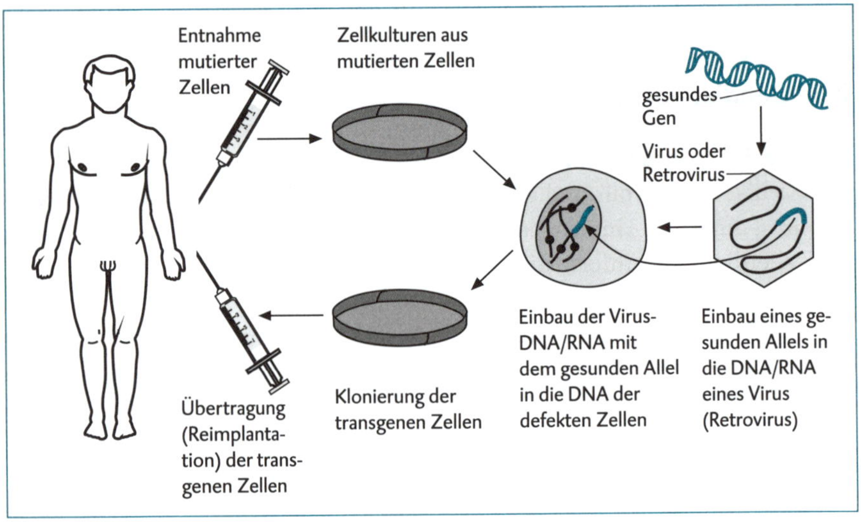

Abb. 79: Das Prinzip der somatischen Gentherapie.

Gentherapie an Keimzellen

Eine Veränderung der Gene kann schon an befruchteten Eizellen oder sehr frühen Embryonalstadien geschehen. Die Gentechnik ermöglicht die gezielte Manipulation der genetischen Information, sodass theoretisch Menschen mit exakt geplanten Eigenschaften entstehen könnten. Genetische Eingriffe in die **Keimbahn** des Menschen sind momentan in Deutschland aus ethischen und gesellschaftlichen Gründen verboten (siehe S. (2) 189).

> In der **somatischen Gentherapie** werden veränderte Gene in betroffenen Geweben und Organen beseitigt. Die Gentherapie an **Keimzellen** führt zur gezielten Änderung der genetischen Informationen aller Zellen eines Menschen.

Wenn es um **ethische Fragen** geht, kann ein Fachwissenschaftler, ein Biologe oder ein gentechnisch orientierter Mediziner nur die biologischen Sachverhalte, die Chancen und die Risiken der Gentechnik darstellen. Die Regeln und Normen des ethischen Handelns sowie der Umgang mit den Möglichkeiten, die die Gentechnik anbietet, fallen in das Fachgebiet der Ethik und weiterer gesellschaftswissenschaftlicher Fächer sowie der Gesetzgebung und der Rechtsprechung. Die Biologie macht allein aus ihrem Fachgebiet heraus keine Aussagen, die Anspruch auf Verbindlichkeit erheben.

2.5 Gendiagnostik

Analyse der Basensequenz

Inzwischen ist die vollständige Basensequenz der DNA des Menschen, seines Genoms, durch das Humangenom-Projekt (HUGO) aufgeklärt worden. Damit sind allerdings die informationstragenden Abschnitte der DNA, die Gene, noch nicht identifiziert. Ebenfalls ist für die bereits bekannten Gene in den meisten Fällen noch unklar, welche Wirkung die von ihnen codierten Proteine im Stoffwechsel der Zelle haben. Die Gentechnik erlaubt, die genetische Information von Menschen und Tieren gezielt zu analysieren, z. B. mithilfe von Gensonden. Die Möglichkeit, festzustellen, ob ein Organismus bestimmte Gene in sich trägt, eröffnet **neue Chancen**, birgt aber auch **viele Risiken** (siehe S. (2) 172 f.).

Der genetische Fingerabdruck

Die DNA des Menschen ist bei allen Individuen ähnlich, aber mit Ausnahme von eineiigen Zwillingen nie vollständig identisch. Beim Verfahren des „genetischen Fingerabdrucks“ *(genetic fingerprinting)* vergleicht man diejenigen DNA-Bereiche, die sich von Person zu Person besonders stark unterscheiden, um einen Menschen zuverlässig zu identifizieren. Auffällige und für jeden Menschen typische Unterschiede weisen vor allem solche DNA-Bereiche auf, die **nicht für ein Protein codieren**. Besonders geeignet für den genetischen Fingerabdruck sind diejenigen Bereiche, in denen sich bestimmte, sehr kurze Basenfolgen, sogenannte repetitive Sequenzen, wiederholen. Diese DNA-Bereiche sind von Mensch zu Mensch verschieden. Sie werden als **polymorphe Bereiche** bezeichnet. Nach dem Zerschneiden mit einem bestimmten Restriktionsenzym ergibt sich daher ein für jeden Menschen charakteristisches, einzigartiges Muster unterschiedlich langer DNA-Stücke (DNA-Fragmente). Mutationen in diesen Bereichen bleiben über sehr lange Zeit erhalten, da sie keine Merkmalsänderungen zur Folge haben und daher nicht der Selektion unterliegen (siehe Evolution, S. (2) 61). Durch jede Mutation kann aber eine neue Schnittstelle für ein Restriktionsenzym entstehen oder eine vorhandene Schnittstelle verschwinden. Aus diesem Grund ist damit zu rechnen, dass sich in den polymorphen Bereichen verschiedener Personen unterschiedlich viele Schnittstellen für ein bestimmtes Restriktionsenzym befinden. Behandelt man die DNA verschiedener Menschen mit einem bestimmten Restriktionsenzym, entsteht daher ein für jeden Menschen **typisches Gemisch aus DNA-Fragmenten** unterschiedlicher Länge. Sind viele Schnittstellen für das Restriktionsenzym vorhanden, enthält das Gemisch mehr und kürzere DNA-Stücke als bei wenigen Schnittstellen.

Das Verfahren des genetischen Fingerabdrucks läuft in folgenden Schritten ab:

1 **Isolierung von DNA**, z. B. aus Zellen der Mundschleimhaut, aus Zellen in einem Blutfleck, in Speichelresten auf Zigaretten, in Spermaresten usw.

2 **Vervielfältigung** bestimmter polymorpher Bereiche der DNA mithilfe der PCR (siehe S. (2) 153 ff.).

3 Behandlung der polymorphen Bereiche mit bestimmten Restriktionsenzymen. Dadurch wird die DNA in unterschiedlich lange Stücke zerlegt, es entstehen **Restriktionsfragmente** der DNA.

4 Elektrophorese des Gemisches aus unterschiedlich langen DNA-Stücken. Dabei trennen sich die Restriktionsfragmente entsprechend ihrer Länge auf und bilden ein **Bandenmuster**. Die Banden werden durch Fluoreszenz oder radioaktive Markierung sichtbar gemacht.

Jeder Mensch hat eine für ihn charakteristische Zusammensetzung aus Restriktionsfragmenten. In der Kriminalistik kann man daher durch den **Vergleich der Bandenmuster**, die die Elektrophorese liefert, exakt feststellen, ob z. B. ein Blutfleck oder Spermarest von einer verdächtigen Person stammt oder nicht. Zur Absicherung des Analyse-Ergebnisses werden beim genetischen Fingerabdruck **drei verschiedene DNA-Bereiche** untersucht.

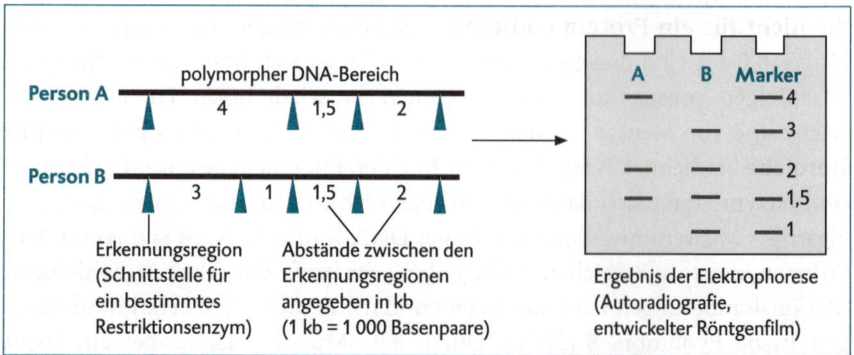

Abb. 80: Das Prinzip des genetischen Fingerabdrucks. Als Marker dienen DNA-Stücke mit bekannter Länge.

Chancen der Gendiagnostik

Gendiagnostische Verfahren bieten eine Vielzahl von Chancen:

- **Erbkrankheiten** können frühzeitig festgestellt werden. So lassen sich noch vor ihrem Ausbruch prophylaktisch medizinische Maßnahmen treffen.
- Eine gezielte **genetische Beratung** von Paaren, in deren Familien Erbkrankheiten vorkommen, ist möglich.
- Während der Schwangerschaft können genetische Untersuchungen derjenigen Gene durchgeführt werden, deren Defekte Krankheiten verursachen können. Bei einer Befruchtung im Reagenzglas (*In-vitro*-Fertilisation) lassen sich durch die Gendiagnose Embryonen mit verändertem Genotyp frühzeitig erkennen.
- In der **Kriminalistik** lässt sich ein Täter mit sehr hoher Wahrscheinlichkeit identifizieren, auch wenn nur geringe Mengen seiner DNA am Tatort sichergestellt werden konnten.

Risiken der Gendiagnostik

Das Wissen darüber, welche Gene ein Organismus in sich trägt, wirft ernst zu nehmende **ethische** und **soziale Fragen** auf, insbesondere im Umgang mit der Möglichkeit der genetischen Analyse des Menschen. Solche z. T. heftig diskutierten Fragen sind z. B.:

- **Wer** soll berechtigt sein, das Genom eines Menschen untersuchen zu lassen, um z. B. festzustellen, ob bestimmte Gene verändert sind?
- Darf die Kenntnis über die Gene eines Menschen benutzt werden, um dessen **Eignung** für einen bestimmten Beruf oder Arbeitsplatz zu prüfen?
- Darf die Kenntnis des Genoms eines Menschen von Versicherungsunternehmen genutzt werden, um die Höhe der Beiträge in Abhängigkeit von **zu erwartenden Krankheiten** oder von der **mutmaßlichen Lebensdauer** der Person festzusetzen?
- Ist es bereits diskriminierend, wenn Versicherungen für diejenigen Personen einen günstigeren Tarif anbieten, die bereit sind, sich einem Gentest zu unterziehen?
- Ist ein Leben mit der Kenntnis davon, dass man mit einem hohen Risiko später an einer bestimmten Krankheit leiden wird, belastender als eines ohne dieses Wissen?

Bei der Beschäftigung mit diesem Thema darf man nicht vergessen, dass durch einen Gentest meist nur eine Disposition, also eine Anfälligkeit für eine bestimmte Krankheit festgestellt werden kann. Ob die betreffende Person überhaupt erkranken wird, und wenn ja, wann, lässt sich nicht genau voraussagen.
Die technisch bereits vorhandene Möglichkeit, Embryonen mit besonders vielen „gewünschten" bzw. besonders wenigen „nachteilig veränderten" Genen für eine Schwangerschaft auszuwählen (siehe S. (2) 181 ff. und 189), eröffnet die Möglichkeiten der **„Menschenzucht"**. In Deutschland sind solche Verfahren der **Eugenik** gesetzlich verboten.

Zusammenfassung

- Durch die **Gentechnik** lassen sich Organismen, v. a. Bakterien, so verändern, dass sie **Medikamente produzieren**, z. B. bestimmte Hormone oder Impfstoffe.
- Gentechnikern ist es durch die **Übertragung von Genen** gelungen, Pflanzen so zu verändern, dass sie z. B. gegen bestimmte Herbizide **resistent** sind, ungünstige Lebensbedingungen **besser ertragen**, einen **höheren Ertrag** bringen oder vom Menschen **gewünschte Inhaltsstoffe** besitzen.
- Die gentechnische Veränderung von Pflanzen kann sich ökologisch und evtl. auch medizinisch **ungünstig** auswirken.
- Gentechnisch veränderte Tiere werden u. a. als **Modellorganismen** in der biologischen und der medizinischen Forschung eingesetzt.
- Die Gentechnik eröffnet die Möglichkeit, **Gendefekte** durch **somatische Gentherapie** zu beheben. Allerdings ist das bisher in nur wenigen Fällen tatsächlich gelungen.
- Gentechnische Eingriffe in die **Keimbahn** des Menschen sind aus **ethischen Gründen** sehr bedenklich. In Deutschland sind sie **gesetzlich verboten**.
- Die **Basenfolge** des menschlichen Genoms ist seit Beendigung des ***Human Genome Projects*** bekannt. Der Informationsgehalt der Gene ist jedoch noch nicht vollständig geklärt.
- Durch das Verfahren des **genetischen Fingerabdrucks** lässt sich die DNA aus Zellen, z. B. des Spermas oder der Mundschleimhaut, eindeutig **einer bestimmten Person zuordnen**.
- Die **Gendiagnostik** eröffnet einerseits Chancen, vor allem in der Medizin und Kriminalistik, birgt aber andererseits das Risiko, dass die Kenntnis der genetischen Ausstattung eines Menschen zur **Diskriminierung** führt oder in anderer Weise missbraucht wird.

Aufgaben

174 Nennen Sie zwei Beispiele für Substanzen, die heutzutage industriell mit gentechnischen Methoden hergestellt werden, sowie jeweils die Einsatzmöglichkeiten ihres gentechnischen Produkts.

175 Nennen Sie in Stichworten drei Beispiele für Bereiche, in denen die Herstellung und Nutzung transgener Mikroorganismen und Viren

a Chancen eröffnet.

b Risiken mit sich bringt.

176 Ein bisher nicht erreichtes Ziel der Gentechnik ist es, durch die Übertragung von Genen Kulturpflanzen unabhängig von der Stickstoffdüngung zu machen.

a Erläutern Sie die Fähigkeit, die Pflanzen durch den Gentransfer erhalten sollen.

b Beschreiben Sie, welche Vorteile Kulturpflanzen bringen würden, bei denen dieser Gentransfer gelungen ist.

177 Die Verwendung von gentechnisch veränderten Kulturpflanzen in der Landwirtschaft und in der Lebensmittelindustrie ist umstritten. Beschreiben Sie kurz drei ungünstige Folgen, die mit der Nutzung transgener Organismen in diesen Bereichen verbunden sein könnten.

178 Nennen Sie in Stichworten drei Anwendungsmöglichkeiten der Gentechnik in der Tierhaltung und -zucht.

179 Beim genetischen Fingerabdruck bilden sich in einer Gelelektrophorese Banden, die aus verschieden langen DNA-Stücken (Restriktionsfragmenten) bestehen. Diese Banden werden sichtbar gemacht, indem man radioaktiv oder mit fluoreszierenden Farbstoffen markierte Gensonden zugibt. Erklären Sie, warum dieses Verfahren am besten funktioniert, wenn man für den genetischen Fingerabdruck polymorphe Bereiche der DNA verwendet, die aus repetitiven Sequenzen bestehen (Abschnitte, in denen sich bestimmte, kurze Basenfolgen unterschiedlich häufig wiederholen).

180 Erklären Sie, warum die Analyse einzelner Gene nicht geeignet ist, um die Identität einer Person festzustellen, z. B. bei der Aufklärung von Gewaltverbrechen.

181 Bei der Aufklärung schwerer Verbrechen kommt immer öfter der Massen-Gentest zum Einsatz. Bestimmte Personengruppen werden dabei aufgefordert, eine DNA-Probe abzugeben. Anschließend kann mithilfe des genetischen Fingerabdrucks eine DNA-Probe vom Tatort mit der DNA der Testpersonen verglichen und der Täter, sofern er sich unter den getesteten Personen befindet, sicher identifiziert werden.
Beurteilen Sie die Stichhaltigkeit des Arguments, man lehne als ausgewählte Testperson die Abgabe einer DNA-Probe ab, da man niemandem Einblick in seine genetische Ausstattung gewähren wolle.

182 In einem Fall von Familienzusammenführung werden die leiblichen Kinder eines Elternpaares gesucht. In der Abb. 81 ist das Ergebnis der Elektrophorese schematisch dargestellt, durch die der genetische Fingerabdruck des Elternpaares und dreier Kinder angegeben wird.

- **a** Beschreiben Sie, wie sich die Banden bilden.
- **b** Nennen Sie das Kind oder die Kinder, die nicht die leiblichen Kinder der angegebenen Eltern sind. Begründen Sie Ihre Antwort kurz.

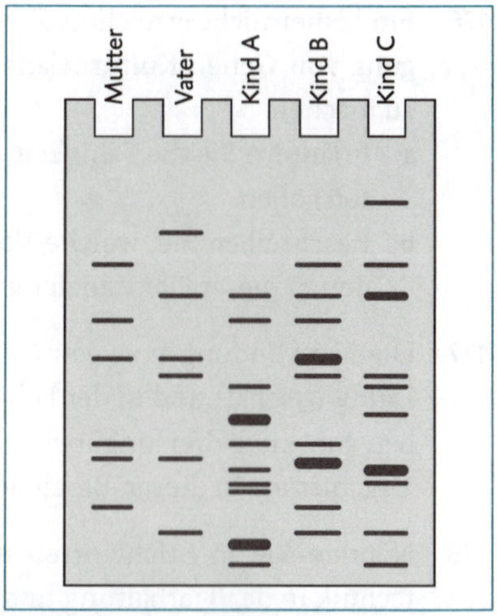

Abb. 81: Ergebnis einer Elektrophorese.

183 Nennen Sie die richtige(n) Aussage(n).
Seit dem Abschluss des Humangenom-Projekts ist Folgendes bekannt:

- **a** die Aminosäuresequenz aller Proteine der menschlichen Zelle
- **b** die Basensequenz der DNA des Menschen
- **c** der Beginn und das Ende aller Abschnitte der DNA des Menschen, die Gene darstellen
- **d** alle Enzyme der menschlichen Zelle
- **e** die Basensequenz vieler Gene, aber häufig nicht die Funktion der mit ihrer Hilfe entstehenden Genprodukte
- **f** für alle Gene des Menschen die Mechanismen, durch die Gene aktiviert werden können (Mechanismen die erforderlich sind, um die Information der Gene zu realisieren)

184 Die Möglichkeit, die genetischen Informationen eines Menschen in ausgewählten Bereichen gezielt festzustellen, wirft gesellschaftliche Fragen auf. Nennen Sie drei solche, bisher noch nicht endgültig geklärte Fragen.

185 Vergleichen Sie die Gentherapie an Keimzellen und die somatische Gentherapie beim Menschen.

186 Das Gift des transgenen Bt-Mais tötet die Larven des Maiszünslers, eines Schmetterlings. Die Firma Monsanto hat in die Linie MON88017 des Bt-Mais ein Gen eingeschleust, durch das die Pflanze ein Gift bildet, das auch die Larven des Maiswurzelbohrers, einer Blattkäferart, tötet.

Die Biologische Bundesanstalt für Land- und Forstwirtschaft machte Untersuchungen, um festzustellen, ob neben dem Maiswurzelbohrer auch andere Blattkäferarten, die in der Umgebung von Maisfeldern leben, vom Anbau des Bt-Mais betroffen sind.
Untersucht wurde unter anderem der Ampferblattkäfer. Unter natürlichen Bedingungen kommt der Ampferblattkäfer mit Maispollen in Kontakt, der von den Maisfeldern ausgeweht wird und sich auf den Blättern seiner Futterpflanzen ablagert. Auch die Maispollen enthalten das Gift.
Einige Ergebnisse der Untersuchung an Larven des Ampferblattkäfers sind in den Abb. 82 A und B dargestellt. Es ist jeweils der Anteil der Larven im ersten Larvenstadium in Prozent dargestellt, die im Versuch starben.

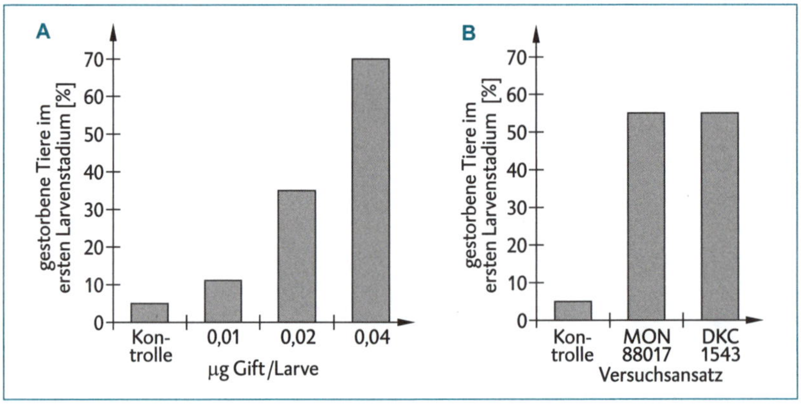

Abb. 82: Versuche mit Larven des Ampferblattkäfers im ersten Larvenstadium über jeweils 7 Tage.
A) Sterblichkeit der Larven, die bestimmte Giftmengen mit dem Futter aufgenommen hatten.
B) Sterblichkeit der Larven, die Pollen des Bt-Mais (MON88017) bzw. Pollen einer gentechnisch nicht veränderten Maissorte (DKC1543) gefressen hatten. Pro Larve wurden jeweils 750 Pollenkörner über die gesamte Entwicklungszeit verfüttert, wobei ein Bt-Mais-Pollenkorn im Durchschnitt $3{,}45 \times 10^{-6}$ µg des Giftes enthält.

a Beschreiben Sie die Ergebnisse der Untersuchung.

b Die Wissenschaftler, die die Untersuchung durchführten, vermuten, dass das in der Abb. 82 B dargestellte Ergebnis dadurch zu erklären ist, dass die Menge des aufgenommenen Gifts nur gering war. Prüfen Sie diese Vermutung.

c Beschreiben Sie die Versuchsanordnung der Kontrollversuche und begründen Sie die Notwendigkeit dieser Teilversuche.

d Unter den 518 in Deutschland vorkommenden Blattkäferarten wurden der Ampferblattkäfer und einige weitere Käfer für die Untersuchung ausgewählt. Als Kriterien für die Auswahl dienten Bedingungen in der freien Natur, durch die es wahrscheinlich wird, dass die Käfer oder ihre Larven das Gift des Bt-Mais beim Fressen aufnehmen. Formulieren Sie zwei solcher Bedingungen als Fragen.

e Erläutern Sie am Beispiel der bei d genannten Kriterien die Bedeutung der Grundlagenforschung entweder im Bereich der zoologischen Systematik oder der Ökologie.

3 Neue Methoden der Reproduktionsbiologie

3.1 Bildung und frühe Entwicklung von Embryonen

Die Reproduktionsbiologie greift in die Fortpflanzung von Organismen ein. Lebewesen können sich auf zwei verschiedene Arten vermehren:
Bei der **sexuellen Fortpflanzung** bilden die Individuen spezielle Fortpflanzungszellen **(Keimzellen)**, die Eizellen sowie Sperma- (Tiere) bzw. Pollenzellen (Pflanzen). Sie entstehen durch **Meiose** und sind bei diploiden Organismen **haploid**, d. h. sie haben einen einfachen Chromosomensatz. Pro Gen ist also nur ein Allel vorhanden (siehe S. (1) 81 f.). Die Keimzellen eines Organismus haben unterschiedliche genetische Informationen (**Rekombination** in der Meiose; siehe Anaphase der ersten Reifeteilung und Crossing-over, S. (2) 58 ff.). Außerdem unterscheiden sie sich in ihrer genetischen Information von den Körperzellen.
Aus einer befruchteten Eizelle entsteht durch **Mitosen** ein Embryo, der zu einem Organismus heranwächst. Dieser besitzt eine genetische Information, die sich von der seiner Eltern unterscheidet. Die Eizelle enthielt nur eine Auswahl der Allele der Mutter, ebenso war nur ein Teil der Allele des Vaters in der Spermazelle enthalten. Die Ursache dafür ist die Bildung dieser beiden Keimzellen durch die Meiose. Bei der Befruchtung kam es außerdem zu einer Neukombination von Allelen, durch die der Embryo jeweils die Hälfte seiner Allele von der Mutter und vom Vater erbte. Alle Körperzellen eines Embryos entstehen durch Mitosen. Daher sind sie genetisch identisch und enthalten die komplette genetische Information (siehe Replikation der DNA, S. (1) 77 ff.).

Die **Meiose** ist dafür verantwortlich, dass die Nachkommen bei **sexueller** Fortpflanzung eine andere genetische Information tragen als ihre Eltern und sich auch untereinander genetisch voneinander unterscheiden.

Bei **vegetativer** (ungeschlechtlicher, asexueller) **Fortpflanzung** entstehen die Nachkommen nicht aus Keimzellen, sondern aus Körperzellen eines Individuums. Die Fortpflanzung geschieht hier ohne Meiose und ohne Befruchtung, **allein durch Mitosen** (siehe S. (1) 79 f.). Alle Nachkommen sind daher untereinander und mit ihrem elterlichen Organismus genetisch identisch – sie bilden einen **Klon**. So gehören z. B. alle Nachkommen, die aus Knollen einer Kartoffelpflanze oder Ausläufern einer Erdbeerpflanze entstehen, zu einem Klon.

Vegetativ gebildete Nachkommen sind mit dem Organismus, aus dem sie entstanden sind, **genetisch identisch**.

Wenn sich ein Embryo bildet und zu einem fertigen Organismus heranwächst, entstehen Zellen, die verschieden gebaut und auf unterschiedliche Aufgaben spezialisiert sind. Diese **Zelldifferenzierung** ist möglich, weil nach einem festgelegten Programm nur jeweils bestimmte Gene in den Zellen der verschiedenen Körperregionen aktiv sind, während andere dauerhaft blockiert werden. Man spricht daher von **differenzieller Genaktivierung**. Aus differenzierten Zellen können nur solche Tochterzellen hervorgehen, die der Mutterzelle gleichen. Die ersten Zellen, die aus der Eizelle durch Mitose hervorgehen, haben in der Regel alle noch die Fähigkeit, einen **kompletten** neuen Organismus zu bilden, sie sind **totipotent** (omnipotent). In ihnen sind alle dafür erforderlichen Gene noch aktiv, sie können daher noch alle Zelltypen des ausgewachsenen Organismus bilden (siehe embryonale Stammzellen, S. (2) 186 und 188). Mit fortschreitender Differenzierung, d. h. mit zunehmendem Alter des Embryos, geht die Totipotenz verloren.

3.2 Künstliche Befruchtung

Künstliche Besamung

Die künstliche Besamung ist heute bei vielen **Nutztierarten** wie Rindern, Schweinen, Hühnern usw. die Standardmethode in der Zucht. Das Sperma weniger ausgesuchter, hoch leistungsfähiger Tiere wird weiblichen Tieren mit einer Kanüle durch die Vagina in die Gebärmutter (Uterus) injiziert. Auf diese Weise kann ein einziges männliches Tier eine außerordentlich hohe Zahl von Nachkommen haben. Das Sperma lässt sich tiefgefroren lange konservieren und gezielt zur Zeit des Eisprungs verwenden.

Auch beim **Menschen** lässt sich Sperma auf diese Weise künstlich in den Uterus einbringen. In einigen Ländern, v. a. in den USA, gibt es bereits „Samenbanken“, in denen man aus einem Katalog Sperma auswählen kann. In Europa stößt die Möglichkeit, Eigenschaften der Kinder, z. B. eine bestimmte Augen- oder Haarfarbe, auf diese Weise vorherzubestimmen, bei vielen Menschen auf Widerstand.

In-vitro-Fertilisation

Befruchtungen im Reagenzglas sind heute ebenfalls ein häufig verwendetes Verfahren. Der Ablauf ist bei Mensch und Tier sehr ähnlich:

1 **Stimulation des Eisprungs** (Ovulation = Reifen und Freisetzen von Eizellen im Eierstock) durch Injektion bestimmter **Hormone** in den Blutkreislauf. Meistens reifen dabei mehr Eizellen heran als unter normalen Umständen (Superovulation).
2 **Entnahme** der Eizellen aus dem Eierstock oder dem Eileiter.
3 **Mischung** der Eizellen mit den Spermien im Reagenzglas *(in vitro)*.
4 **Entwicklung** der Embryonen aus den befruchteten Eizellen.
5 **Einpflanzung** früher Embryonen, die erst aus wenigen Zellen bestehen, in den Uterus (Gebärmutter).
6 **Einnistung** der Embryonen in die Uterus-Schleimhaut.

In der Tierzucht wachsen die im Reagenzglas gezeugten Embryonen in der Regel in verschiedenen Muttertieren heran. Beim Menschen bleiben bei *In-vitro*-**Fertilisationen** meistens einige Embryonen „übrig“. Aufbewahrt in flüssigem Stickstoff können sie lange Zeit überleben. Eine offene ethische Frage ist, wie mit ihnen weiter zu verfahren ist (siehe S. (2) 189). Humanmediziner greifen besonders dann zur *In-vitro*-Fertilisation, wenn die Eileiter einer Frau blockiert sind, sodass die Eizelle nicht aus dem Eierstock in die Gebärmutter gelangen kann. Die Methode eröffnet aber auch die Möglichkeit, nur solche Embryonen in den Uterus einzupflanzen, die gezielt nach bestimmten **Merkmalen** ausgesucht wurden. Das kann zum Konflikt mit bisher anerkannten ethischen Grundregeln führen.

In der **Tiermedizin** bringt die *In-vitro*-Fertilisation wichtige Vorteile mit sich:

- Im Reagenzglas lässt sich der Embryo des Tieres zerlegen und dadurch vermehren. Aus jedem Teil kann ein Nachkommen heranwachsen (siehe Klonierung, S. (2) 182 ff., und Embryotransfer, S. (2) 182).
- Zellen des Embryos können gentechnisch verändert werden, was zur Entstehung **transgener Tiere** führt (siehe S. (2) 168 f.).
- Durch eine Gendiagnose ist es möglich, nur die Embryonen mit **erwünschten Eigenschaften** zur weiteren Entwicklung auszuwählen und in den Uterus zu übertragen.

Intra-Zytoplasmatische Sperma-Injektion (ICSI)

Die *In-vitro*-Fertilisation lässt sich auch gezielt mit nur **einem ganz bestimmten Spermium** durchführen. Die Spermienzelle wird dazu in eine außerordentlich dünne Kanüle gesaugt und direkt in das Zytoplasma der Eizelle injiziert. So können auch Spermien, die nur in sehr geringen Mengen vorhanden sind oder Schädigungen aufweisen, z. B. wenn sie unbeweglich sind, zur Befruchtung verwendet werden.

Präimplantations-Diagnostik (PID)

In den frühen Embryonalstadien sind alle Zellen totipotent. Der Verlust einer Zelle schadet daher dem Embryo in der Regel nicht. Da alle Zellen eines Embryos genetisch identisch sind, lässt sich an einer einzigen **entnommenen Zelle** feststellen, welche Gene der Embryo trägt. Entsprechend kann dann die **Auswahl** der Embryonen erfolgen, die zur weiteren Entwicklung in den Uterus übertragen werden sollen. Wenn z. B. ein Mann oder eine Frau Allele tragen, die eine Erbkrankheit hervorrufen, könnten sie durch die PID mit Sicherheit verhindern, Kinder zu bekommen, die an der betreffenden Erbkrankheit leiden werden. In Deutschland ist die PID seit 2011 zwar gesetzlich weiterhin im Grundsatz verboten, weil sie auch die Möglichkeit eröffnet, Embryonen gezielt nach anderen, nicht-medizinischen Merkmalen auszuwählen. Sie ist aber durch das neue Embryonenschutzgesetz in den Fällen zugelassen, in denen die Wahrscheinlichkeit erhöht ist, dass es zu einer Tot- oder Fehlgeburt kommt oder dass das Kind unter einer schweren Erbkrankheit leiden wird.

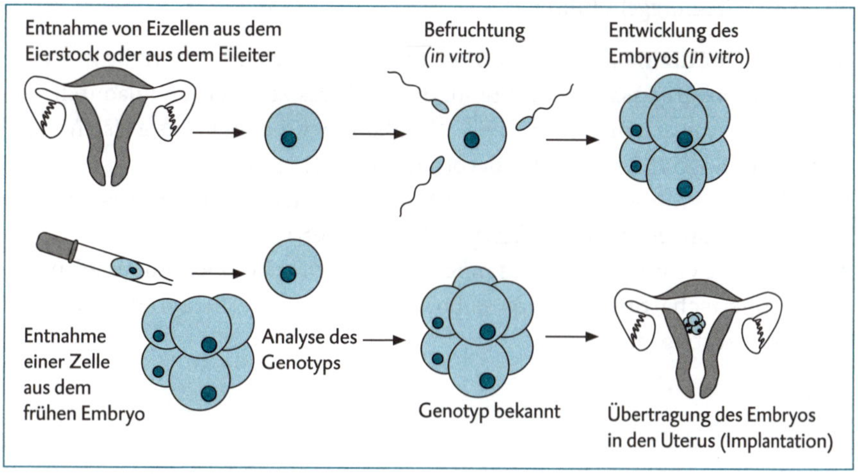

Abb. 83: Präimplantations-Diagnostik beim Menschen. Gentechnische Veränderung von Keimzellen und Embryonen.

Keimzellen oder Embryonen lassen sich im Reagenzglas gentechnisch verändern. Fremde Gene können mit den beschriebenen Methoden (siehe S. (2) 152) in das Genom einer Eizelle oder eines Embryos übertragen werden. Diese transgenen Embryonen lassen sich zerlegen und damit vervielfältigen. So entstehen beispielsweise Klone von Tieren, die menschliche Hormone in ihrer Milch bilden. Derartige Eingriffe in die Keimbahn sind auch beim Menschen denkbar, sie sind jedoch zurzeit weltweit gesetzlich verboten.

Embryonentransfer

Embryonen können auch in Tieren heranwachsen, die nicht ihre leiblichen Mütter sind. Auf diese Weise gelingt es in der Tierzucht, gleichzeitig mehrere Nachkommen eines besonders leistungsfähigen Tieres zu erzeugen. Bei Rindern geht man dabei folgendermaßen vor:

1 Hormonbehandlung einer Zuchtkuh, um viele Eizellen reifen zu lassen
2 Künstliche Besamung oder Entnahme der Eizellen und In-vitro-Fertilisation
3 Ausspülen der Embryonen aus dem Uterus, bevor sie sich in die Gebärmutterschleimhaut einnisten können, bzw. eventuell Zerlegung der *in vitro* entstandenen Embryonen
4 Einsetzen je eines Embryos in eine „Ammenkuh"
5 Heranwachsen der Embryonen in den Ammenkühen

Der Embryotransfer ist auch beim Menschen möglich. Der Embryo eines Paares wächst dann in einer zweiten Frau heran, einer **„Leihmutter"**. Die „physiologische Mutter", die Frau, in der das Kind heranwächst und die es gebiert, ist in einem solchen Fall nicht die „genetische Mutter", von der die Eizelle stammt. Wenn die Leihmutter nach der Geburt das Kind nicht aufzieht, sondern es an die genetische Mutter abgibt, ist sie auch nicht die „soziale Mutter". In Deutschland ist es Ärzten gesetzlich verboten, Embryonen in eine Leihmutter zu übertragen. Die Leihmutter und der Auftraggeber für den Embryotransfer machen sich aber nicht strafbar. In einigen europäischen Ländern, aber auch in Australien, in den USA und in Russland ist die Leihmutterschaft erlaubt.

3.3 Klonierung

Erzeugung geklonter Individuen

Tierzüchter haben häufig Interesse daran, möglichst viele **genetisch identische Individuen** eines besonders leistungsfähigen Tieres zu erhalten. Durch das Verfahren der **Klonierung** ist dies möglich. Die Individuen eines Klons entstehen dabei auf ungeschlechtlichem Weg ohne die Bildung von Keimzellen, also ohne Meiose, allein durch Mitosen.

Bisher sind zwei unterschiedliche Methoden der Klonierung möglich:

- **Embryonenteilung:** Ein Embryo wird zu einer Zeit geteilt, in der noch alle Zellen totipotent sind, häufig im Acht-Zell-Stadium. Da alle Zellen des Embryos erbgleich sind, entstehen aus diesen Zellen nur genetisch identische Embryonen.
- **Kernübertragung:** Der Kern einer Eizelle wird entfernt. Der Zellkern einer Körperzelle des Zuchttieres wird isoliert und auf die entkernte Eizelle übertragen. Der entstehende Embryo ist mit dem Zuchttier genetisch identisch. Durch Teilung des Embryos lässt sich die Zahl der Nachkommen erhöhen.

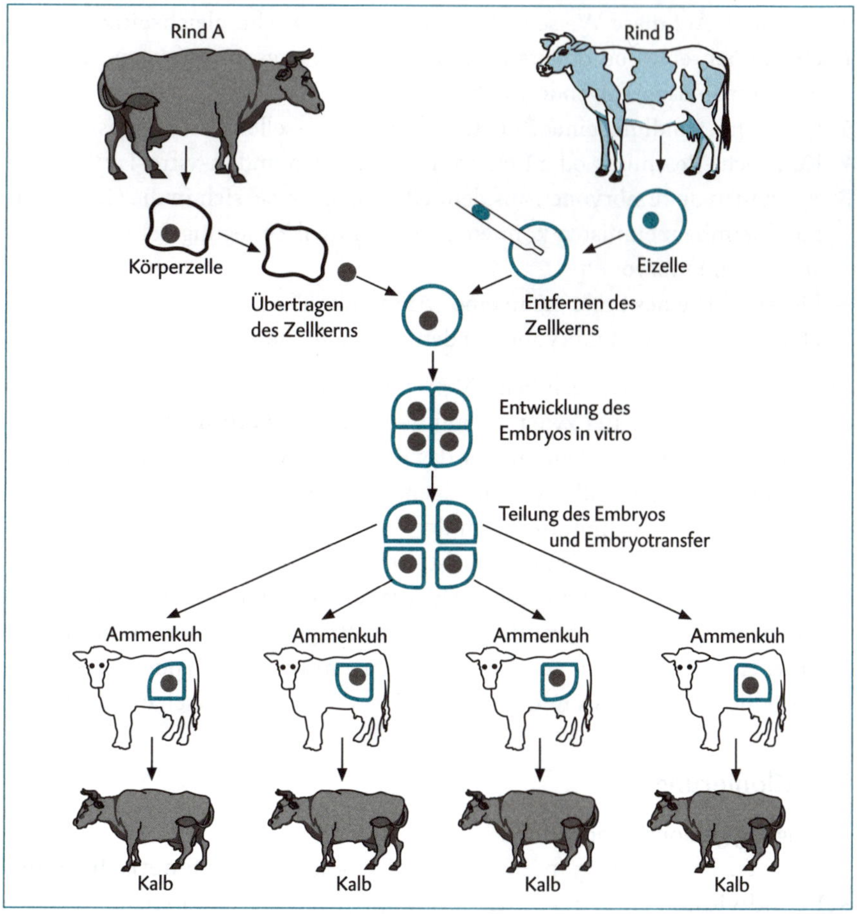

Abb. 84: Klonierung am Beispiel von Rindern (Kernübertragung).

Beispiel

Dolly, das erste Tier, das mithilfe somatischer Zellen kloniert wurde, das also genetisch identisch mit seinem Elterntier war, entstand aus dem Zellkern einer Körperzelle, die einem erwachsenen Schaf entnommen wurde. Dieser somatische Zellkern wurde auf die entkernte Eizelle eines anderen erwachsenen Schafes übertragen. Den daraus entstandenen Embryo brachte man zur weiteren Entwicklung in den Uterus eines dritten Schafes ein. An Dollys Entstehung waren also drei weibliche Schafe beteiligt, aber kein männliches.

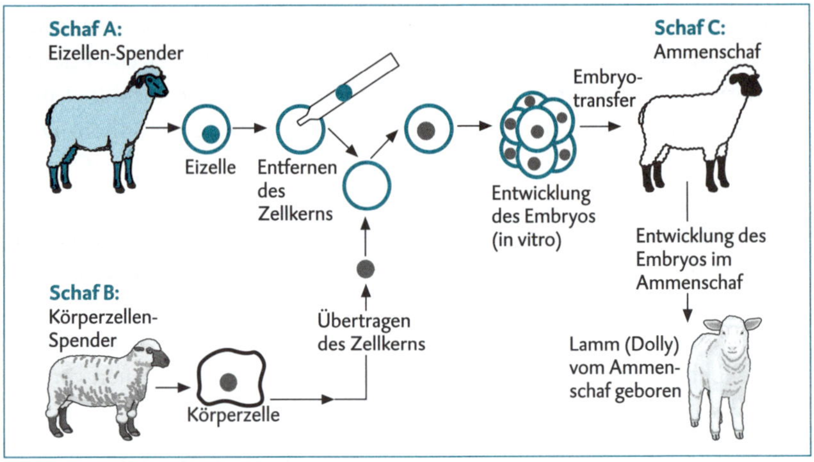

Abb. 85: Entstehung des Schafes „Dolly“ durch die Klonierung aus einer Körperzelle.

Die Klonierung ist in der Tierzucht besonders interessant, wenn transgene Tiere, die mit hohem Aufwand erzeugt wurden, vermehrt werden sollen. Prinzipiell ist auch die **Klonierung von Menschen** durch die Übertragung von somatischen Zellkernen möglich. Ein Kind würde dann von nur einem Elternteil abstammen, und es wäre genetisch identisch mit seinem „Vater“ oder seiner „Mutter“. Es wäre gleichzeitig Kind und eineiiger Zwilling des Vaters oder der Mutter. Die Klonierung von Menschen, auch das bloße Zerlegen menschlicher Embryonen, ist allerdings weltweit verboten.

Therapeutisches Klonen

Ziel des therapeutischen Klonens ist es, bestimmte Zelltypen, Gewebearten und evtl. sogar ganze Organe zu erzeugen, deren genetische Information identisch mit der eines bestimmten Menschen ist. Auf diese Weise wären **Transplantationen ohne Abstoßungsreaktion** möglich (siehe S. (1) 249).

Hierfür sind Zellen erforderlich, die einerseits mit dem Genom des Menschen genetisch identisch sind, auf den die Zellen, Gewebe oder Organe transplantiert werden sollen. Andererseits müssen sich diese Zellen zur Differenzierung anregen lassen, es müsste sich dabei also um **totipotente** oder mindestens **pluripotente** Zellen handeln, die sich teilen und dabei zu den gewünschten Zellen, Geweben oder Organen spezialisieren. Diese Bedingungen erfüllen **Stammzellen**, d. h. Zellen des Embryos **(embryonale Stammzellen)** oder des ausgewachsenen Organismus **(adulte Stammzellen)**, die die Totipotenz vollständig oder teilweise behalten haben. Pluripotente Zellen können mehrere, aber nicht alle Zelltypen bilden. Aus Stammzellen kann sich bei erwachsenen Organismen ein Gewebe oder ein Organ, z. B. die Haut nach Verletzungen, regenerieren. Technische Schwierigkeiten bereiten zurzeit noch die Kulturmedien, die die Differenzierung in den Zellkulturen steuern sollen. Daher ist noch nicht klar, ob es tatsächlich gelingen kann, transplantierbare Organe oder Organteile durch therapeutisches Klonen zu erzeugen. Eine Alternative zur Herstellung von Transplantaten mit zum Empfänger identischer genetischer Information könnte auch die folgende Methode sein: Der Zellkern einer Körperzelle des Transplantat-Empfängers wird in die entkernte Eizelle eines Tieres oder in eine Stammzelle aus einem menschlichen Embryo eingesetzt, dessen Zellkern entfernt wurde. Dazu ließen sich z. B. die Embryonen verwenden, die bei *In-vitro*-Fertilisationen „überzählig“ sind.

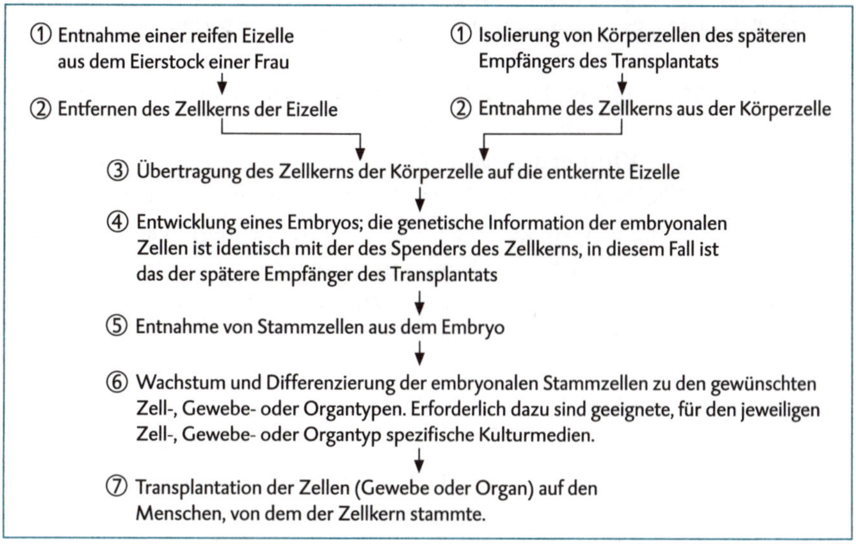

Abb. 86: Verfahren des therapeutischen Klonens mit embryonalen Stammzellen.

Diese Methoden sind ethisch bedenklich. Embryonen, denen Stammzellen entnommen werden, erhalten keine Gelegenheit heranzuwachsen. Ließe man dies zu, entstünde ein Klon (siehe Abb. 87). Die **Klonierung** von Menschen ist gesetzlich **verboten**. Der „Verbrauch“ und die Tötung von Embryonen sind in Deutschland nicht erlaubt.

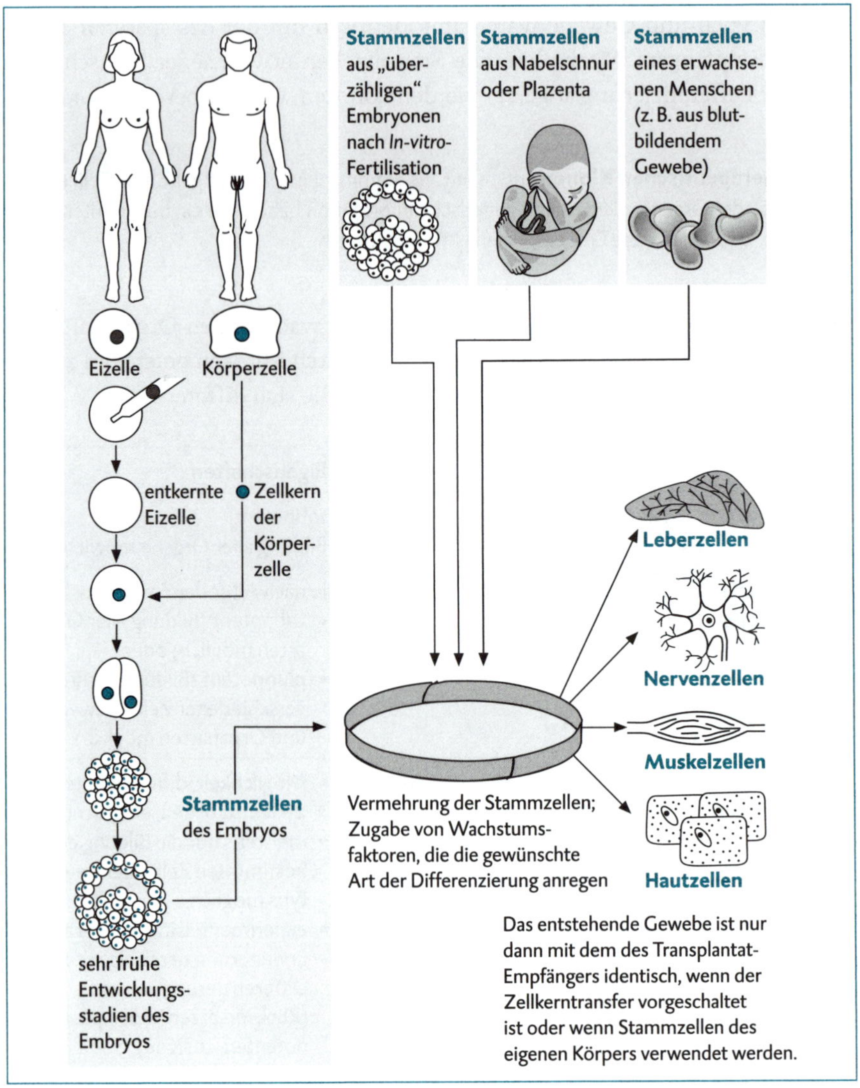

Abb. 87: Erzeugung differenzierter menschlicher Zellen aus Stammzellen.

Ethisch unbedenklich wäre es hingegen, wenn man zur Herstellung differenzierter Zelltypen (Gewebe, Organe) **Stammzellen aus dem Körper** desjenigen Menschen (adulte Stammzellen) verwenden könnte, der das Transplantat erhalten soll. Im Reagenzglas könnten sich die Stammzellen erwachsener Menschen durch die Zugabe bestimmter Substanzen so verändern lassen, dass sie pluripotent werden. Die genetische Information der aus ihnen entstehenden Zelltypen und Gewebe wäre dann identisch mit der des späteren Transplantat-Empfängers. Methoden, wie Stammzellen erwachsener Menschen zu gezielter Differenzierung angeregt werden könnten, werden bereits erforscht.

Beim **therapeutischen Klonen** entstehen aus Stammzellen eines Organismus Zellen, Gewebe oder Organe, die dieselbe genetische Information haben wie ein bestimmter Mensch, z. B. der spätere Empfänger eines Transplantats.

Stammzellen sorgen für die Differenzierung des wachsenden Organismus. Sie sind nicht oder nicht endgültig differenziert. Durch Mitosen entstehen aus ihnen entweder wieder Stammzellen oder Zellen, die sich differenzieren.

	Vorkommen	Eigenschaften
Eizelle	Nach der Befruchtung im Eileiter	totipotent; Bildung aller Organe möglich
Embryonale Stammzellen	Sehr junge Embryonen (vor der Einnistung des Embryos in die Gebärmutterschleimhaut)	Je nach Alter des Embryos: • totipotent (Bildung aller Organarten möglich) oder • pluripotent (Bildung mehrerer verschiedener Zell-, Gewebe- und Organarten möglich)
Adulte Stammzellen	In den meisten Geweben und Organen (z. B. in der Haut und auf der Darmoberfläche) Für die Verfahren der Reproduktionsbiologie und der therapeutischen Gentechnik besonders geeignet sind Stammzellen aus : • Nabelschnurblut • Plazenta • Knochenmark (Bildungsgewebe der Blut- und Immunzellen)	• Möglichkeit, differenzierte Zellen zu bilden, eingeschränkt; • meistens nur die Bildung eines bestimmten Zell- oder Gewebetyps möglich; • experimentell in einigen Fällen Erweiterung der Fähigkeit zur Differenzierung gelungen (Rückversetzen in den pluripotenten Zustand)

Tab. 13: Stammzellen bei Säugetieren und beim Menschen.

3.4 Ethische und juristische Fragen und Probleme

Aus den Möglichkeiten der modernen Reproduktionsbiologie ergeben sich sowohl ethische wie auch juristische Fragen und Probleme:

- Welche gesellschaftlichen Folgen hat es, wenn in zunehmendem Maße Männer als Spermaspender nur nach bestimmten, evtl. gerade modischen oder nur individuell bevorzugten Merkmalen ausgewählt werden?
- Welche Folgen kann die Anonymisierung und Entpersonalisierung der Fortpflanzung und die damit evtl. verbundene strenge Trennung von Sexualität und Fortpflanzung haben?
- Ist ein Samenspender oder eine Eispenderin in jedem Fall auch im juristischen Sinn der Vater bzw. die Mutter des entstehenden Kindes?
- Was soll mit Embryonen geschehen, die bei *In-vitro*-Fertilisationen entstanden sind, die aber nicht in den Uterus eingepflanzt werden? Dürfen sie getötet, zu Forschungszwecken verwendet oder zum therapeutischen Klonen eingesetzt werden?
- Darf man aus den Embryonen, die durch *In-vitro*-Fertilisation entstanden sind, ungeeignete oder unerwünschte durch PID aussortieren, z. B. um zu gewährleisten, dass kein Embryo mit veränderten, evtl. krankheitsverursachenden Allelen zur Entwicklung kommt, oder um sicher einen Jungen oder ein Mädchen zu bekommen? Sollte das generell verboten sein oder sollte die Auswahl auf Gendefekte hin erlaubt werden?
- Darf man unter bestimmten Voraussetzungen die Veränderung der genetischen Ausstattung eines menschlichen Embryos durch einen gezielten Gentransfer zulassen?
- Darf einer Frau der Embryo eines fremden Paares übertragen werden? Darf sie als Leihmutter dienen, wenn sie nicht die genetische Mutter ist und auch nach der Geburt nicht die soziale Mutter sein wird?
- Werden sich alle Fachleute an das Verbot der Klonierung von Menschen halten?
- Dürfen beim therapeutischen Klonen zur Gewinnung von Stammzellen menschliche Embryonen erzeugt werden, ohne dass sie je Gelegenheit erhalten heranzuwachsen?
- Sollte es erlaubt sein, für das therapeutische Klonen oder zu Forschungszwecken Hybridwesen zwischen Mensch und Tier zu erzeugen, z. B. durch Zellverschmelzungen oder Übertragungen von menschlichen Zellkernen auf tierische Zellen?

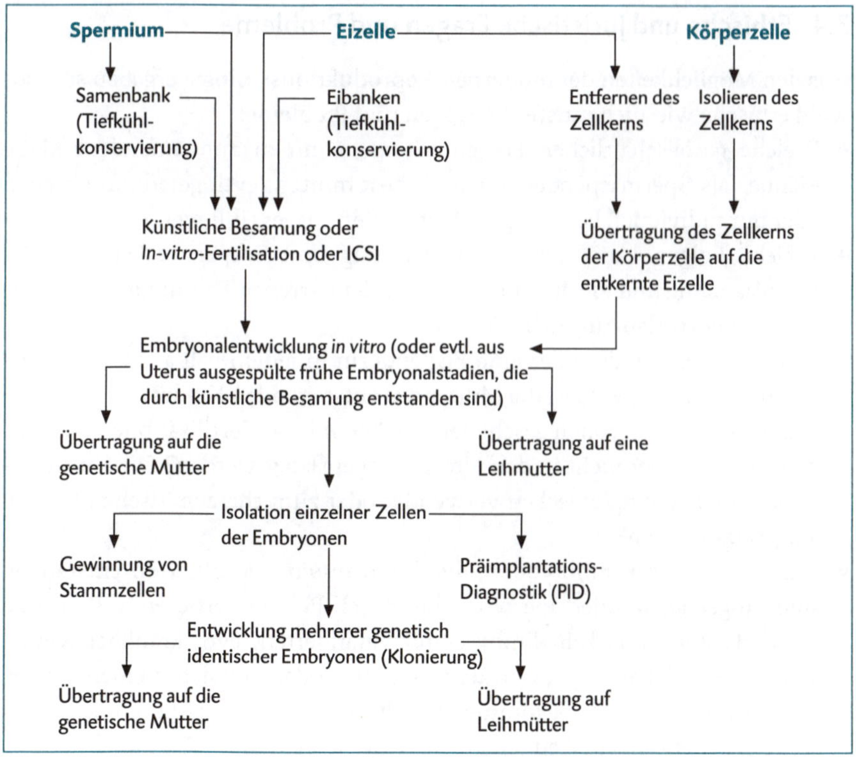

Abb. 88: Übersicht über Möglichkeiten der modernen Reproduktionsbiologie und -medizin.

Zusammenfassung

- Bei der **sexuellen Fortpflanzung** entstehen die Nachkommen aus **Keimzellen** (Ei- und Spermazellen). Da Keimzellen durch **Meiose** zustande kommen, **unterscheiden** sich die Nachkommen genetisch von ihren Eltern. Bei der **vegetativen Fortpflanzung** bilden sich die Nachkommen durch **Mitosen** aus Körperzellen. Der elterliche Organismus und seine Nachkommen sind daher genetisch **identisch**.
- In vielen Fällen kann eine ***In-vitro*-Fertilisation** eine Unfruchtbarkeit beheben.
- Die **PID** erlaubt, nach der **Analyse des Genotyps** nur ausgewählte Embryonen in die Gebärmutter einzupflanzen und so nur ihnen die weitere Entwicklung zu ermöglichen.
- Die **Klonierung** durch **Embryonenteilung** ist ein in der Tierzucht übliches Verfahren, um möglichst viele Individuen eines sehr leistungsfähigen Genotyps zu erhalten.
- Die **Klonierung** mithilfe von **DNA aus Körperzellen** ist im Tierexperiment gelungen. Dabei entstehen Nachkommen, die mit dem erwachsenen Tier, von dem die DNA stammt, **genetisch identisch** sind.

- **Stammzellen** sind **teilungsfähige** Zellen, aus denen differenzierte Zellen entstehen können. Sie kommen vor allem in sehr jungen Embryonen **(embryonale Stammzellen)**, aber auch im Gewebe erwachsener Organismen **(adulte Stammzellen)** vor.
- Zum **therapeutischen Klonen** sind **Stammzellen**, das sind toti- oder pluripotente Zellen, erforderlich.
- Ziel der Forschung im Bereich des therapeutischen Klonens ist es, **Organe und Gewebe außerhalb des Körpers heranwachsen zu lassen**, die eine hohe immunologische Verträglichkeit bei der Transplantation haben.
- Die Möglichkeiten, die sich durch die Anwendung von Methoden der **modernen Reproduktionsbiologie** beim Menschen ergeben, werfen vielfältige **ethische, gesellschaftliche und juristische Fragen** auf.

Aufgaben

187 Nennen Sie diejenigen Aussagen, die zutreffen für
- die sexuelle Fortpflanzung.
- die vegetative Fortpflanzung.
- weder für die vegetative noch für die sexuelle Fortpflanzung.

a Alle Nachkommen sind genetisch identisch mit dem Individuum, aus dem sie hervorgegangen sind.
b Alle Nachkommen eines Elternpaares sind mit sehr hoher Wahrscheinlichkeit genetisch verschieden.
c Alle Nachkommen derselben Eltern haben den gleichen Genotyp.
d Unter Geschwistern sind nur eineiige Zwillinge oder eineiige Mehrlinge genetisch identisch.
e Auch Individuen, die aus unbefruchteten Eizellen desselben mütterlichen Organismus hervorgegangen sind, sind genetisch verschieden.
f Alle Nachkommen eines Elternpaares sind entweder mit dem Vater oder mit der Mutter genetisch identisch.

Erklären Sie, durch welche zellbiologischen Vorgänge diese Unterschiede zwischen den beiden Fortpflanzungsarten zu erklären sind.

188 Vergleichen Sie die Fähigkeit zur Differenzierung von Zellen eines sehr jungen Säugerembryos mit der von Körperzellen eines erwachsenen Säugers.

189 John GURDON, einem britischen Biologen, gelang 1961 folgendes Experiment am afrikanischen Krallenfrosch: Er übertrug den Zellkern aus einer differenzierten Darmzelle einer Albino-Kaulquappe auf die Eizelle eines normal gefärbten Frosches, deren Kern vorher entfernt wurde. Aus der Eizelle entstand eine Albino-Kaulqappe, die zu einem Albino-Frosch heranwuchs. Je jünger die Kaulquappen waren, deren Zellkerne verwendet wurden, desto besser gelangen die Versuche.
Ermitteln Sie aus der Beschreibung der Versuche von GURDON diejenigen Phänomene und Fähigkeiten der genetischen Steuerung, die durch dieses Experiment nachgewiesen werden konnten, und begründen Sie kurz.

190 **a** Erläutern Sie den Unterschied zwischen künstlicher Besamung und künstlicher Befruchtung am Beispiel von Säugetieren, z. B. Rindern oder Schweinen.

b Beschreiben Sie die Methode der Reproduktionsbiologie bei Pflanzen, die der künstlichen Besamung entspricht.

191 Die Abb. 89 zeigt das Bild, das Fachleute im Mikroskop sehen, wenn sie eine bestimmte Art der künstlichen Befruchtung durchführen: Eine Eizelle wird durch Ansaugen mit einer sehr feinen Pipette festgehalten. Rechts sieht man eine sehr feine Glaskanüle. In der Abb. 90 sind in einfacher Form die Vorgänge bei der künstlichen Befruchtung dargestellt.

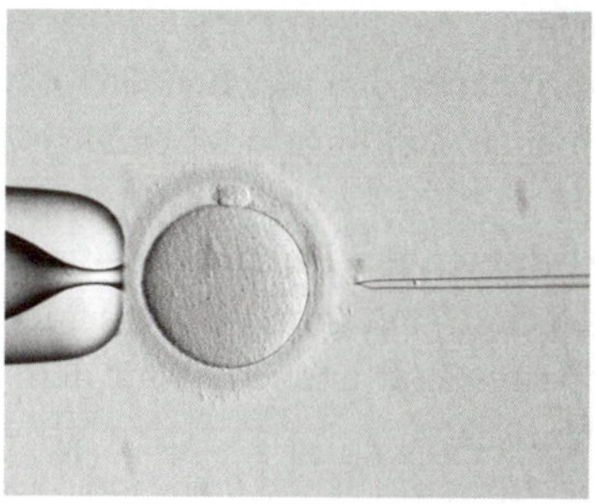

Abb. 89: Ansicht unter dem Mikroskop.

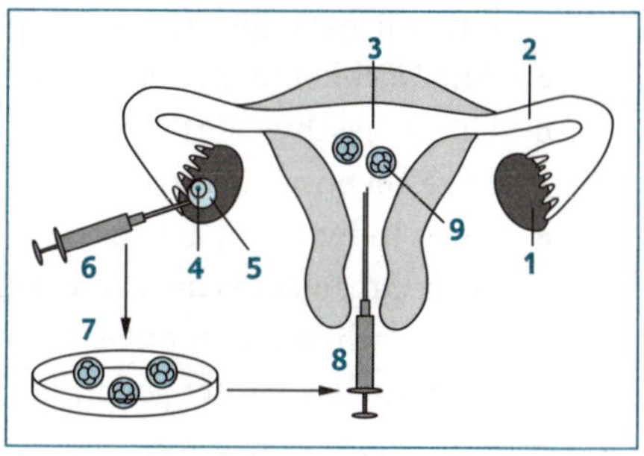

Abb. 90: Schema zur künstlichen Befruchtung.

a Nennen Sie den Fachbegriff für die Art der Befruchtung, die in der Abb. 89 durchgeführt wird.

b Beschreiben Sie, welchem Zweck die Glaskanüle dient.

c Geben Sie an, ob dieses Verfahren in der BRD zugelassen ist.

d Beschriften Sie die mit Ziffern gekennzeichneten Stellen in Abb. 90.

e Beschreiben Sie ethische Probleme, die mit der künstlichen Befruchtung verbunden sind.

192 Nennen Sie von den folgenden Definitionen diejenigen, die richtig sind.

- a Embryotransfer: Übertragung eines Embryos in den Uterus eines weiblichen Tieres
- b Zelldifferenzierung: erste Teilungen der befruchteten Eizelle bei Säugern
- c Totipotenz: Fähigkeit einer Zelle, unter bestimmten Bedingungen zu einem vollständigen Organismus heranzuwachsen
- d Vegetative Fortpflanzung: Zeitraum während der Jugendentwicklung von Pflanzen, in der das Wachstum besonders stark ist
- e Künstliche Besamung: Ausstreuen von Samen auf einem Acker (Säen mit Sämaschinen)
- f *In-vitro*-Fertilisation: Befruchtung im Reagenzglas
- g Klonen: Erzeugung von Individuen, die untereinander genetisch identisch sind

193 Nennen Sie die richtigen Aussagen.

- a Alle Samen derselben Pflanze, z. B. in der Ähre eines Weizenhalms, bilden einen Klon.
- b Tiere, die aus unbefruchteten Eizellen desselben Weibchens entstehen, z. B. Drohnen der Honigbiene, bilden einen Klon.
- c Ein Klon entsteht, wenn sich ein Organismus vegetativ fortpflanzt.
- d Eineiige Zwillinge bilden einen Klon.
- e Alle Zellen einer Bakterienkolonie bilden einen Klon, wenn sie aus nur einer Bakterienzelle entstanden sind.
- f Zur Bildung von Klonen sind Meiosen erforderlich.
- g Transgene Tiere lassen sich nicht klonen.

194 Klone können in der Tierzucht entstehen, wenn Embryonen in frühem Stadium zerlegt werden. Nennen Sie die Mitglieder eines Klons, der aus einem Embryo hervorgeht, der

- a nach einer *In-vitro*-Fertilisation entstanden ist.
- b nach der Übertragung eines Zellkerns der Körperzelle eines erwachsenen Tieres auf eine entkernte Eizelle entstanden ist.

Begründen Sie Ihre Antworten.

195 Beschreiben Sie die Methode der modernen Reproduktionsbiologie, mit der sich aus einem sehr jungen Rinderembryo ein Klon erwachsener Tiere erzeugen lässt.
Begründen Sie kurz, warum bei dem dargestellten Verfahren ein Klon entsteht.

196 Nennen Sie die richtigen Aussagen.
Wenn der Zellkern einer Körperzelle des Tieres A auf eine Eizelle des Tieres B übertragen wird, dessen Zellkern vorher entfernt wurde, dann

- a bildet der entstehende Nachkomme mit dem Tier A einen Klon.
- b bildet der entstehende Nachkomme mit dem Tier B einen Klon.
- c ist das Tier A gleichzeitig Geschwister (Bruder oder Schwester) des Nachkommen, als auch ein Elternteil des Nachkommen.
- d sind die Tiere A und B Geschwister.

197 Nennen Sie die richtigen Aussagen.
Stammzellen

- a können durch Mitosen verschiedene Arten von Zellen bilden.
- b sind Zellen der Eierstöcke (Ovarien) und Hoden, aus denen durch Meiose Keimzellen entstehen.
- c sind Knochenzellen, die wesentlich zur Skelettfestigkeit beitragen.
- d lassen sich in Embryonen, aber auch in bestimmten Geweben erwachsener Säuger finden.
- e können in besonderen Fällen und in geeignetem Kulturmedium zu vollständigen Individuen heranwachsen.
- f können zur Klonierung von Säugern verwendet werden.
- g erhalten beim therapeutischen Klonen den Zellkern einer Eizelle.
- h unterscheiden sich in ihrer genetischen Information von den übrigen Körperzellen eines Organismus.

198 Nennen Sie die richtigen Aussagen.
Therapeutisches Klonen

- a ermöglicht es, aus Stammzellen gezielt bestimmte Gewebe heranwachsen zu lassen, die sich zur Transplantation eignen.
- b ist aus ethischen Gründen nicht umstritten, wenn nur Zellen von Embryonen verwendet werden.
- c erfordert keine Übertragung eines Zellkerns, wenn es gelingen würde, Stammzellen Erwachsener als Ausgangszellen zu verwenden.
- d gelingt nur, wenn man Zellen zur gezielten Differenzierung anregen kann.
- e erfordert transgene Bakterienzellen als Ausgangszellen.
- f ermöglicht es, Kulturen von Hefezellen genetisch so zu manipulieren, dass sie menschliches Protein bilden.
- g machte es möglich, ein Schaf, das in seinen Milchdrüsen menschliches Eiweiß bildet, zu klonen, sodass eine Herde genetisch identischer Tiere entstand.

199 Die neuen Methoden der Reproduktionsbiologie lassen sich auch beim Menschen anwenden. Aus Sicht der Ethik ist dabei besonders der Umgang mit Embryonen problematisch.
Nennen Sie in Stichworten drei solche Probleme.

200 Nennen Sie von den im Folgenden angegebenen Verfahren diejenigen, die aus ethischen und/oder juristischen Gründen in unserer Gesellschaft umstritten sind.

- **a** therapeutisches Klonen mithilfe embryonaler Zellen
- **b** Gentransfer menschlicher Gene auf Bakterienzellen
- **c** Übertragung von Zellkernen aus Körperzellen des Menschen auf entkernte Eizellen von Tieren
- **d** therapeutisches Klonen mithilfe von Stammzellen aus dem Körper erwachsener Menschen
- **e** künstliche Befruchtung beim Menschen
- **f** Präimplantations-Diagnostik (PID)
- **g** Übertragung von Genen auf embryonale Zellen

201 Das folgende Verfahren ist technisch realisierbar, wird aber aufgrund ethischer Vorbehalte in unserer Gesellschaft nicht durchgeführt:
Der Zellkern einer Stammzelle eines menschlichen Embryos, der nach einer *In-vitro*-Fertilisation nicht in den Uterus einer Frau eingepflanzt wurde und „übrig blieb“, wird entfernt. Anschließend erhält diese Stammzelle den Zellkern einer Körperzelle des späteren Empfängers eines Transplantats.
Stellen Sie so knapp wie möglich die Gründe für die offenen Fragen oder ethischen Bedenken gegen dieses Verfahren dar.

4 Biotechnische Methoden der Pflanzenzüchtung

4.1 Polyploidisierung

Colchizin, das Gift der Herbstzeitlosen, verhindert die Spindelbildung in der Mitose. Die durch die Replikation verdoppelten Chromosomen können sich daher nicht trennen. Dadurch entstehen Zellen mit verdoppeltem oder bei Wiederholungen mit vervielfachtem Chromosomensatz. Z. B. wird aus einer Zelle mit einem diploiden Chromosomensatz (2n) eine mit einem tetraploiden Chromosomensatz (4n).

Wenn man embryonale Pflanzenzellen mit Colchizin behandelt, wachsen daraus **polyploide** Pflanzen heran. Sie haben größere Zellen als Pflanzen mit diploidem Chromosomensatz, wachsen üppiger und tragen mehr oder größere Früchte. Viele unserer **Kulturpflanzen** sind polyploid.

Die Polyploidisierung kann aber auch noch einen weiteren Effekt haben: Bei Pflanzen gelingt es zuweilen, Bastarde zwischen verschiedenen Arten zu erzeugen. Diese sind aber in der Regel steril, weil die Meiose, durch die die Keimzellen entstehen, gestört ist. Das kann daran liegen, dass die Paarung homologer Chromosomen nicht möglich ist, da die Zellen des Artbastards je einen Chromosomensatz der Art A und einen der Art B enthalten. Den Chromosomen fehlt also der jeweils homologe Partner.

Die Polyploidisierung, z. B. nach einer Behandlung mit Colchizin, lässt jeweils einen weiteren Chromosomensatz entstehen. In polyploiden Artbastarden findet jedes Chromosom während der Meiose einen homologen Partner; die Bildung von Ei- und Pollenzellen wird möglich und die Pflanzen können sich daher sexuell fortpflanzen (siehe S. (2) 92 f.).

Die **Polyploidisierung** führt häufig zur Steigerung der **Leistungsfähigkeit** von Pflanzen. Außerdem kann mit ihrer Hilfe die Sterilität von Artbastarden aufgehoben werden.

4.2 Pflanzenzucht mithilfe von Zellkulturen

Durch neue Methoden ist es möglich geworden, Tiere, v. a. aber Pflanzen, aus einzelnen Zellen oder Zellkulturen zu erzeugen, ohne auf den natürlichen Befruchtungsvorgang zurückgreifen zu müssen. In der Tierzucht verwendet man Methoden, bei denen Zellkerne von Körperzellen auf entkernte Eizellen oder embryonale Stammzellen übertragen werden (siehe S. (2) 183 ff.). Die Forschung im Bereich der Pflanzenzucht hat weitere Möglichkeiten eröffnet.

Kalluskulturen

Als Kallus bezeichnet man Zellhaufen aus **undifferenzierten**, **totipotenten** Zellen. Unter natürlichen Bedingungen entsteht er häufig als „Wundkallus“ an Stellen, an denen die Pflanze verletzt wurde. In geeigneten Nährmedien lässt sich ein Kallus auch *in vitro* erzeugen, z. B. aus angeschnittenen und sterilisierten Blättern oder aus kleinen Gewebestückchen, im Extremfall sogar aus einzelnen Zellen. Die Zellen eines Kallus sind untereinander genetisch identisch, da sie durch Mitosen entstanden sind. Um einen Kallus zu klonen, muss man daher nur seine Zellen auf mehrere Kulturschalen verteilen. Durch gezielte Veränderungen des Kulturmediums ist es möglich, Kalluskulturen zur Differenzierung anzuregen. Aus ihnen können dann vollständige Pflanzen entstehen, evtl. auch nur bestimmte pflanzliche Gewebetypen. Kalluskulturen sind geeignet, wenn gentechnisch veränderte Pflanzenzellen vermehrt werden sollen, um anschließend mehrere transgene Pflanzen zu erhalten (siehe S. (2) 165 f.).

Antheren-Kulturen

In Antheren-Kulturen entstehen Pflanzen allein aus einem Pollenkorn:

- Staubbeutel (Antheren) einer Pflanze mit unreifen Pollen werden auf einen geeigneten Nährboden gebracht.
- Die Pollen teilen sich und wachsen zu einem Kallus heran. Pollen enthalten Zellen, die den männlichen Keimzellen von Pflanzen entsprechen. Der aus ihnen entstehende Kallus ist daher haploid, er enthält also nur die Hälfte des Chromosomensatzes der betreffenden Pflanze.
- Die aus dem Kallus heranwachsende Pflanze wäre wegen ihrer Haploidie klein und schwach. Daher verdoppelt man den Chromosomensatz der Kalluszellen (Diploidisierung) durch die Zugabe von Colchizin.

Die aus dem Kallus nach der Diploidisierung entstehende Pflanze ist in allen Genen **homozygot**, da das jeweils zweite Allel in der Diploidisierung durch einen Replikationsvorgang entstanden und daher identisch mit dem ursprünglichen ist. Aus diesem Grund **prägen sich alle Allele** des Genoms einer solchen Pflanze, auch die rezessiven, im Phänotyp aus. Möglich sind nur solche Allelkombinationen wie z. B. AA oder aa bzw. BB oder bb, nicht jedoch Aa oder Bb. Der **Phänotyp entspricht** also immer **dem Genotyp**. Dadurch ist die **Auslese** erwünschter Mutanten leicht möglich. Ein Züchter kann direkt aus dem Erscheinungsbild (Phänotyp) entscheiden, welche Genotypen er zur weiteren Vermehrung und Zucht verwenden möchte.

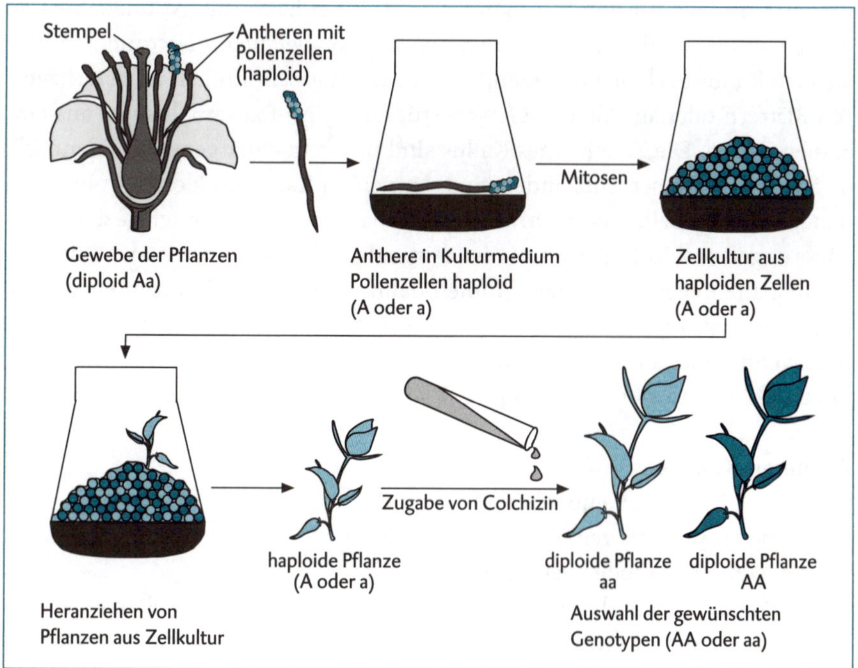

Abb. 91: Prinzip der Antheren-Kultur.

Somatische Hybridisierung von Pflanzen

Außer auf natürlichem Wege lassen sich Artbastarde auch erzeugen, wenn man Zellkulturen zu Hilfe nimmt:

- Somatische Zellen zweier Arten werden als Kalluskulturen vermehrt.
- Durch Zugabe bestimmter Enzyme, u. a. Cellulase, wird die Zellwand der Zellen aufgelöst. Es entstehen „nackte“ Pflanzenzellen, sogenannte **Protoplasten**, die nur von einer Membran umgeben sind.

- Die Protoplasten der beiden Arten werden gemischt und zur Verschmelzung (Fusion) gebracht.
- Die entstandenen Hybrid-Protoplasten bilden neue Zellwände. Sie werden in Kallus-Kulturen vermehrt (Klonierung).
- Aus den Kallus-Kulturen entstehen Hybridpflanzen.
- Die Sterilität der entstandenen Pflanzen lässt sich durch Polyploidisierung beseitigen.

Merkmale verschiedener Pflanzenarten lassen sich so miteinander kombinieren, auch wenn sexuelle Sperrmechanismen die Befruchtung verhindern.

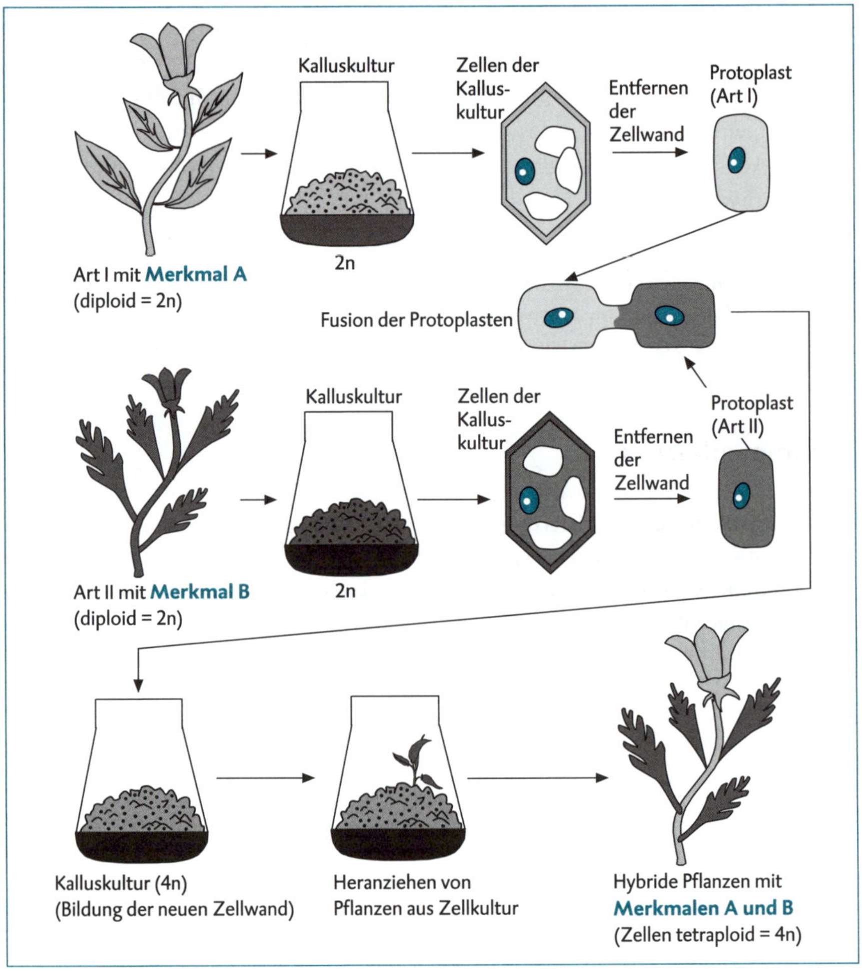

Abb. 92: Herstellung von Pflanzenhybriden durch Fusion von Protoplasten.

Beispiele

Bereits gelungen ist die Züchtung von Hybriden zwischen verschiedenen Tabakarten und zwischen Kartoffel und Tomate. Die entstandene „Tomoffel" ist allerdings ohne wirtschaftliche Bedeutung. Versuche mit Sojabohnen, Gerste, Mais, Erbsen, Raps und Weißklee laufen zurzeit.

Gentechnische Veränderung von Protoplasten

Das Bakterium *Agrobacterium tumefaciens* dringt bei Verletzungen in den Körper bestimmter Pflanzen ein. Sein Plasmid kann als Vektor Fremdgene auf solche Pflanzen übertragen (siehe S. (2) 143 f. und 152). Besonders leicht gelingt der Gentransfer, wenn das Bakterium nicht auf pflanzliche Gewebe stößt, deren Zellen von einer Zellwand umgeben sind, sondern auf Protoplasten (Pflanzenzellen ohne Zellwand) in Zellkulturen. Die mithilfe von *Agrobacterium tumefaciens* erzeugten transgenen Protoplasten können zur Bildung einer Zellwand angeregt werden und lassen sich in Kalluskulturen vermehren und klonieren. Aus ihnen können dann gentechnisch veränderte, vollständige Pflanzen heranwachsen.

Zellkulturen, aus denen vollständige Pflanzen heranwachsen können, werden in der modernen Züchtungstechnik verwendet, da mit ihrer Hilfe die Diagnose, Kontrolle und Veränderung der genetischen Information leichter gelingt als bei vollständigen Pflanzen.

Zusammenfassung

- Die **künstliche Polyploidisierung** mithilfe von **Colchizin** ist ein erprobtes Verfahren der Pflanzenzüchtung, um die Leistungsfähigkeit zu steigern.
- Die **somatische Hybridisierung** durch **Protoplastenverschmelzung** und die **Kallus- und Antherenkultur** sind Verfahren der modernen Pflanzenzüchtung, die neue Zuchtziele erreichbar machen.

Aufgaben

202 Nennen Sie die richtigen Aussagen.
Polyploidisierung
- a führt zu einer Vermehrung von Embryonen.
- b kann durch Behandlung mit Colchizin erreicht werden.
- c führt zu einer Vervielfachung des Chromosomensatzes.
- d erhöht in der Regel die Vitalität von Pflanzen (Zahl und Größe von Blüten und Früchten u. Ä.).
- e kann eingesetzt werden, um die Sterilität von Artbastarden bei Pflanzen zu überwinden.
- f dient zur vegetativen Vermehrung.

203 Nennen Sie die zutreffenden Aussagen.
Die Zellen einer Kalluskultur
- a sind untereinander genetisch identisch.
- b sind undifferenziert.
- c können unter geeigneten Bedingungen zu einer vollständigen Pflanze heranwachsen.
- d lassen sich durch Verteilen auf mehrere Kulturgefäße klonieren.
- e entstehen in der Regel aus unbefruchteten Eizellen, die in Kultur genommen werden.

204 Die Wildform der Sonnenblume ist resistent gegen den Befall mit bestimmten Pilzen. Ursache dafür sind Resistenzgene. Kulturformen der Sonnenblume leiden häufig unter Infektionen mit solchen Pilzen. Die Wildform der Sonnenblume lässt sich mit ihren Kulturformen nicht kreuzen. Auch bei künstlicher Bestäubung bilden sich keine Samen. Forschern ist es aber gelungen, Kulturformen der Sonnenblume herzustellen, die die Resistenzgene der Wildform tragen.
Nennen Sie von den unten angeführten Verfahren diejenigen, die die Forscher verwendet haben könnten, um möglichst schnell ans Ziel zu kommen. Wenn Sie mehrere Techniken nennen, ordnen Sie diese in der richtigen Reihenfolge.
- a Elektrophorese
- b Polyploidisierung
- c Antherenkultur
- d Präimplantations-Diagnostik
- e Kalluskultur
- f Klonierung
- g PCR
- h Verschmelzen von Protoplasten
- i Embryotransfer

205 *Triticale* ist ein heute bei uns häufig angebautes Futtergetreide. Die Sorte ist als Artbastard aus der Kreuzung von Roggen *(Secale)* und Weizen *(Triticum)* entstanden. Der Bastard war allerdings zunächst steril. Durch die Behandlung mit Colchizin konnten Formen erzeugt werden, die fruchtbar sind.

Erläutern Sie, worin vermutlich die Ursache der Sterilität lag und wie diese durch Colchizin beseitigt werden konnte. Begründen Sie ihre Vermutung.

206 (Themenübergreifende Aufgabe)

Nennen Sie die richtigen Aussagen.

Untereinander genetisch identisch sind

- **a** Pflanzen, die aus derselben Kalluskultur heranwachsen.
- **b** alle aus den Pollen eines Staubbeutels (Staubgefäß, Anthere) in einer Antherenkultur entstehenden Pflanzen.
- **c** alle aus den Pollen eines Staubbeutels (Staubgefäß, Anthere) in einer Antherenkultur entstehenden Pflanzen sowie die Pflanze, von der die Anthere stammt.
- **d** alle Pflanzen, die aus den Pollen desselben Staubbeutels (Staubgefäß, Anthere) hervorgegangen sind und anschließend polyploidisiert oder diploidisiert wurden.
- **e** der Embryo, der sich aus einer Eizelle bildet, auf die der Zellkern der Körperzelle eines erwachsenen Tieres derselben Art übertragen wurde, und der Spender dieser Eizelle.
- **f** alle Nachkommen zweier Tiere, die sich auf natürlichem Weg fortgepflanzt haben.
- **g** alle Tiere, die aus Stammzellen desselben Embryos herangewachsen sind.
- **h** alle Nachkommen, die durch künstliche Bestäubung aus derselben Pflanze entstanden sind.
- **i** alle Nachkommen, die ein weibliches Tier nach einer künstlichen Besamung gebiert.
- **k** alle Bakterien, die aus einer einzigen Bakterienzelle entstanden sind und in der Kulturschale eine Kolonie bilden.
- **l** Bakterien, die ein menschliches Gen aufgenommen haben, und der Mensch, von dem das übertragene Gen stammt.
- **m** alle Bakterien einer Genbank (Genbibliothek).
- **n** alle Pflanzen, die aus Stecklingen (Ablegern) der gleichen Pflanzen gezogen wurden.

207 Erläutern Sie Vorteile, die Antherenkulturen für die Pflanzenzüchtung bringen.

208 Durch künstliche Bestäubung wurde ein steriler Artbastard zwischen zwei diploiden Pflanzenarten hergestellt. Die vegetative Vermehrung mithilfe von Stecklingen, Ablegern, Ausläufern o. Ä. ist nicht möglich.

- a Beschreiben Sie in Stichworten zwei Verfahren, durch die es möglich wäre, Nachkommen des sterilen Artbastards zu erhalten.
- b Begründen Sie, warum sich eine Antherenkultur in diesem Fall nicht dazu eignet, den Artbastard zu vermehren.

209 Bei einer Pflanze wird die Ausbildung des Blattrandes durch ein bestimmtes Gen gesteuert. Das Allel A bewirkt glattrandige Blätter. Das entsprechende rezessive Allel a ist für Blätter mit gezacktem Rand verantwortlich. Pflanzen mit dem Genotyp Aa haben glattrandige Blätter. Aus Pflanzen mit dem Genotyp Aa lassen sich durch Kreuzungen Individuen mit dem Genotyp AA mit glattem Rand herstellen. Dasselbe Ziel lässt sich auch durch ein modernes Verfahren der Reproduktionsbiologie erreichen.

- a Nennen und beschreiben Sie dieses moderne Verfahren.
- b Die Auslese von Pflanzen mit dem Genotyp AA ist bei dem modernen Verfahren der Reproduktionsbiologie einfacher und weniger zeitaufwendig als bei der herkömmlichen Technik der Kreuzung. Erläutern Sie, wie es zu diesem Vorteil kommt.

210 Nennen Sie die richtigen Aussagen.
Die somatische Hybridisierung von Pflanzen

- a wird dadurch erleichtert, dass Pflanzenzellen von einer Zellwand umgeben sind.
- b erlaubt die Bildung von Artbastarden, auch wenn die Bastardierung auf sexuellem Weg nicht möglich ist.
- c geschieht durch Verschmelzen von Protoplasten.
- d gelingt, wenn Zellkerne von Pollenzellen auf Körperzellen einer Pflanze übertragen werden.
- e stellt ein Verfahren dar, bei der Zellen aus Kalluskulturen verwendet werden.
- f kann dazu dienen, Merkmale, die auf verschiedene Pflanzen verteilt sind, auf eine Pflanzensorte zu vereinen.

211 Nennen Sie die korrekten Aussagen.
Protoplasten

- **a** sind einzellige Tiere.
- **b** sind Pflanzenzellen, die keine Zellwand haben.
- **c** lassen sich miteinander verschmelzen.
- **d** sind die Sammelbezeichnung für alle Zellen, aus denen sexuell oder vegetativ Nachkommen entstehen können.
- **e** lassen sich benutzen, wenn Gene mithilfe von *Agrobacterium tumefaciens* übertragen werden sollen.
- **f** sind die ersten Zellen, die bei einer Antherenkultur entstehen.

212 Die somatische Hybridisierung ist sowohl bei einigen Pflanzen als auch bei Tieren gelungen. Bei Tieren kann man dabei auf einen bestimmten Arbeitsschritt verzichten.
Beschreiben Sie kurz diesen Arbeitsschritt.

Lösungen

1 Der erste Begriff gibt die Gattung an, der zweite die Art. Die hinter diesen beiden Begriffen stehende Abkürzung nennt den Wissenschaftler, der die Art als Erster beschrieben hat.

2 a Bakterien, Einzeller, Pflanzen, Pilze, Tiere.

b Prokaryoten = Bakterien
Eukaryoten = alle übrigen Reiche
Eukaryoten haben einen durch eine Doppelmembran vom Zytoplasma abgegrenzten Zellkern. Bei Prokaryoten ist kein Zellkern vorhanden.

3 Wirbeltiere – Säuger – Raubtiere – Robben

4 Reich – Stamm – Unterstamm – Klasse – Ordnung – Familie – Gattung – Art

5 c: Schwein und Hund gehören zum gleichen Stamm.

6 a; e
Als Apomorphie bezeichnet man ein Merkmal, das bei der Stammart einer Gruppe neu aufgetreten ist. Es kommt daher nur bei den Mitgliedern der Gruppe vor, die aus dieser Stammart entstanden ist. Die Stammart der heutigen Säuger hatte Milchdrüsen und ein Fell. Daher tragen alle ihre Nachfahren diese Merkmale. In anderen systematischen Gruppen sind sie nicht zu finden. Apomorphe Merkmale können im Laufe der Stammesgeschichte verloren gehen, z. B. haben die heutigen Wale kein Fell mehr.

7 a Das Amnion schützt die Eier vor Austrocknung. Daher können sie auch an Land abgelegt werden. Tiere, deren Eier ein Amnion besitzen, können daher auch in einer Umgebung leben, in der kein Gewässer für die Eiablage zur Verfügung steht.
Durch die Fähigkeit, ihre Körpertemperatur konstant zu halten, können die Tiere unabhängig von der Außentemperatur aktiv sein. Das bringt viele Vorteile. Durch ihre Unabhängigkeit von der Außentemperatur sind sie z. B. in der Lage, auch in kühleren Gebieten zu überleben.

Tiere, die ihre Körpertemperatur konstant halten, können auch während der kühleren Jahreszeiten oder in der Nacht Nahrung suchen und anderen lebenswichtigen Tätigkeiten nachgehen.

b Die Eier von Reptilien, Vögeln und Säugern haben ein Amnion. Eine konstante Körpertemperatur haben alle Vögel und alle Säuger.

8

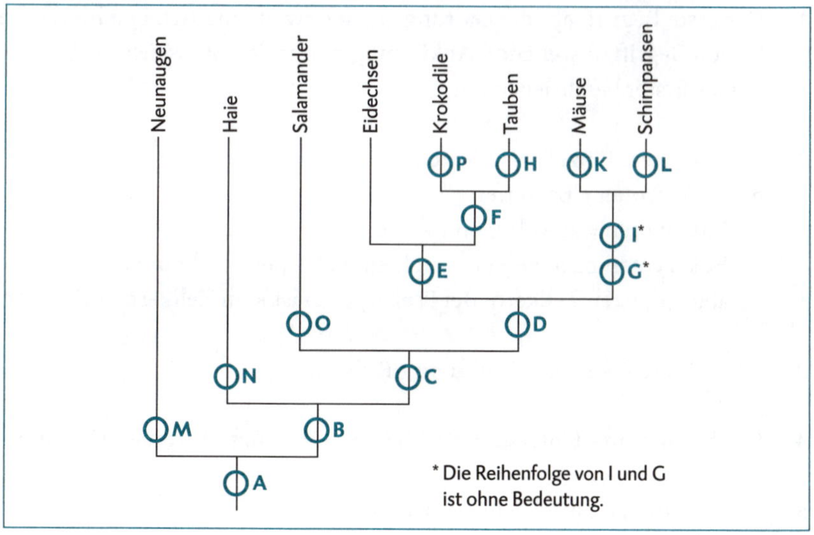

9 a Zauneidechse und Buchfink sind näher miteinander verwandt als jede der beiden Arten mit der Hausmaus.

b

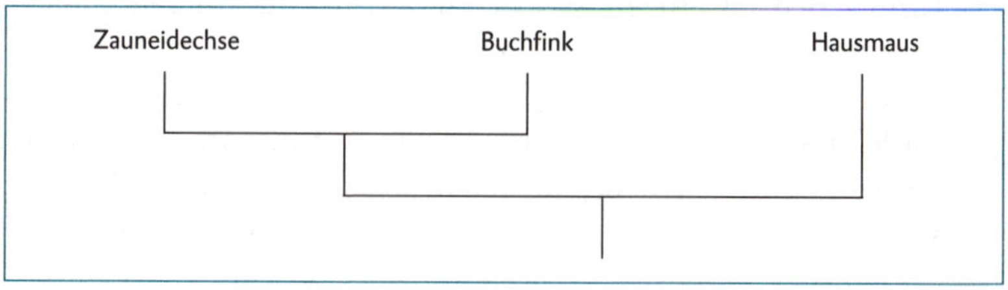

10 d: Im Kladogramm dürfen nur Apomorphien zum Nachweis der näheren Verwandtschaft verwendet werden.

11 c: Vögel haben sich aus einer bestimmten Gruppe von Reptilien entwickelt. Aus einer anderen Reptiliengruppe entstanden die Säuger, zu denen auch der Mensch gehört. In der Gruppe der Vögel traten daher nie Arten auf, die Vorfahren der Säuger waren.

12 b; c; f; g; h

13 a Präkambrium – Kambrium – Ordovizium – Silur – Devon – Karbon – Perm – Trias – Jura – Kreide – Tertiär – Quartär

b Mensch: Quartär — Amphibien: Devon
Vögel: Jura — ursprüngliche Pferde: Tertiär

14 Die Stammesgeschichte der Pferde ist wegen der zahlreichen Fossilien gut zu rekonstruieren. Die allmähliche Veränderung vieler Merkmale, z. B. des Beinskeletts, der Zahnform und der Körpergröße, lässt sich eindrucksvoll nachweisen. Heutige Pferde weisen Rudimente im Beinskelett auf. Die beiden Griffelbeine lassen sich als Reste eines Handskeletts deuten, das aus mehr als einem Finger bestand. Zuweilen tritt in diesem Bereich auch ein Atavismus auf – ein Griffelbein kann einen überzähligen Huf tragen.

15
- Zunahme der Körpergröße
- Vergrößerung der Backenzähne und Zunahme der Schmelzleisten in den Kauflächen
- Verringerung der Zehen- und Fingerzahl, die auf dem Boden auftreten

16
- Alle fossilen Pferde lassen sich ohne Schwierigkeiten in die heutige systematische Gruppe der Unpaarhufer einordnen.
- Je älter die Fossilien der Pferdeartigen sind, desto stärker unterscheiden sie sich von den heutigen Pferden.
- Die Änderung der Merkmale erfolgte bei den Vorfahren der heutigen Pferde in kleinen Schritten und kontinuierlich.

17 Frühe Vorfahren der Pferde lebten in Wäldern mit vermutlich feuchten Böden. Ihre späteren Vorfahren lebten in offenen, steppenartigen Graslandschaften. Vorteile für das Leben in der Steppe brachten:
- ein größerer Körper (mit längeren Beinen) für bessere Übersicht und schnellere Flucht;
- die Reduktion der Zehenzahl für einen effektiveren Lauf;
- große, breitkronige Backenzähne mit vielen Schmelzleisten zum Zermahlen der harten Gräser (härter als Laubblätter).

18 *Archaeopteryx* trägt sowohl Merkmale heutiger Vögel als auch heutiger Reptilien (Brückenform, Mosaikform). Das lässt sich am leichtesten erklären, wenn man annimmt, dass die erdgeschichtlich junge Gruppe der Vögel aus der älteren Gruppe der Reptilien entstanden ist. *Archaeopteryx* hat noch Merkmale von Reptilien und schon solche von Vögeln.

Vogelmerkmale sind:

- Federn
- nach hinten gerichtete erste Zehe (Greiffuß)
- Gabelbein (verwachsene Schlüsselbeine)

Reptilienmerkmale sind:

- Kiefer mit Zähnen (kein Hornschnabel)
- Finger- und Mittelhandknochen nicht verwachsen
- lange Schwanzwirbelsäule
- Beckenknochen nicht miteinander verwachsen

19 a Merkmale, die *Archaeopteryx* und *Sinornis* gemeinsam haben:

- Kiefer mit Zähnen
- Mittelhandknochen nicht miteinander verwachsen

b *Sinornis santensis* ist jünger als *Archaeopteryx*. Er trägt bereits Merkmale der heutigen Vögel, die bei *Archaeopteryx* noch nicht vorhanden sind, z. B. ist seine Schwanzwirbelsäule stark verkürzt.

20 a *Tiktaalit* besaß sowohl Merkmale von Fischen wie auch von Amphibien. Das Fossil vermittelt also zwischen der stammesgeschichtlich älteren Gruppe der Fische und der jüngeren der Amphibien. Vereinfacht ausgedrückt ähnelte *Tiktaalit* vorne einem Amphib und hinten einem Fisch.

Fischmerkmale sind:

- mit Schuppen bedeckter Körper
- Kiemen
- (vermutete) fischähnliche Bauchflossen und Schwanzflosse

Amphibienmerkmale sind:

- Brustflossen mit Knochen, die den Armknochen der Amphibien homolog sind
- im Handgelenk abgewinkelte Brustflossen
- flacher Schädel
- Augen auf der Oberseite des Schädels
- Lungen
- Hals (gegen den Körper beweglicher Kopf)

b A = *Eustenopteron*, B = *Tiktaalit*, C = *Acanthostega*
Es ist davon auszugehen, dass die Art mit der Vorderextremität und dem Körperumriss, die am wenigsten fischähnlich sind und am stärksten den Vierbeinern gleichen, im Stammbaumschema am meisten Gabelungen hinter sich hat. Daher steht *Acanthostega* sehr wahrscheinlich an der Position C. Den fischähnlichsten Körper hat *Eusthenopteron*. Vermutlich steht er also an Position A. Der Körperumriss von *Tiktaalit* ist mit dem flachen Schädel und den reduzierten Flossen weniger fischähnlich als *Eusthenopteron* und *Panderichthys*. Seine Vorderextremität ähnelt mit den angedeuteten Fingerknochen und den kleineren Handwurzelknochen schon der Vorderextremität von *Acanthostega*. Daher kann man *Tiktaalit* an die Position B stellen.

c *Ichthyostega*. Die Vorderextremität von *Ichthyostega* hat fünf Finger.

d Im Laufe der Stammesgeschichte werden die Handwurzelknochen kleiner (z. B. Vergleich von *Panderichthys* und *Tiktaalit*). Es entsteht ein Handgelenk (*Tiktaalit*). Im äußeren Teil der Vorderextremität bilden sich kleine Knochen (z. B. *Tiktaalit*). Diese Knochen legen sich im weiteren Verlauf der Stammesgeschichte zu Fingern zusammen. In frühen Evolutionsphasen ist die Zahl der Finger noch hoch (z. B. acht Finger bei *Acanthostega*). Später wird sie auf fünf Finger dezimiert (z. B. *Ichthyostega*).

e Durch den Fossilfund kann der Übergang der Wirbeltiere vom Leben im Wasser zum Leben an Land besser nachgewiesen werden. *Tiktaalit* besaß Brustflossen, die eine Lebensweise in beiden Lebensräumen ermöglichten. Er setzte sie sowohl als Flossen als auch als Laufbeine ein.

21 a Als anatomische Besonderheiten besitzen Quastenflosser:
- außer den Kiemen eine Lunge als Atemorgan
- kräftige, sehr bewegliche Flossen, die sich zur Fortbewegung an Land eignen (Gehflossen)

b Anpassungen an das Landleben bei den ersten Amphibien sind u. a.:
- Rückbildung der Kiemen (Übergang zur reinen Lungenatmung)
- Entstehung echter Arme und Beine (mit fünf Fingern bzw. Zehen)

22 *Archaeopteryx* gehört zur Gruppe der Vögel. Das natürliche System berücksichtigt nur Verwandtschaftsgruppen. Verwandtschaft zwischen zwei Gruppen lässt sich erschließen, wenn eine oder mehrere gemeinsame Apomorphien vorhanden sind, d. h. Merkmale, die nur beim mutmaßlichen Vorfahren der beiden Gruppen neu auftraten.

Apomorphien, die *Archaeopteryx* mit den übrigen Vögeln gemeinsam hat, sind z. B. Federn, Gabelbein (verwachsene Schlüsselbeine) und eine nach hinten gerichtete erste Zehe. Diese Merkmale sind bei den Reptilien nicht zu finden. Sie sind erst beim gemeinsamen Vorfahren von *Archaeopteryx* und den übrigen Vögeln neu aufgetreten. *Archaeopteryx* ist also mit den heutigen Vögeln näher verwandt als mit den heutigen Reptilien.

23 b; d

24 **a** Homologe Organe: Vorderextremitäten der Wirbeltiere

b Analoge Organe:
- Vorderbeine der Maulwurfsgrille und des Maulwurfs
- Flügel der Insekten und der Wirbeltiere (Vögel, Fledermaus u. a.)
- Unterirdische Speicherorgane von Pflanzen (Sprossknolle der Kartoffel und Wurzel der Möhre)

c Konvergent entstandene Körperformen:
- Stromlinienform, z. B. bei Haien, Pinguinen, Delfinen
- Stammsukkulenz (Spross als Speicherorgan v. a. für Wasser bei Kakteen, einigen Wolfsmilchgewächsen u. a.)

d Rudimente:
- Steißbein, Achselbehaarung, Schamhaare, Bart, Wurmfortsatz beim Menschen
- Becken und Oberschenkelknochen bei Walen
- Griffelbeine beim Pferd
- Schuppenförmige, braune Laubblätter bei der Braunwurz und beim Fichtenspargel

e Atavismen:
- Überzählige Brustwarze, kleine, schwanzähnliche Verlängerung des Steißbeins, fellartige Behaarung des Körpers beim Menschen
- Überzähliger Huf am Griffelbein eines Pferdes
- Voll ausgebildetes hinteres Flügelpaar bei *Drosophila*
- Löwenmäulchen mit radiärsymmetrischen Blüten

25 Atavismen: a; c; d
Rudimente: b; e; f

26 Verwandtschaft beruht auf der Abstammung von einem gemeinsamen Vorfahren. Nachweisen lässt sich Verwandtschaft nur durch Homologien, weil nur die in Homologien auftretende Ähnlichkeit sich auf die Abstammung von einem gemeinsamen Vorfahren zurückführen lässt. Die bloße Ähnlichkeit von Merkmalen verschiedener Organismen oder Organismengruppen reicht zum Nachweis von Verwandtschaft nicht aus. Ähnliche Merkmale können auch auf Analogie beruhen, d. h., sie können sich im Laufe der Stammesgeschichte auch bei nicht näher miteinander verwandten Organismen gebildet haben, wenn gleichartige Umweltbedingungen zu unabhängig voneinander verlaufenden, gleichgerichteten Veränderungen verschiedenartiger Organe geführt haben.

27 Analogien: c; e; f
Die beschriebenen Organe haben ähnliche Gestalt und Funktion, aber unterschiedliche Grundbaupläne. Sie sind jeweils aus verschiedenen Organen entstanden.

Konvergenz homologer Organe: a; b; d
Bei jedem der angeführten Beispiele sind homologe Organe beschrieben, da sie auf den gleichen Ursprung zurückgehen. Die Zungen aller Säuger sind homolog, ebenso die Arme und Schwänze (verlängerte Wirbelsäule). Unabhängig voneinander sind aus den ursprünglichen Formen der Organe in verschiedenen systematischen Gruppen, d. h. auf verschiedenen Zweigen des Stammbaums, spezialisierte Organe mit ähnlichem Bau und ähnlicher Funktion entstanden. Die Ähnlichkeit der Gestalt und der Einsatz für die gleiche Aufgabe beruht nicht auf der Abstammung von einem gemeinsamen Vorfahren. Aus ursprünglichen Laufbeinen (homologe Organe) sind z. B. bei Robben, Walen und Seekühen unabhängig voneinander Flossen entstanden. Bei Pinguinen sind die Flossen aus Flügeln entstanden.

28 **a** Rezente Brückenformen (lebende Fossilien) tragen sowohl solche Merkmale, die für eine ältere systematische Gruppe, als auch solche, die für eine jüngere Gruppe typisch sind.

b Beispiel Schnabeltier:
- Reptilienmerkmale: nur eine Körperöffnung (Kloake); legt große, dotterreiche Eier
- Säugetiermerkmale: Haare (Fell); Milchdrüsen

Beispiel *Latimeria* (Quastenflosser):
- Fischmerkmale: Schuppen; Kiemen
- Amphibienmerkmale: „Gehflossen“; Lunge.

Beispiel Ginkgo:
- Merkmal von Farnen: männliche Keimzellen mit Geißel
- Merkmal von Samenpflanzen: bildet Samen als Verbreitungsorgane

29 Atavismen: b; d: f; g; h
Rudimente: a; c; e

Atavismen: Wenn einzelne Individuen Organe ausbilden, die nur bei mutmaßlichen frühen Vorfahren vorhanden waren, weist das darauf hin, dass die genetische Information dieser Vorfahren bei der jeweiligen Tier- oder Pflanzengruppe noch vorhanden, aber normalerweise blockiert ist. Eine gleiche genetische Information ist ein starkes, kaum zu widerlegendes Indiz für Verwandtschaft. Die Änderung von den Vorformen zu der jeweils heutigen Art lässt sich am einfachsten durch Evolutionsprozesse erklären (hier durch eine Blockade der jeweiligen Gene im Laufe der Evolution).

Rudimente: Die unvollkommene Ausbildung der Organe lässt sich am leichtesten erklären, wenn man annimmt, dass sie sich durch Evolutionsprozesse im Laufe langer Zeit aus ehemals vollständigen, bei verwandten Gruppen noch vorhandenen Organen rückgebildet haben.

30 **a** Rudimente
b Konvergenz

31 b; c; e; f

32 **a** Prokaryoten: Zellen ohne Zellkern und Mitochondrien. Zuweilen wird dieser Zelltyp auch als Prozyte bezeichnet.
Eukaryoten: Zellen mit Zellkern und Mitochondrien. Gebräuchlich ist auch die Bezeichnung Euzyte.

b
- Zellkern (mit DNA)
- ER
- Mitochondrien
- Ribosomen
- Golgi-Apparat (Dictyosomen)
- Vesikel
- Innere Membranen = Kompartimentierung der Zelle

c
- Zellwand (aus Cellulose)
- Plastiden (in grünen Pflanzenteilen als Chloroplasten ausgebildet)
- häufig eine große, zentrale Vakuole

d
- Mitose
- Meiose
- Zellatmung
- Transkription, Translation
- Bildung und Verwendung von ATP

e
- Transkription, Translation
- Bildung und Verwendung von ATP

33 Für die Richtigkeit der Endosymbionten-Theorie sprechen:
- Mitochondrien und Chloroplasten (sowie die übrigen Plastiden) sind von einer Doppelmembran umgeben.
- Die innere Membran der Mitochondrien und Chloroplasten (und anderer Plastiden) ähnelt der von Prokaryoten (Bakterien); die äußere ist gleich aufgebaut wie die Membran der Eukaryoten.
- Mitochondrien und Chloroplasten (und die übrigen Plastiden) enthalten als einzige Organellen der Zelle eigene DNA (ringförmig geschlossen wie bei Prokaryoten) und eigene Ribosomen.
  Mitochondrien und Chloroplasten (und die übrigen Plastiden) vermehren sich selbstständig und weitgehend unabhängig von den übrigen Zellbestandteilen (eigener Proteinsynthese-Apparat).

34 Die Übertragbarkeit der an Tieren gewonnenen Testergebnisse auf den Menschen lässt den Schluss zu, dass in seinen Zellen ähnliche Prozesse ablaufen wie in denen der Tiere. Die Ähnlichkeit des Stoffwechsels bei Tieren und Menschen lässt sich erklären, wenn man annimmt, dass sie miteinander verwandt sind und dass sie von einem gemeinsamen Vorfahren abstammen. Die Ähnlichkeit darf daher als Beleg für die Evolution der Organismen betrachtet werden.

35
- DNA: Speicherung genetischer Information
- RNA: Übertragung genetischer Information bei der Proteinbiosynthese
- Aminosäuren: verkettet zu Proteinen und kleineren Peptiden
- ATP: Übertragung und Speicherung von Energie

36 a; d; e

37 b; c; f; i

38 Die Möglichkeiten, die 20 Aminosäuren, aus denen die Proteine aller heutigen Organismen bestehen, in verschiedenen Abfolgen zu Ketten zu verbinden, sind außerordentlich groß. Die Gleichartigkeit der Abfolge der Aminosäuren bei so unterschiedlichen Organismen wie Hefe und Mensch ist daher nur mit extrem geringer Wahrscheinlichkeit durch Zufall aufgetreten. Viel leichter lässt sich die Übereinstimmung erklären, wenn man annimmt, dass Hefe und Mensch einen gemeinsamen Vorfahren hatten.

39 a; c; e

40 *D. melanogaster* ist mit *D. simulans* näher verwandt als mit *D. funebris*. Die DNA von *D. melanogaster* ist der von *D. simulans* ähnlicher als der von *D. funebris*. Um hybride DNA, die aus Einzelsträngen von *D. melanogaster* und *D. simulans* besteht, zu trennen, ist eine höhere Temperatur erforderlich als bei hybrider DNA von *D. melanogaster* und *D. funebris*. Die Basensequenzen der Einzelstränge von *D. simulans* und *D. melanogaster* stimmen in mehr Abschnitten überein. Es können sich daher mehr komplementäre Basen paaren als bei den Hybridsträngen von *D. melanogaster* und *D. funebris*. Da mehr Abschnitte mit komplementären Basen vorhanden sind, liegen auch mehr H-Brücken vor. Die beiden DNA-Einzelstränge sind daher stärker miteinander verbunden, und deshalb ist eine höhere Temperatur erforderlich, um sie voneinander zu trennen.

41 **a** Ablauf des Präzipitintests:

- Blutserum des Kondors (Neuweltgeier) wird in ein Kaninchen oder ein anderes Versuchstier eingespritzt.
- Das Kaninchen bildet Antikörper, die spezifisch gegen die Proteine des Kondors wirken.
- Das Blutserum des Kaninchens wird mit dem Serum eines Storches und in einem zweiten Ansatz mit dem eines Altweltgeiers gemischt.
- Die im Serum des Kaninchens enthaltenen Anti-Kondor-Antikörper fällen die Bluteiweiße desto stärker aus, je ähnlicher sie dem Eiweiß des Kondors sind.
- Die Ausfällung des Bluteiweißes des Storches ist stärker als die des Altweltgeiers, die vermuteten Verwandtschaftsverhältnisse sind bestätigt.

b Die starke äußere Ähnlichkeit von Neuwelt- und Altweltgeiern war der Grund dafür, eine nahe Verwandtschaft anzunehmen und beide in die gleiche systematische Gruppe zu stellen. Durch die Ergebnisse der neuen Untersuchungen wurde klar, dass die Ähnlichkeit zwischen den beiden Geiergruppen auf Konvergenz beruht.

42 Zunächst muss die fossile DNA mithilfe der PCR vermehrt werden, um eine ausreichende Menge für die weitere Untersuchung zur Verfügung zu haben. Die Unterschiede zwischen der fossilen DNA und der DNA einer rezenten Magnolienart lassen sich durch DNA-Hybridisierung oder nach einer Analyse im Sequenzierungsautomaten durch den direkten Vergleich der Basensequenzen feststellen.

43 b; e

44 Zuordnen lassen sich
- zur Theorie LAMARCKs: c; f; h; k
- zur Theorie DARWINS: b; e; g; l
- sowohl zur Theorie LAMARCKs wie auch zu der DARWINS: a; d; i

45 Von DARWIN stammen die Zitate a und b, von LAMARCK c, d und e.

46 a; b; c; e; g

47 Obwohl der König und die Königin nur kleine Kiefer besitzen, können sie Nachkommen mit sehr großen Kiefern hervorbringen. Bei der strengen Anwendung der Theorie LAMARCKs ist das nicht möglich. Nach LAMARCK hätten die Eltern zunächst die großen Kiefer durch Gebrauch erwerben müssen, um sie an ihre Nachkommen vererben zu können. Die Soldaten haben große Kiefer, können sie aber nicht vererben, da sie steril sind. In ähnlicher Weise lässt sich mit dem Merkmal „kräftige Beine“ argumentieren.

48 a: Veränderung von Merkmalen und Entstehung von Anpassungen

49 DARWIN übernahm von dem Geologen LYELL das Aktualitätsprinzip und die Annahme, dass die Erde schon lange existiert und sich ihre Oberfläche in langen Zeiträumen und langsam verändert. Von dem Volkswirt MALTHUS übernahm er die Erkenntnis, dass die Organismen mehr Nachkommen hervorbringen, als zur Erhaltung ihrer Art erforderlich wären.

50 Das Aktualitätsprinzip besagt, dass die heute gültigen Naturgesetze und Regeln auch in früheren Zeiten der Erdgeschichte wirksam waren.

51 **a** Das Zitat stammt von Charles DARWIN.

b Im Text geht es um *„struggle for life"*.

c DARWIN wollte mit dieser Erläuterung vermeiden, dass *„struggle for life"* als „Kampf" im Sinne einer direkten, eventuell sogar körperlichen Auseinandersetzung verstanden wird. Er wollte sicherstellen, dass seine Leser den Begriff, der häufig mit dem „Kampf ums Dasein" übersetzt wird, als „Wettbewerb um Lebensbedingungen" auffassen.

52 **a** Die Ansicht von WALLACE entspricht der Evolutionstheorie DARWINS.

b WALLACE nimmt Stellung zu

- der Veränderung von Merkmalen durch einen Vervollkommnungstrieb, den LAMARCK annahm.
- der Selektion innerhalb der Varianten einer Art, wie DARWIN sie annahm (*„survival of the fittest"*).

53 **a** Erklärung aus der Sicht DARWINS: Eine kleine Reptilienart ernährte sich von Insekten, die sie zweibeinig laufend mit den Armen fing. Zufällig traten bei diesen Reptilien Varianten auf, die kleine federartige Schuppen an den Vorderextremitäten bildeten. Dadurch waren sie in der Lage, ihre Beute leichter zu fangen als die übrigen Individuen der Art. Diese Varianten konnten sich, weil sie besser ernährt waren, häufiger fortpflanzen. Unter ihren Nachkommen fanden sich zufällig wiederum einige wenige, die noch etwas größere Federn hatten. Über viele Generationen hinweg entstanden durch die Selektion der Individuen, die größere Federn hatten, Vorderextremitäten mit großen Federn, die Tragflächen bildeten und einen Gleitflug ermöglichten. Je besser der Gleitflug war, desto stärker war der Vorteil für das entsprechende Tier, z. B. bei der Flucht. Wiederum über viele Generationen hinweg bevorzugte die Selektion die Individuen mit den jeweils leistungsfähigeren Flügeln. Infolgedessen entstanden im Laufe der Stammesgeschichte Vögel, die aktiv fliegen konnten.

b Entstehung von Straußen u. ä. Laufvögeln nach LAMARCK: Die Laufvögel gebrauchten ihre Flügel nicht mehr oder nur noch selten, weil sie für die Flucht immer öfter ihre Beine benutzten. Durch den Nichtgebrauch verkümmerten die Flügel zunehmend von Generation zu Generation bis zur heutigen stark reduzierten Form.

54 Arten unterscheiden sich durch ihre genetische Information. Ein Individuum trägt nie alle Allele seiner Art. Um Veränderungen der genetischen Information einer Art beschreiben und erklären zu können, reicht es daher nicht aus, nur ein Individuum zu betrachten. Grundlage müssen die Allele aller Individuen sein, die sich an der Fortpflanzung beteiligen können, die also in der Lage sind, ihre Allele in den Genpool der nächsten Generation weiterzugeben.

55 b: Gesamtheit der Allele einer Population

56 a; d; e; f; i

57 c; d

58 **a** Berechnung nach der Hardy-Weinberg-Formel: $p^2 + 2pq + q^2 = 1$
Häufigkeit (q) des Allels a (= Albinismus):
$q^2 = \frac{4}{1\,600} = \frac{1}{400} = 0{,}0025 = 0{,}25\,\%$
$q = \sqrt{\frac{1}{400}} = \frac{1}{20} = 0{,}05 = 5\,\%$
$p = 1 - q = 0{,}95 = 95\,\%$

Häufigkeit der Genotypen $AA = p^2$
$p^2 = 0{,}9025 = 90{,}25\,\%$
90,25 % der Genotypen sind homozygot dominant.

Berechnung der absoluten Zahlen:
90,25 % von 1 600 Tieren ergeben 1 444 Tiere.
1 444 von 1 600 Tieren sind homozygot dominant (Genotyp AA).

b Berechnung der Zahl der Heterozygoten:
Häufigkeit der Heterozygoten $= 2pq = 2 \cdot 0{,}95 \cdot 0{,}05 = 0{,}095 = 9{,}5\,\%$

Berechnung der absoluten Zahl:
9,5 % von 1 600 Tieren ergeben 152.
152 der 1 600 Tiere tragen das Allel a im heterozygoten Zustand (Genotyp Aa).

59 Die Gesamtzahl der Pflanzen beträgt 200. Da sie diploid (= 2n) sind, enthält der Genpool der Population 400 Allele des Farbgens.

Genotypen:	Pflanzen mit roten Blüten:	rr
	Pflanzen mit rosafarbenen Blüten:	rw
	Pflanzen mit weißen Blüten:	ww

Berechnung der Allelhäufigkeiten nach der Hardy-Weinberg-Formel:
$p^2 + 2pq + q^2 = 1$. Dabei sei p = Häufigkeit des Allels r und q = Häufigkeit des Allels w.
$2 \cdot 32 + 96 = 160 = 40\,\%$ Allel r
$2 \cdot 72 + 96 = 240 = 60\,\%$ Allel w
Die Allelhäufigkeit von r beträgt: $p = 0{,}4$
Die Allelhäufigkeit von w beträgt: $q = 0{,}6$

60 Berechnung der Häufigkeit des dominanten Allels.
$q^2 = 0{,}16$, deshalb $q = 0{,}4$
$q + p = 1$, deshalb $p = 1 - q$, woraus folgt, dass $p = 0{,}6$
Die Häufigkeit des entsprechenden dominanten Allels beträgt 0,6.

61
- Mutationen: a; g; i
- Modifikationen: d; f
- Weder für Mutationen noch für Modifikationen: b; c; e; h

62 b; c; d; g

63 Die Mutationsrate lässt sich nur ungenau berechnen, weil
- Rückmutationen schlecht zu erfassen sind.
- Mutationen ohne Auswirkung bleiben können.
- Mutationen von Modifikationen nicht zu unterscheiden sind, wenn die durch die Mutation hervorgerufene Änderung des Merkmals im Bereich der Reaktionsnorm des Gens liegt.
- Mutationen als rezessive Allele in heterozygoten Genotypen verborgen bleiben können.

64 Aus mehreren Gründen ist der angegebene Zeitraum kein Maß für die Mutationsrate. Es ist damit zu rechnen, dass Mutationen im Bereich des Cytochrom-c-Gens wesentlich häufiger auftraten, als sich durch die Änderung der Aminosäurekette erschließen lässt. Die Zahl „18 bis 22 Millionen Jahre" bezieht sich nur auf die Mutationen, die sich nicht negativ ausgewirkt haben. Alle ungünstigen Mutationen unterlagen der Selektion und verschwanden wieder aus dem Genpool. Außerdem wurden Rückmutationen nicht erfasst. Mutationen, die wegen der Degeneration des genetischen Codes zu keinem Austausch einer Aminosäure führten, wurden ebenfalls nicht berücksichtigt.

65 b; e

66 a; b; d; e

67 Zur sexuellen Fortpflanzung sind Keimzellen (Ei- und Spermienzellen bzw. Pollen) erforderlich. Nur bei der Entstehung von Keimzellen während der Meiose und bei der Befruchtung kann es zu einer Neukombination von Allelen kommen. Dies geschieht durch die zufällige Verteilung der Chromosomen auf die Tochterzellen in der Anaphase der ersten Reifeteilung der Meiose, durch „Crossing-over“ (Chromsomenstückaustausch) und durch die Befruchtung (welche Eizelle mit welchem Spermium oder welcher Pollenzelle verschmilzt, hängt vom Zufall ab). Bei ungeschlechtlicher (vegetativer) Vermehrung sind keine Keimzellen beteiligt, daher sind keine Rekombinationen möglich.

68 c: Sexualität hat eine hohe genetische Variabilität der Individuen zur Folge.

69 Durch die Sexualität wird die Rekombination von Allelen möglich. Die hohe Zahl verschiedener Genotypen in einer Population ist v. a. auf die Rekombination zurückzuführen. Die Mutation spielt eine viel geringere Rolle, da sie nur selten auftritt. Je höher die Verschiedenheit der Genotypen ist, desto mehr Auswahlmöglichkeiten bestehen für die Selektion und desto häufiger wird es zu Verschiebungen der Genhäufigkeiten und damit zur Änderung von Merkmalen und zur Bildung neuer Arten kommen. Je mehr solche Entwicklungsschritte in der Evolution ablaufen, desto kompliziertere Organismen können entstehen. Kompliziert gebaute Organismen wie der Mensch haben in der Regel mehr Artspaltungen und Merkmalsänderungen hinter sich als Lebewesen mit einfacherem Bau.

70 Eine Schnecke, die das Sperma verschiedener Paarungspartner speichern kann, legt Eier mit einer größeren Genotypenvielfalt als eine Schnecke, deren Eier nur vom Sperma eines einzigen Partners befruchtet wurden. Je höher die Zahl der verschiedenen Genotypen unter den Nachkommen ist, desto wahrscheinlicher finden sich darunter Tiere, die für die jeweilige Umwelt besonders günstige Merkmale haben, die also von der Selektion bevorzugt werden. Eine Schnecke, die das Sperma mehrerer Paarungspartner für ihre Fortpflanzung verwendet, kann also besonders effektiv dafür sorgen, dass ihre Gene in den Genpool der nächsten Generation einfließen.

71 d; e; f; g

72 Stabilisierende Selektion: geringe Überlebensrate von Sperlingen, die extrem kurze oder lange Flügel haben (Selektion durch einen starken Sturm). Transformierende Selektion: Industriemelanismus beim Birkenspanner (Änderung der Körper- und Flügelfärbung je nach Änderung der Untergrundfarbe der Rast- und Ruheplätze der Schmetterlinge) oder Körpergröße beim Maulwurf (Abnahme der Körpergröße durch sehr kalten Winter).

73 Ungünstige Allele können immer wieder durch Mutation neu entstehen, als rezessive Allele in heterozygoten Genotypen nicht von der Selektion erfasst werden oder mit günstigen Eigenschaften gekoppelt sein wie z. B. bei der Sichelzellenanämie.

74 Selektionsfaktoren der belebten Umwelt:

- Fressfeinde
- Krankheitserreger
- Parasiten
- Faktoren der geschlechtlichen Zuchtwahl

Selektionsfaktoren der unbelebten Umwelt:

- Temperatur
- Lichtstärke
- Wind
- Salzgehalt (Wasser, Boden)
- Feuchtigkeit
- Gifte

75
- Tarnungsmerkmale: z. B. Birkenspanner, Polartiere, Stabheuschrecken
- Verteidigungsorgane: z. B. Stacheln und Dornen bei Pflanzen, Hörner bei Tieren, Giftstachel bei Insekten, Skorpionen u. Ä.
- Merkmale zur Warnung: z. B. Marienkäfer, Wespe, Feuersalamander
- Mimikry: z. B. Hornissenschwärmer und einige Schwebfliegenarten

76 Springende Flöhe waren auf Vögeln und Eichhörnchen besonders gefährdet. Sie konnten im Sprung tief stürzen und dadurch für lange Zeit keinen neuen geeigneten Wirt finden oder sich verletzen. Mutanten und Rekombinanten, deren Sprungvermögen reduziert war oder verloren ging, hatten daher einen Selektionsvorteil. Durch transformierende Selektion konnte der Anteil ihrer Allele im Genpool von Generation zu Generation zunehmen, bis die Population schließlich nur noch aus kriechenden und laufenden Flöhen bestand.

77 Merkmale, die der geschlechtlichen Zuchtwahl unterliegen, z. B. die Geweihe von Hirschen oder die prächtigen Schwanzfedern einiger Vögel, dienen in der Regel dazu, ein Männchen für die Weibchen attraktiv zu machen. Je stärker und auffälliger ein Männchen solche Merkmale ausbildet, desto wahrscheinlicher ist, dass es körperlich hoch leistungsfähig ist. Es trägt sehr wahrscheinlich besonders günstige Allele in seinem Genotyp und garantiert daher, dass seine Nachkommen besonders vital sind. Wenn sich ein Weibchen bei der Wahl ihrer Paarungspartner daran orientiert, wie stark solche Merkmale ausgebildet sind, kann es daher besonders viele ihrer Allele in den Genpool der nächsten Generation einbringen, da ihre Nachkommen besonders häufig überleben. Infolgedessen werden über Generationen hinweg die Allele im Genpool, die eine hohe körperliche Leistungsfähigkeit bewirken, immer häufiger. Außerdem nimmt aber dadurch auch der Anteil der Allele in der Population zu, die bei Männchen zu großen, auffälligen Organen, prächtigen Färbungen o. Ä. führen.

78 a Die gelb-schwarze Färbung dient als Warntracht. Da Wespen dadurch weitgehend vor Fressfeinden geschützt sind, stellt die Färbung einen Selektionsvorteil dar.

b Die auffällige bunte Färbung der Fasanenhähne lässt sich durch geschlechtliche Zuchtwahl erklären. Hähne mit auffälligerem Gefieder werden von den Hennen bei der Paarung bevorzugt.

79 b; c; d; f

80 a Sorten sind genetisch verschiedene Unterarten. In der ursprünglichen Mischung waren sowohl Sorten mit Allelen vorhanden, die sich für das jeweilige Aussaatgebiet besonders gut eigneten, als auch solche, die weniger günstig waren. Durch Selektion wurden die geeigneten Allele im Genpool häufiger, der Anteil der weniger günstigen nahm ab.

b Die Umweltbedingungen in den Aussaatgebieten waren verschieden, z. B. das Klima. Daher ist damit zu rechnen, dass die Selektion unterschiedlich wirkte. Je nach Umwelt bevorzugte die Selektion andere Sorten und damit kam es in den Anbaugebieten zu unterschiedlichen Verschiebungen der Allelhäufigkeiten.

81 a; d; e

82 Wenn in der Insektenpopulation Varianten (Mutanten und Rekombinanten) vorhanden sind, die gegen das verwendete Gift resistent sind (Präadaptation), werden diese Individuen vom Selektionsfaktor „Gift" nicht erfasst. Sie überleben als Einzige und können zum Ursprung von resistenten Populationen werden.

83 a; d

84 c; d; e; g

85 a; c; d

86 b; f

87 In großen Populationen sind in der Regel mehr verschiedene Genotypen enthalten als in kleinen. Daher kommen in ihnen mit höherer Wahrscheinlichkeit solche Mutanten und/oder Rekombinanten vor, die auch bei Verschlechterung der Umweltbedingungen überleben können. In kleinen Populationen ist die genetische Variabilität geringer. Daher kann es dazu kommen, dass sie zufällig keine Genotypen enthalten, die in der Lage sind, die verschlechterten Lebensbedingungen zu überstehen.

88 a Die Ähnlichkeit von Proteinen lässt sich ermitteln durch
- einen Präzipitintest (serologische Untersuchung).
- die Analyse der Aminosäuresequenz.

b Die Zahl der unterschiedlichen Proteine ist in der europäischen Population am größten. Die Information für die Bildung der Eiweiße liegt auf der DNA. Die Zahl der unterschiedlichen Proteine in einer Population entspricht daher der Zahl der verschiedenen Allele im Genpool. Die Populationen in den USA und in Australien entstanden jeweils aus einer sehr kleinen Gruppe von Vögeln. Diese Gründerindividuen enthielten nur einen Teil der Allele der großen europäischen Population.

Es kam daher zu einem Flaschenhalseffekt. Durch die bloße Vermehrung kann sich die Verschiedenheit der Allele, die genetische Variabilität, nicht erhöhen. Solange die amerikanische und die australische Population klein waren, konnten Allele durch Gendrift per Zufall ganz aus dem Genpool verschwinden. Möglicherweise führte dies zu einer weiteren genetischen Verarmung. Die Zeit seit der Trennung der Populationen ist so kurz, dass sich die Zahl der verschiedenen Allele in den Populationen der USA und Australiens durch neue Mutationen kaum erhöhen konnte, da Mutationen seltene Ereignisse sind (Mutationsrate gering).

89 Die Tiere leben in den Zoos immer in sehr kleinen Gruppen zusammen. In solchen Populationen ist die Wirkung der Gendrift sehr stark. Es kommt leicht zu einer fortschreitenden Abnahme der genetischen Variabilität (Abnahme der Zahl der verschiedenen Allele in einem Genpool). Durch Gendrift können innerhalb weniger Generationen Allele per Zufall ganz aus dem Genpool verschwinden. Ein zweiter Grund ist die Gefahr der Inzucht. Die geringe genetische Verschiedenheit in einer kleinen Population erhöht die Wahrscheinlichkeit, dass sich zwei Tiere miteinander paaren, die ungünstige Allele tragen. Häufig sind die negativ wirkenden Allele rezessiv und liegen in heterozygoten Genotypen vor, sodass die Züchter in den Zoos nicht feststellen können, ob in der Population und bei welchen Tieren ungünstige Allele vorhanden sind. Zuchttiere aus anderen Zoos erhöhen die genetische Vielfalt und vermindern die ungünstigen Auswirkungen kleiner Populationen.

90 **a** Die Wasserpest kann sich in Europa nur vegetativ fortpflanzen, da keine männlichen Pflanzen vorhanden sind. Da die vegetative Vermehrung allein durch Mitosen geschieht und da in der Mitose die genetische Information unverändert weitergegeben wird (keine Rekombination möglich), müssen alle Individuen der Wasserpest untereinander genetisch identisch sein. Wenn genetische Unterschiede zwischen den Individuen auftreten, kommen als Ursache nur Mutationen in Betracht.

b Alle Wasserpestpflanzen Europas bilden einen Klon aus genetisch identischen Individuen. Dies ist bei allen in Europa vorkommenden Wasserpestpflanzen der Fall, weil sie allein durch vegetative Fortpflanzung (nur durch Mitosen) aus einer einzigen Ursprungspflanze entstanden sind. Das gilt allerdings nur, wenn keine Mutationen aufgetreten sind.

c Das Fehlen männlicher Pflanzen führt zu einer sehr geringen Evolutionsgeschwindigkeit. Die Wasserpest steht, wie jedes andere Lebewesen, unter der Wirkung von Evolutionsfaktoren. Allerdings ist ihre genetische Variabilität (die Zahl der verschiedenen Allele) in Europa nur sehr gering und wird auch nur sehr langsam größer, weil die Rekombination keine Rolle spielt (keine sexuelle Fortpflanzung). Neue Genotypen können allein durch Mutationen entstehen, sie sind aber sehr selten. Wegen der geringen Auswahlmöglichkeiten kann die Selektion nur schwer ansetzen, weshalb mit einer nur sehr langsamen Veränderung des Genpools und damit der Merkmale der Wasserpest in Europa zu rechnen ist. Wären männliche Pflanzen vorhanden, wäre die Fortpflanzung mithilfe von Keimzellen möglich. Es käme zu Rekombination und damit zur Bildung vieler verschiedener Varianten, an denen die Selektion greifen könnte.

91 Menschen mit der Blutgruppe 0 können keine Antikörper gegen den Pesterreger bilden. Ihr Immunsystem erkennt eingedrungene Pestbakterien nicht als körperfremd, da das Pest-Antigen auch auf der Oberfläche der eigenen Roten Blutkörperchen zu finden ist. Bei einem Ausbruch der Pest starben daher v. a. Menschen mit der Blutgruppe 0. Mit jeder Pestepidemie wiederholte sich dieser Selektionsvorgang und dadurch nahm die Häufigkeit des Allels, das für die Blutgruppe 0 verantwortlich ist, in der indischen Bevölkerung ständig ab.

92 a Schwermetalle sind Enzymgifte. Nehmen Pflanzen sie mit dem Wasser auf, kommt es zu erheblichen Störungen des Stoffwechsels, da fast alle Reaktionen in der Pflanzenzelle durch Enzyme gesteuert werden. Samen, die auf einer solchen Bergwerkshalde auskeimen, stellen daher in der Regel ihr Wachstum ein, sobald sie Schwermetalle aufnehmen.

b Eine Pflanze kann die Fähigkeit zur Resistenz gegen die Schwermetalle einer Bergwerkshalde nur durch eine Mutation (evtl. auch durch eine besondere Rekombination) erhalten. Z. B. könnte sie die Fähigkeit erhalten, Enzyme zu bilden, die gegen die jeweiligen Schwermetalle unempfindlich sind. Samen solcher Varianten werden auf einer giftigen Halde gegenüber den Samen der übrigen Pflanzen der gleichen Art von der Selektion extrem bevorzugt. Mutationen treten aber zufällig und selten auf. Nur die Arten, in denen per Zufall Varianten auftraten, die die Schwermetalle ertragen, die also präadaptiert waren, konnten Populationen bilden, die die Haldenflächen besiedeln.

c Eine reproduktive Isolation der Haldenpopulation ist nicht zu erwarten. Die Unempfindlichkeit gegenüber Schwermetallen hat wahrscheinlich keinen Einfluss auf die Fähigkeit, sich mit den Individuen anderer Populationen, die keine Schwermetalle ertragen können, fruchtbar fortzupflanzen.

93 a Wäre die Hypothese A richtig, müssten alle Kulturschalen (Nährböden) eine gleich hohe Zahl an Bakterienkolonien haben. Wenn die Hypothese B richtig wäre, kann die Zahl der Bakterienkolonien unterschiedlich sein, da es vom Zufall abhängt, wie viele mutierte Bakterien in der Probe enthalten sind, die aus der Stammkultur entnommen und auf die Nährböden übertragen werden.

b Hypothese A ist falsch. Wenn das Antibiotikum die Entstehung von Mutationen ausgelöst hätte, die eine Resistenz bewirken, müssten auf allen Nährböden gleich viele Kolonien auftreten. Die Mutationen treten also nicht nach der Behandlung mit dem Antibiotikum auf.

c
- Ein Bakterienstamm wird mit einem Antibiotikum behandelt (z. B. medizinische Anwendung beim Menschen).
- Im Bakterienstamm befinden sich einige Individuen (Bakterienzellen), die durch eine Mutation eine Resistenz gegen das betreffende Antibiotikum besitzen (Präadaptation).
- Das Antibiotikum tötet alle Bakterien mit Ausnahme der resistenten Individuen (Selektion).
- Die resistenten Zellen können sich vermehren (zusätzlich erhalten sie noch dadurch einen Vorteil, dass ehemalige Konkurrenten abgetötet wurden). Aus diesen Zellen entsteht der neue, nun gegen das Antibiotikum resistente Bakterienstamm.
- Entstehung multiresistenter Stämme (Resistenz gegen mehrere Antibiotika) durch mehrmalige Entstehung resistenter Stämme nacheinander oder durch horizontalen Gentransfer über Konjugation (= Weitergabe von Genen von einer Bakterienzelle auf eine andere [Genaustausch]). Auf diese Weise ist auch bei Bakterien Rekombination möglich.

d
- Einsatz von Antibiotika nur, wenn es unbedingt erforderlich ist.
- Verwendung eines Gemischs aus verschiedenen Antibiotika, da die gegen ein bestimmtes Antibiotikum resistenten Bakterien durch ein anderes, im Medikament enthaltenes Antibiotikum getötet werden.
- Einnahme von Antibiotika in hoher Dosierung und über lange Zeit hinweg, um ein Abtöten aller Bakterien zu gewährleisten.

e Das Versuchsergebnis stützt DARWINS Evolutionstheorie, nach der Varianten zufällig und ungerichtet entstehen. Die Annahme LAMARCKS, dass die Umwelt gerichtete Veränderungen des Erbgutes hervorruft, wird durch den Versuch widerlegt.

94

Evolutionsfaktor	Wirkung auf den Genpool	Verbessert die Anpassung an die jeweilige Umwelt
Selektion	Unterschiedlicher Fortpflanzungserfolg erhöht oder verringert die Frequenz einiger **Allele**.	**ja** / ~~nein~~
Mutation und Rekombination	Veränderung der Allelhäufigkeiten und Erhöhung der Zahl unterschiedlicher **Genotypen / Varianten**.	~~ja~~ / **nein**
Gendrift	Veränderung der Allelhäufigkeiten in einem kleinen Genpool aufgrund von Zufallsereignissen	~~ja~~ / **nein**
Separation	Zufällige Zusammenstellung der Allele bei der **Trennung** von Populationen	~~ja~~ / **nein**

95 Eine Art besteht aus einer oder mehreren Populationen, zwischen denen Genfluss auftritt oder auftreten kann, deren Individuen untereinander also Allele austauschen oder austauschen können.

96 Zwei Gruppen von Individuen gelten dann als Rassen, wenn sie sich in ihren Merkmalen zwar deutlich unterscheiden, sich aber unter natürlichen Bedingungen fruchtbar miteinander fortpflanzen können, also derselben Art angehören.

97 b: Myrtenwaldsänger und Audubonwaldsänger kreuzen sich in der Natur fruchtbar miteinander.

98 Zur Separation kann es z. B. kommen

- durch Klimaveränderungen, die Gebiete unzugänglich machen: Vereisung, Versteppung, Bildung von Inseln durch den Anstieg des Meeresspiegels.
- durch Veränderungen der Oberflächenformen (geologische Ereignisse), z. B. die Auffaltung von Gebirgen oder die Bildung von Tälern.

- durch Kontinentalverschiebung.
- bei der Besiedlung schwer zugänglicher Gebiete durch Gründerindividuen (Inseln, Oasen, Gebiete, die durch schwer überwindbare Barrieren getrennt sind).

99 c: Von allen genannten Arten haben die Schnecken die größten Schwierigkeiten, die trennenden Barrieren (breite Straßen) zu überwinden. Daher ist bei ihnen die Unterbrechung des Genflusses zwischen den Populationen strenger als bei den übrigen Arten. Die Unterschiede zwischen den Genpools, die durch jeweils anders wirkende Evolutionsfaktoren entstehen (Mutation, Rekombination, Gendrift, Separation und Selektion), können bei Schnecken kaum durch Tiere, die von einer Population zur anderen wandern, ausgeglichen werden.

100 In voneinander getrennten Populationen verändern sich in der Regel die Genpools und damit die Merkmale der Individuen in verschiedene Richtungen, weil mit hoher Wahrscheinlichkeit durch die Spaltung der Population der ursprüngliche Genpool ungleich auf die getrennten Populationen aufgeteilt wurde. Außerdem treten in den beiden Teilpopulationen unterschiedliche Rekombinationen und Mutationen auf und die Selektion wirkt in den beiden Teilpopulationen aufgrund verschiedener Umweltbedingungen unterschiedlich. Für den Fall, dass durch die Trennung eine kleine Population entsteht, hat außerdem die Gendrift eine bedeutende Wirkung.

101 **a** Geschwisterarten können entstehen, wenn in zwei getrennten Populationen zwar einerseits einige Merkmale entstehen, die ausreichen, um eine fruchtbare Fortpflanzung zwischen den Individuen der beiden Populationen zu verhindern, andererseits aber die meisten übrigen Merkmale unverändert bleiben, sodass sich die Individuen der beiden Populationen stark ähneln.

b Beispiele für Geschwisterarten:
- Fitis und Zilzalp
- Sommergoldhähnchen und Wintergoldhähnchen
- Waldbaumläufer und Gartenbaumläufer
- Sprosser und Nachtigall
- Grauspecht und Grünspecht

102 **a** Es liegt nur eine Art vor. Zwischen allen Populationen ist Genfluss möglich. Das gilt auch für die Populationen A und C. Ihre Individuen können zwar keine fruchtbaren Nachkommen miteinander hervorbringen, ein Allel der Population A kann aber über die Population B in die Population C gelangen und umgekehrt.

b Wenn die Population B ausstirbt, liegen zwei Arten vor, da kein Genfluss mehr zwischen A und C möglich ist. Wenn die Population C ausstirbt, ist weiterhin nur eine einzige Art vorhanden, da Genfluss zwischen A und B möglich ist.

103
- Zeitliche Isolation: z. B. unterschiedliche Paarungszeiten bei Frosch- oder Krötenarten, unterschiedliche Blühtermine beim Schwarzen und Roten Holunder.
- Ethologische Isolation: z. B. unterschiedliches Balzverhalten (Fitis und Zilpzalp, Blinkrhythmus bei Leuchtkäferarten).
- Isolation durch Sterilität oder Polyploidie: z. B. Unfähigkeit, Keimzellen zu bilden (Störung der Meiose bei polyploiden Pflanzen, bei Pferd und Esel u. Ä.).
- Anatomische und physiologische Isolation: z. B. Kopulationsorgane bei vielen Insekten (Schlüssel-Schloss-Prinzip); Blockieren des Auskeimens fremder Pollenkörner auf der Narbe.

104 a; c; d

105 Die Art C hat 32 Chromosomen ($2n = 32$). Durch die Fortpflanzung zwischen den Arten A und B entstanden Hybride (Mischlinge) mit 16 Chromosomen. Davon stammten 7 aus der Eizelle und 9 aus dem Pollen (oder umgekehrt). Die ungleichen Chromosomensätze machten jedoch die Paarung von homologen Chromosomen und deren gleichmäßige Verteilung in der Meiose unmöglich. Die Hybriden konnten daher keine Keimzellen bilden, sie waren steril. Eine neue Art konnte sich nur bilden, als wenigstens eine hybride Pflanze durch eine Genommutation tetraploid wurde, wodurch sich ihr Chromosomensatz von $2n = 16$ auf $4n = 32$ erhöhte. Da jedes Chromosom durch die Polyploidisierung einen homologen Partner erhalten hatte, war die tetraploide Pflanze nun in der Lage, eine Meiose durchzuführen und somit Keimzellen zu bilden. Wegen der Unterschiede in der Chromosomenzahl blieb die Art C von den Arten A und B reproduktiv isoliert, da die Nachkommen aus Kreuzungen zwischen C und A bzw. zwischen C und B triploid (3n) und damit steril wären.

106 **a** Wildemmer und *A. squarrosa* lassen sich zwar kreuzen, aber die entstehenden Nachkommen sind unfruchtbar. Deshalb muss man beide Gräser als eigenständige Arten betrachten. Nach der Artdefinition dürfen zwei verschiedene Eltern nur dann zur gleichen Art gestellt werden, wenn ihre Bastarde (Mischlinge) fruchtbar, d. h. nicht steril sind. Die Keimzellen des Wildemmers besitzen 14 Chromosomen, die von *A. squarrosa* haben 7 Chromosomen. Der Bastard zwischen Wildemmer und *A. squarrosa* hat daher 21 Chromosomen. Bei einer ungeraden Chromosomenzahl ist keine Meiose möglich (keine Paarung homologer Chromosomen und keine gleichmäßige Verteilung der Chromosomen in der Anaphase der ersten Reifungsteilung). Die Bastarde ($2n = 21$) können daher keine Keimzellen bilden, sie sind steril.

b Die Unfruchtbarkeit der Bastarde zwischen Wildemmer und *Aegilops squarrosa* wurde durch eine Polyploidisierung aufgehoben. Der Bastard besitzt 21 Chromosomen. Durch die Polyploidisierung verdoppelte sich die Chromosomenzahl auf 42. Jedes Chromosom fand in der Prophase der ersten Reifeteilung einen homologen Partner und in der Anaphase war eine gleichmäßige Verteilung der Chromosomen auf die Tochterzellen möglich. Infolge der Verdoppelung des Chromosomensatzes konnte der neue Bastard Keimzellen bilden. Der heutige Dinkel geht auf diese polyploidisierten Bastarde zurück. Er bildet neben dem Wildemmer und *A. squarrosa* eine dritte Getreideart, weil die Bastarde zwischen Dinkel und Wildemmer bzw. zwischen Dinkel und *A. squarrosa* unfruchtbar sind.

107 a; b; d

108 Durch Rekombination und Mutation(en) wird es den Individuen einer Art möglich, eine neue ökologische Nische zu besetzen. Diejenigen Varianten, die eine freie ökologische Nische besetzen, erhalten einen Selektionsvorteil, weil sie dadurch nicht mehr in Konkurrenz mit der anderen Art stehen. Durch transformierende Selektion kommt es über viele Generationen hinweg zu einer immer weitergehenden Anpassung an die freie ökologische Nische. Damit einher geht eine fortschreitende Änderung bestimmter Merkmale der betreffenden Art.

109 e: Aufspaltung einer Stammart in mehrere Arten.

110 **a** Galapagos: Inselgruppe vor der Westküste Ecuadors (Südamerika)
b Darwin-Finken
c Verdriftung weniger Individuen einer Finkenart (Gründerindividuen) vom südamerikanischen Kontinent auf die Galapagos-Inseln (Sturm, Treibholz o. Ä.).
d Besiedelung der einzelnen Inseln durch Gründerindividuen, aus denen jeweils Teilpopulationen entstanden.

111 Adaptive Radiation der Säuger am Ende der Kreide nach dem Aussterben vieler Reptilien.

112 **a** Im DARWIN'schen Sinne ist der „Kampf ums Dasein" nicht als eine direkte körperliche Auseinandersetzung zwischen Dingo und Beutelwolf zu verstehen. Der „Kampf" im Sinne DARWINS ist in diesem Fall die Konkurrenz um Nahrung und andere Ressourcen. Beide Arten sind auf die gleichen Beutetiere angewiesen. Sie beanspruchen die gleiche Nahrungsnische. Den „Kampf" gewinnt die Art, die bei der Jagd erfolgreicher ist.
b Beutelwolf und Dingo beanspruchen die gleiche ökologische Nische. Da der Dingo beim Beuteerwerb erfolgreicher war, konnte er den Beutelwolf aus der ökologischen Nische verdrängen.
c Die bei b gegebene Erklärung lässt sich durch die Aussagen zum Vorkommen des Beutelwolfs in Tasmanien bestätigen. Wenn die Konkurrenz um die gleiche ökologische Nische die Ursache für das Aussterben des Beutelwolfs auf dem australischen Kontinent war, dann ist zu erwarten, dass der Beutelwolf in Tasmanien überlebte. Dort gab es nie Dingos, die mit ihm um Beutetiere konkurrierten. Vermutlich gäbe es in Tasmanien auch heute noch Beutelwölfe, wenn die europäischen Siedler sie nicht ausgerottet hätten.

113 Die Aussage ist unsinnig. Beide Arten sind bzw. waren an unterschiedliche ökologische Nischen angepasst. Das Urpferd war an eine ökologische Nische innerhalb des Lebensraums „Wald" angepasst, ein heutiges Zebra besetzt eine ökologische Nische innerhalb des Lebensraums „Steppe". Ein Vergleich des Anpassungsgrads ist daher nicht möglich. Eine Aussage dazu, welche von zwei Arten besser angepasst ist, ist nur dann sinnvoll, wenn beide die gleiche ökologische Nische beanspruchen.

114 Hypothese 1: Eisbären sind erst vor kurzer Zeit entstanden. Die Zeit, die für die Entstehung von Merkmalsunterschieden zwischen Rassen erforderlich ist, reichte nicht aus.
Hypothese 2: Das Verbreitungsgebiet des Eisbären ist sehr gleichförmig. In diesem Gebiet sind keine weiteren ökologischen Nischen vorhanden, die durch eine andere Rasse besetzt werden könnten.
Hypothese 3: Eine Separation, die geografische Isolation, ist im Verbreitungsgebiet der Eisbären nicht möglich. Es gibt keine geografischen Barrieren, die Populationen voneinander abtrennen könnten.

115 Die nächsten Verwandten des Menschen sind der Orang-Utan (Asien), der Gorilla (Afrika) und die Schimpansen (zwei Arten; Afrika).

116 a Auslöser war der Wechsel des Lebensraums. Ehemalige Bodenbewohner gingen zum Leben auf Bäumen über.

b
- Vergrößerung der Augen: Eine optische Orientierung ist beim Leben in den Bäumen günstiger als eine olfaktorische (Geruchssinn).
- Starke Überschneidung der Sehfelder beider Augen: ermöglicht genaues räumliches Sehen und zuverlässiges Abschätzen von Entfernungen beim Greifen, Klettern und Springen in Bäumen.
- Größeres und stärker gefurchtes Großhirn: erleichtert bei der Fortbewegung die schnelle Entscheidung über den günstigsten der vielen möglichen Wege im Geäst.
- Daumen und große Zehe opponierbar: Hände und Füße werden zu Greiforganen, die das Klettern im Geäst erleichtern.
- Das Gleichgewichtsorgan und der zugeordnete Hirnbereich werden leistungsfähiger: Verbesserung der Kontrolle des Gleichgewichts bei der instabilen Körperlage während der Fortbewegung im Geäst.

c Merkmale des heutigen Menschen, die auf die genannten Präadaptationen zurückzuführen sind:
- Augen sehr leistungsfähig
- Sehr gutes räumliches Sehen, ermöglicht unter anderem die geschickte Manipulation von Gegenständen unter Augenkontrolle
- Hohe Planungsfähigkeit
- Hohe handwerkliche Geschicklichkeit (sehr weitgehende Opponierbarkeit des Daumens)
- Kontrolle der Körperhaltung beim zweibeinigen Gang

117 a
- Oberschenkel bildet mit der Wirbelsäule eine gerade Linie
- Beine länger als Arme
- Wirbelsäule doppelt S-förmig gebogen
- Becken breit und schüsselförmig
- Erste Zehe nicht opponierbar, Fuß mit drei statt zwei Belastungspunkten, Fuß gewölbt
- Hinterhauptsloch im Zentrum der Schädelunterseite

b
- Geburtskanal weit
- Daumen lang und sehr gut gegen alle Finger opponierbar
- Gehirn, v. a. Großhirn, groß
- Stirn steil und hoch
- Gesichtsschädel nicht vorgewölbt
- Überaugenwülste schwach ausgebildet
- Backenzahnreihen parabelförmig
- Eckzähne kaum die Schneidezähne überragend
- Kinn vorspringend, Unterkiefer ohne Affenplatte

118 Die Wirbelfortsätze der Halswirbel sind beim Menschen viel kleiner als beim Gorilla. An den Wirbelfortsätzen setzen u. a. die Muskeln an, die verhindern, dass der Kopf nach vorne kippt. Beim Menschen liegt das Hinterhauptsloch, der Auflagepunkt des Schädels, auf der Wirbelsäule etwa in der Mitte der Schädelunterseite. Daher kann der Schädel leicht ausbalanciert werden. Die zur Bewegung des Schädels erforderliche Muskulatur, v. a. die Nackenmuskulatur, braucht nicht stark zu sein. Für den Ansatz der schwachen Nackenmuskulatur reichen kleine Wirbelfortsätze aus. Beim Gorilla liegt das Hinterhauptsloch im hinteren Teil des Schädels, der dadurch ein starkes Übergewicht nach vorne hat und gute Halsmuskeln erfordert, die große Wirbelfortsätze als Ansatzflächen brauchen.

119 b; d; e

120 a A = *Homo erectus*; B = Gorilla; C = *Homo sapiens sapiens*

b Je weiter sich das Hinterhauptsloch der Schädelmitte nähert, desto besser lässt sich der Schädel balancieren und desto weniger stark muss die Muskulatur sein, die ihn hält. Im Laufe der Stammesgeschichte rückte das Hinterhauptsloch immer weiter in Richtung der Schädelmitte, gleichzeitig wurde die Nackenmuskulatur reduziert. Daher sind die Ansatzflächen dieser Muskulatur am Schädel auch desto kleiner, je näher die Verwandtschaft zum heutigen Menschen ist.

121
- Der Vergleich von Proteinen ergab ähnliche Aminosäuresequenzen.
- Die Art der Antigene der Zellen ist sehr ähnlich, z. B. kommen die gleichen Blutgruppen des AB0-Systems vor.
- Die Analyse der Basensequenz der DNA und die DNA-Hybridisierung ergaben eine hohe Ähnlichkeit der genetischen Informationen.
- Die unterschiedliche Chromosomenzahl (Menschenaffen: 2n = 48), Mensch: 2n = 46) lässt sich durch die Verschmelzung zweier kleiner Chromosomen zu einem großen erklären.

122 Gemeinsame Merkmale von *Austrolopithecinen* und *Homo* sind:
- Eckzähne nicht oder nur wenig höher als die Schneidezähne
- Keine Affenlücke (Lücken in der Zahnreihe)
- Parabelförmige Backenzahnreihen (bei *Australopithecus* nur schwach ausgebildet)
- Ständig aufrechter, zweibeiniger Gang
- Große Zehe nicht oder nur sehr wenig abgespreizt und nicht opponierbar

123 Das Hirnvolumen betrug bei
- *Australopithecus*-Arten ca. 500 cm^3.
- *Homo erectus*-Formen ca. 1 000 cm^3.
- *Homo sapiens*-Typen ca. 1 500 cm^3.

124 Fußspuren von *Australopithecus*-Arten, sehr wahrscheinlich *Australopithecus afarensis,* weisen nach, dass sie sich in ständig aufrechtem, zweibeinigem Gang fortbewegten (Fundort Laetoli in Tansania/Ostafrika).

125 a *Australopithecus*-Arten wurden v. a. in Ost- und Südafrika gefunden.

b *Homo erectus* wurden gefunden in:
- Ostafrika
- Südasien, z. B. Java
- Ostasien, z. B. in der Nähe von Peking
- Europa, z. B. in der Nähe von Heidelberg

c Neandertaler wurden in Mittel- und Südeuropa gefunden (außerdem im östlichen Mittelmeergebiet und in Vorderasien).

126 Viele Fachleute verwenden die Bezeichnung *Homo* für die Vorfahren des Menschen, die ständig aufrecht auf zwei Beinen liefen und in der Lage waren, Werkzeuge herzustellen.

127 **a** A = *Homo sapiens neanderthalensis*
B = *Australopithecus*
C = *Homo sapiens sapiens*
D = *Homo erectus*

b Nur von Fundstellen in Afrika kann der Schädel des *Australopithecus* stammen. Nicht aus Afrika kann der des Neandertalers stammen.

c Die Nutzung des Feuers ist nachgewiesen bei:

- *Homo sapiens sapiens*
- *Homo sapiens neanderthalensis*
- Vertretern des *Homo erectus*

128

Das Hinterhauptsloch lag im Zentrum der Schädelunterseite	**oder**	Das Hinterhauptsloch lag weiter hinten am Schädel
Das Schädelvolumen betrug etwa 500 ml	**oder**	Das Schädelvolumen lag bei ca. 1 000 ml
Die Eckzähne waren groß und dolchartig	**oder**	Die Eckzähne waren kaum höher als die Schneidezähne
Die Stirn war flach und fliehend	**oder**	Die Stirn war steil und hoch

(Die korrekten Antworten sind grau hinterlegt.)

Wegen des ständig aufrechten Gangs kann das Fossil kein enger Verwandter der Menschenaffen sein. Der stark vorgewölbte Gesichtsschädel schließt Vertreter der *Homo erectus*-Gruppe und weitere, jüngere Formen des Menschen aus. Diese Ausschlüsse engen die mögliche systematische Zuordnung ein auf Vertreter der Gattung *Australopithecus* sowie auf die frühen *Homo*-Arten wie *Homo rudolfensis* und *Homo habilis*. Falls es sich bei dem Fossil um einen sehr frühen Vertreter der Gattung *Homo* handelt *(H. habilis, H. rudolfensis)*, dürfte man jedoch mit einem deutlich über 500 cm^3 liegenden Hirnvolumen rechnen.

129 A: *Homo erectus*
B: Schimpanse
C: *Homo sapiens sapiens*

130 a Der Schädel A gehört zu einem Vertreter der Gattung *Homo*. Es könnte sich um *Homo habilis* oder *Homo rudolfensis* handeln. Für die Einordnung in die Gattung *Homo* spricht v. a. das größere Volumen des Hirnschädels und der weniger vorgewölbte Gesichtsschädel als bei B. Der Hirnschädel ist im Vergleich zum Gesichtsschädel noch klein, sodass nur frühe Vertreter der Gattung *Homo* infrage kommen.

b Der Schädel B gehört zur Gattung *Australopithecus*. Dafür sprechen der im Vergleich zum Gesichtsschädel kleine Hirnschädel und die stärkere Vorwölbung des Gesichtsschädels. Menschenaffen sind ausgeschlossen, da die Eckzähne nur schwach ausgebildet sind.

131 Diese Aussage ist unsinnig. Die heutigen Menschenaffen und der heutige Mensch haben nach Auffassung der Evolutionsbiologie zwar einen gemeinsamen Vorfahren, in dem Zeitraum aber, in der es zur Entstehung des heutigen Menschen kam, haben sich auch die heutigen Menschenaffen durch evolutive Prozesse aus diesem Vorfahren entwickelt. Menschenaffen und Mensch sind also das Ergebnis eines jeweils eigenen evolutionären Prozesses.

132 Vermutlich besetzten die *Australopithecus*-Arten und die Vertreter der Gattung *Homo* unterschiedliche ökologische Nischen und traten deshalb nicht miteinander in Konkurrenz. Denkbar ist z. B., dass frühe *Homo*-Arten durch die Fähigkeit zur Herstellung von Steinwerkzeugen größere Tiere zerlegen konnten und damit eine andere Nahrungsquelle nutzten als die *Australopithecinen*.

133 Unterarten (Rassen) des *Homo sapiens* sind z. B.:

- *Homo sapiens steinheimensis* (Steinheimer-Mensch)
- *Homo sapiens neanderthalensis* (Neandertaler)
- *Homo sapiens sapiens* (Jetztmensch)

134 Neandertaler haben nachweislich für einige Tausend Jahre gleichzeitig mit *Homo sapiens sapiens* gelebt. Beide Unterarten waren also Zeitgenossen. Wenn der Neandertaler der Vorfahre des heutigen Menschen wäre, dürfte er sich nach der Entstehung von *Homo sapiens sapiens* nicht mehr nachweisen lassen.

135 Dauerhaft zweibeinig und aufrecht laufende Primaten
- können die Landschaft ständig weit überblicken und dadurch z. B. Feinde oder Beutetiere früh entdecken.
- sind besser vor Überhitzung geschützt (geringere Fläche, die der Sonne ausgesetzt ist).
- haben die Hände frei und können daher während des Laufens mit Werkzeugen (z. B. Waffen) hantieren oder ihre Jungen oder gesammelte Nahrung tragen.

136 **a** Arten der *Homo rudolfensis*-Gruppe, zu der auch *Homo habilis* gehört, sind die ältesten Vorfahren des Menschen, die Werkzeuge herstellen konnten.

b Es handelte sich um Geröllgeräte *(pebble tools)*. Das sind scharfkantig abgeschlagene Kiesel.

c Mit den *pebble tools* lässt sich z. B. die Haut größerer Säuger zerschneiden, sodass man das darunterliegende Fleisch erreichen kann. Diese Geräte waren weniger gut geeignet für die Jagd auf größere Säugetiere.

137 Am frühesten in der Stammesgeschichte

a machte *Homo erectus* Jagd auf größere Beutetiere.

b konnte *Homo erectus* das Feuer nutzen.

c bestatteten die Neandertaler ihre Toten.

d war *Homo sapiens sapiens* (Cro Magnon) in der Lage, Menschen und Tiere in Malereien (Höhlenmalerei) und als Plastiken darzustellen.

138 Eine artikulierende Sprache ermöglicht die Fähigkeit zum detaillierten Austausch von Informationen zwischen den Individuen einer sozialen Gruppe. Selektionsvorteile kann das z. B. bringen, weil
- sich die Individuen gegenseitig über ihre Erfahrungen informieren können, z. B. über ergiebige Sammelplätze, gefährliche Situationen, Tricks und Techniken.
- die Individuen gemeinsame Unternehmungen, z. B. eine Jagd, fein abgestimmt planen können.
- das Zusammenleben in Gruppen durch Absprachen und Regeln konfliktärmer werden kann.
- individuelle Bindungen gefestigt werden können, z. B. zwischen Paaren oder innerhalb von Familien- und Freundesgruppen.

139 Nach Auffassung der meisten Fachwissenschaftler gehören alle heute auf der Erde lebenden Menschen zur gleichen Rasse, zu der des *Homo sapiens sapiens*. Rassen (Unterarten) des Menschen traten nur in der Vergangenheit auf, z. B. *Homo sapiens neanderthalensis* oder *Homo sapiens steinheimensis*.

140 **a** Bedeutung der Kennbuchstaben des Stammbaumschemas:
A = *Australopithecus afarensis*
B = mehrere verschiedene *Australopithecus*-Arten
C = *Homo erectus*
D = *Homo sapiens sapiens* (Jetztmensch)
E = *Homo sapiens neanderthalensis*

b Die Zahlen der Zeitleiste geben Millionen Jahre an (Faktor 10^6).

c Nachweisbar sind ab
I: ständig aufrechter, zweibeiniger Gang
II: Herstellung von Steinwerkzeugen
III: Nutzung von Feuer

d
- Europa: *H. erectus*
- Nordamerika: *H. sapiens sapiens*
- Australien: *H. sapiens sapiens*
- Südamerika: *H. sapiens sapiens*

e In Deutschland fand man Fossilien von
- *Homo erectus:* z. B. von *Homo erectus heidelbergensis* in der Nähe von Heidelberg.
- ursprüngliche *Homo sapiens*-Formen, z. B. *Homo sapiens steinheimensis* in Steinheim an der Murr (Baden-Württemberg).
- *Homo sapiens neanderthalensis* im Neandertal bei Düsseldorf.

141 a; d; g

142 d; e; f

143 **a** *H. e.* = *Homo erectus*
H. s. s. = *Homo sapiens sapiens*

b A = *Homo steinheimensis* (oder: *Homo sapiens steinheimensis*)
B = *Homo neanderthalensis* (oder: *Homo sapiens neanderthalensis*)

c Im linken Stammbaum wird die Theorie dargestellt, die unter der Bezeichnung „Out of Africa“ bekannt ist. Der rechte Stammbaum gibt die Theorie des „multiregionalen Ursprungs“ wieder.

Die „Out of Africa"-Theorie nimmt an, dass alle heute auf der Erde lebenden Formen des Menschen den gleichen Ursprung haben. Sie stammen alle von einem Vorfahren aus der Gruppe des *Homo erectus* ab. Die Besiedelung Europas und Asiens erfolgte zweimal; in einer ersten Auswanderungswelle von Afrika aus durch den *Homo erectus* und in einer zweiten Welle durch den *Homo sapiens sapiens*. Die „Out of Africa"-Theorie lässt sich besser begründen.
Nach der Theorie des multiregionalen Ursprungs sind die heute auf der Erde lebenden Menschen mindestens dreimal unabhängig aus *Homo erectus*-Vorfahren entstanden.

d Die Theorie des multiregionalen Ursprungs lässt sich für rassistische Zwecke leichter missbrauchen. Nach dieser Theorie sind die Unterschiede zwischen den Bewohnern Afrikas, Asiens und Europas dadurch zu erklären, dass sie von verschiedenen *Homo erectus*-Gruppen abstammen. Durch diese Theorie ließe sich die Auffassung begründen, es gäbe verschiedene Menschenrassen.
Untersuchungen des menschlichen Genoms haben gezeigt, dass die genetischen Unterschiede zwischen den heute auf verschiedenen Kontinenten lebenden Menschen sehr gering sind. Sie reichen bei Weitem nicht aus, um von Rassen sprechen zu können. Die geringe genetische Verschiedenheit spricht dafür, dass der Mensch erst vor geologisch kurzer Zeit entstanden ist.

144 Diskutiert werden als Ursachen für das Aussterben des Neandertalers:

- Verdrängung aus seiner ökologischen Nische durch den leistungsfähigeren *Homo sapiens sapiens*.
- Vermischung mit dem *Homo sapiens sapiens* und Aufgehen in einer gemeinsamen Population.

145 Grundlagen für die kulturelle Evolution sind

- das große und ungewöhnlich leistungsfähige Gehirn.
- die durch die ausgeprägte Opponierbarkeit des Daumens bedingten sehr feinen Bewegungsmöglichkeiten der Hand (Präzisionsgriff) und die leistungsfähigen Gehirnfelder, die die Hand steuern.
- die differenzierte, artikulierende Sprache, die es ermöglicht, erworbene Kenntnisse bis in feinste Einzelheiten hinein weiterzugeben.
- die lange Jugendzeit des Menschen, die eine ausgedehnte Lernphase im Leben jedes Individuums ermöglicht.

146 Mit der Erfindung der Schrift konnten

- kulturelle Kenntnisse außerhalb des Gehirns gespeichert werden.
- größere Mengen an Information gespeichert werden als im Gehirn.
- kulturelle Informationen über weite Strecken transportiert und über lange Zeit hinweg konserviert werden.

Mit der Erfindung des Buchdrucks und der Einführung der elektronischen Datenverarbeitung verstärkten sich diese Fortschritte noch weiter. Das Tempo der kulturellen Evolution nahm dadurch deutlich zu.

147 Ergebnisse der kulturellen Evolution:

Materielle Kultur	Nichtmaterielle Kultur
• Steinwerkzeuge • Feuer • Höhlenmalerei • Nutzpflanzen/Haustiere • Metallgewinnung und -bearbeitung • Schrift • EDV • Internet	• Gemeinschaftliche Jagd • Bestattung der Toten • Sesshaftigkeit • Urbane Kultur • Antike Demokratien • Aufklärung • Abschaffung der Sklaverei • Gleichberechtigung von Mann und Frau • Abschaffung der Todesstrafe

148 Im Großhirn entwickelten und vergrößerten sich die Sprachzentren, das Broca-Zentrum, das die Koordination der am Sprechen beteiligten Muskeln koordiniert, und das Wernicke-Zentrum, das die Bildung sinnvoller Wörter und Sätze ermöglicht.

149 Beim Schrumpfen der Populationen kann es durch Flaschenhalseffekt und Gendrift zur zufälligen und schnellen Veränderung von Allelhäufigkeiten kommen. Auch die Selektion führt in kleinen Populationen schneller zu Merkmalsänderungen als in großen. Die hohe Evolutionsgeschwindigkeit in geschrumpften, kleinen Populationen könnte erklären, dass der *Homo sapiens sapiens* innerhalb einer geologisch kurzen Zeit entstanden ist.

150 **a** Restriktionsenzyme spalten die DNA nach spezifischen Basenfolgen. Dadurch lässt sich festlegen, an welchen Stellen ein DNA-Molekül zerschnitten werden soll. Die meisten in der Gentechnik verwendeten Restriktionsenzyme zerschneiden die Einzelstränge eines DNA-

Moleküls versetzt, sodass an den Enden spezifische und in ihrer Basenfolge bekannte Stücke der Einzelstränge überstehen. An diese „*sticky ends*" lassen sich leicht fremde DNA-Stücke mit komplementärer Basenfolge anfügen. Auf diese Weise können Fremdgene in ein DNA-Molekül (z. B. in das Plasmid einer Bakterienzelle) eingefügt werden.

b Restriktionsenzyme kommen im Zytoplasma von Bakterien vor. Unter natürlichen Bedingungen zerstückeln sie eingedrungene, fremde DNA und machen sie so unwirksam. Auf diese Weise können die Bakterien sich vor der Zerstörung, z. B. durch die DNA von Bakteriophagen schützen.

151 Wenn man das gleiche Restriktionsenzym für beide Vorgänge benutzt, tragen sowohl die Enden der fremden DNA-Stücke als auch die Enden der aufgetrennten Plasmidringe die gleichen „*sticky ends*". So wird es möglich, dass sich ein fremdes DNA-Stück mit den Enden der Plasmid-DNA verbindet und sich der Ring danach wieder schließt.

152 Zur Synthese von DNA aus mRNA geht man in folgenden Schritten vor:

- Isolierung der mRNA aus Zellen, die gerade das entsprechende Genprodukt synthetisieren. In diesen Zellen ist neben anderen Arten von mRNA auch diejenige vorhanden, die komplementär am Genort der DNA gebildet wurde.
- *In-vitro*-Synthese von komplementärer DNA durch Zugabe von DNA-Nukleotiden, reverser Transskriptase und weiteren Enzymen.
- Suche nach den richtigen DNA-Abschnitten mithilfe besonderer Verfahren, z. B. durch Gelelektrophorese und durch Verwendung von Gensonden.

153 Um ein Gen *in vitro* herzustellen, analysiert man zunächst die Sequenz der Aminosäuren seines Produktes. Mithilfe des Code-Lexikons lässt sich danach für jede Aminosäure ein entsprechendes Basentriplett bestimmen. Wegen der Degeneration des genetischen Codes ist jedoch mehr als ein Triplett möglich, um eine bestimmte Aminosäure zu codieren. Daher können DNA-Moleküle trotz verschiedener Basensequenz die Information für das gleiche Protein enthalten.

154 Plasmide lassen sich als Vektoren nutzen. Mit ihrer Hilfe kann man Fremdgene nicht nur in Bakterien, sondern auch in Hefezellen einschleusen. Bakterien sind Prokaryoten. Sie sind als Empfänger von Eukaryoten-Genen, z. B. Genen des Menschen, weniger günstig als Hefezellen, da sie das Fremdgen zwar aufnehmen, aber das entsprechende Genprodukt nicht bilden. Ihr Transkriptions- und Translationsapparat arbeitet anders als der von Eukaryoten. Hefezellen haben die gleichen oder ähnliche Enzyme und Regulationsmechanismen wie alle anderen Eukaryoten. Wenn sie ein Eukaryoten-Gen aufgenommen haben, ist die Chance, dass das übertragene Gen auch abgelesen und realisiert wird, höher als in Bakterienzellen.

155 a; c; d

156 **a** Pflanzenzellen sind von einer Zellwand aus Cellulose umgeben, die das direkte Eindringen von DNA erschwert.

b Durch Enzyme, u. a. durch Cellulase, lässt sich die Zellwand beseitigen. Der dann übrig bleibende Protoplast ist nur noch von der Zellmembran umgeben, durch die mit bestimmten Techniken DNA in die die Zelle eingeschleust werden kann.

157 a; b; c; f; h

158 Verwendung von Plasmiden, die ein Resistenzgen als Marker haben, das die Resistenz gegen ein bestimmtes Antibiotikum, z. B. Ampicillin, bewirkt. Kultur der Bakterien auf einem Nährboden, der Ampicillin enthält; es bilden nur solche Bakterien Kolonien, die ein Plasmid aufgenommen haben, denn damit haben sie das Resistenzgen erhalten, das sie unempfindlich gegen Ampicillin macht. Ergebnis der Suche: Es wurden alle Bakterien gefunden, die ein Plasmid aufgenommen haben. Das Plasmid kann aus reiner Bakterien-DNA bestehen oder auch aus Bakterien-DNA, der ein Stück Fremd-DNA eingefügt wurde (Hybridplasmid).

159 Das Muster der Kolonien der Kulturschale A wird mit einem Samtstempel auf einen Nährboden B übertragen, der Tetracyclin enthält. Alle sich auf dem Nährboden B bildenden Kolonien bestehen aus Bakterien des Typs I. Sie enthalten kein fremdes DNA-Stück.

Bakterien, die ein Plasmid mit eingebautem fremden DNA-Stück besitzen (Typ II), können nicht resistent gegen Tetracyclin sein, weil die fremde DNA durch ihre Lage das Resistenzgen in zwei Bereiche trennt und damit unwirksam macht.

Die Stellen des Nährbodens B, an denen sich keine Kolonien gebildet haben, lassen darauf schließen, dass die Kolonien, die in der ursprünglichen Kulturschale A an entsprechender Stelle liegen, aus Bakterien des Typs II bestehen. Sie enthalten in ihrem Plasmid ein Stück fremder DNA. Aus ihnen lassen sich Kulturen heranziehen, die nur aus transgenen Zellen bestehen.

160 **a** Folgende Typen von Bakterien mit unterschiedlicher genetischer Information entstehen beim Versuch des Gentransfers:

Typ 1: Bakterien, die kein Plasmid aufgenommen haben. Sie tragen nur die genetische Information ihres Bakterienchromosoms.

Typ 2: Bakterien, die ein Plasmid aufgenommen haben, das aus reiner Bakterien-DNA besteht. Sie besitzen die genetische Information des Bakterienchromosoms und zusätzlich die des aufgenommenen Plasmids.

Typ 3: Bakterien, die ein Hybridplasmid aufgenommen haben, das zwar ein fremdes DNA-Stück, aber nicht das gewünschte Gen enthält. Sie tragen neben der genetischen Information des Bakterienchromosoms und des Plasmids auch die des fremden DNA-Stücks.

Typ 4: Bakterien, die ein Hybridplasmid aufgenommen haben, in dem das zu übertragende Gen enthalten ist. Sie besitzen neben der genetischen Information des Bakterienchromosoms und des Plasmids auch die des gewünschten Gens.

b Am seltensten entstehen Bakterien, die ein Plasmid aufgenommen haben, das das gewünschte Gen enthält.

Der Versuch, ein DNA-Stück in ein Plasmid einzufügen, gelingt nur bei wenigen Plasmiden. Unter ihnen befinden sich wiederum nur wenige, deren aufgenommenes DNA-Stück aus dem gewünschten Gen besteht.

Beim Transferversuch der Plasmide in Bakterienzellen nehmen nur wenige Bakterien ein Plasmid auf. Unter den Plasmiden, die zur Aufnahme angeboten werden, gibt es nur sehr wenige, die ein Stück Fremd-DNA enthalten, und unter diesen wiederum gibt es nur sehr wenige mit dem gewünschten DNA-Stück.

161 b: Genbanken bestehen aus Zellen, die verschiedenartige, fremde DNA-Stücke enthalten. Alle Zellen einer Genbank von Bakterien z. B. haben Hybridplasmide aufgenommen. Darunter sind auch solche, die das Gen enthalten, das übertragen werden soll.

162 Wenn die Sequenz der Aminosäuren des Genprodukts bekannt ist, lässt sich mithilfe des Code-Lexikons die Basensequenz ermitteln, durch die das betreffende Protein codiert wird.
Wegen der Degeneration des genetischen Codes sind dabei jedoch verschiedene Basensequenzen möglich. Nur eine kann die genau passende Gensonde sein.

163 Dass beim Versuch der Genübertragung Plasmide aufgenommen werden, ist ein seltenes Ereignis. Dass diese Plasmide Hybridplasmide sind, ist noch seltener. Wiederum noch seltener ist, dass diese Hybridplasmide tatsächlich das gewünschte Fremdgen enthalten. Daher ist eine sehr hohe Zahl von Bakterienzellen erforderlich, um bei einigen wenigen mit der Aufnahme des Fremdgens rechnen zu können.
Wenn man gleich im ersten Suchschritt mit Gensonden arbeiten würde, müsste man sehr viele Bakterienkulturen anlegen und sehr viele Bakterienkolonien (Klone von Bakterien) mit Screening-Durchläufen prüfen, um diese wenigen Bakterienzellen zu finden. In den vorgeschalteten Suchschritten wird der größte Teil der Bakterienzellen aussortiert; das sind alle Zellen, die kein Plasmid aufgenommen haben, oder deren Plasmid keinen fremden DNA-Abschnitt enthält. Übrig bleiben diejenigen Bakterienzellen, die die Genbank (Genbibliothek) bilden. Darin ist die Zahl der Bakterienzellen, die das gewünschte Fremdgen enthalten, im Vergleich zu den übrigen Bakterienzellen viel höher. Auf diese Weise lässt sich die Zahl der erforderlichen, aufwendigen Screening-Durchläufe vermindern.

164 Erforderlich sind Stücke von RNA oder einsträngiger DNA, die zu charakteristischen Abschnitten der DNA von Salmonellen komplementär sind. Sie dienen als Gensonden. Durch die Markierung mit fluoreszierenden oder radioaktiven Substanzen können sie sichtbar gemacht werden. Um die Anlagerung der Sonden zu ermöglichen, muss der DNA-Doppelstrang durch Wärme geöffnet werden. Gensonden, die einer Probe zugegeben werden, lassen sich danach nicht mehr auswaschen, wenn sie sich komplementär an entsprechende DNA-Bereiche binden konnten. Das ist aber nur dann der Fall, wenn Salmonellen vorhanden sind, weil die gewählten Gensonden nur zu ihrer DNA komplementär sind. Ob nach dem Auswaschen noch Gensonden in der Probe vorhanden sind, lässt sich anhand der Fluoreszens bzw. über eine Autoradiografie erkennen.

165 Ablauf des Verfahrens zur Gewinnung der cDNA des Faktor-VIII-Gens:

- Isolation der mRNA aus den Zellen eines Menschen, die den Faktor VIII herstellen. Unter den isolierten RNA-Molekülen befindet sich auch die mit der Information für den Faktor VIII.
- Nach Zugabe von reverser Transkriptase und DNA-Nukleotiden bilden sich komplementär zur mRNA Einzelstränge der DNA.
- Die mRNA wird von den DNA-Einzelsträngen getrennt.
- Die DNA-Einzelstränge ergänzen sich mithilfe von DNA-Polymerase zu DNA-Doppelsträngen.
- Suche unter den entstandenen DNA-Doppelsträngen nach denjenigen DNA-Stücken, die der mRNA mit der genetischen Information für den Faktor VIII entsprechen (z. B. mit Gensonden oder durch Gelelektrophorese).

166 c; e; g; h

167 Die DNA wird z. B. aus den Kernen von weißen Blutkörperchen oder aus Zellen der Mundschleimhaut gewonnen und mithilfe der PCR vermehrt. Als Primer dienen solche DNA-Stücke, die den Anfangsbereich des veränderten Allels markieren. Durch Erwärmen wird der Doppelstrang des DNA-Stücks, das das Gen enthält, in Einzelstränge aufgespalten. Im nächsten Arbeitsschritt wird ein Stück einsträngiger DNA oder RNA zugegeben, dessen Basenfolge komplementär zu der des gesuchten Gens ist. Diese Gensonde ist radioaktiv markiert oder mit einem fluoreszierenden Farbstoff versehen. Die Gensonde lässt sich im darauffolgenden Arbeitsschritt nur dann vollständig auswaschen, wenn das veränderte Allel in der DNA der Testperson nicht vorhanden ist. Andernfalls bindet sie sich komplementär an das Gen und lässt sich durch Autoradiografie bzw. durch seine Fluoreszenz nachweisen.

168 b; d; e; f

169 **a** Als Primer erforderlich sind: $^{5'}$T C C G$^{3'}$ und $^{5'}$G A C C$^{3'}$

b Einzelstränge mit angelagerten Primern (siehe rechts).

```
3'GGTATCAGGCCATAGTCCCAGCGGTTA5'
      5'TCCG3'          3'CCAG5'
5'CCATAGTCCGGTATCAGGGTCGCCAAT3'
```

c DNA nach dem ersten PCR-Zyklus (siehe rechts).

```
3'GGTATCAGGCCATAGTCCCAGCGGTTA5'
      5'TCCGGTATCAGGGTCGCCAAT3'

3'GGTATCAGGCCATAGTCCCAG5'
5'CCATAGTCCGGTATCAGGGTCGCCAAT3'
```

DNA nach dem zweiten PCR-Zyklus (siehe rechts).

```
3'GGTATCAGGCCATAGTCCCAGCGGTTA5'
      5'TCCGGTATCAGGGTCGCCAAT3'

      5'TCCGGTATCAGGGTCGCCAAT3'
      3'AGGCCATAGTCCCAG5'

3'GGTATCAGGCCATAGTCCCAG5'
      5'TCCGGTATCAGGGTC3'

5'CCATAGTCCGGTATCAGGGTCGCCAAT3'
3'GGTATCAGGCCATAGTCCCAG5'
```

170 a; c; d; e

171 Die drei Arbeitsphasen eines PCR-Zyklus laufen bei unterschiedlichen Temperaturen ab. Eine Phase bei ca. 50 °C, eine bei ca. 70 °C und eine bei ca. 90 °C. Eine Temperatur von 90 °C ist erforderlich, um den DNA-Doppelstrang zuverlässig in Einzelstränge zu spalten. Eine normale DNA-Polymerase würde bei so hohen Temperaturen denaturieren, sie müsste zu Beginn jedes PCR-Zyklus neu zugegeben werden. Die hitzebeständige Polymerase aus *Thermus aquaticus* bleibt dagegen über alle Arbeitsphasen der PCR stabil. Einmal vorhanden, arbeitet sie in jedem PCR-Zyklus, sobald der passende Temperaturbereich von 70 °C erreicht ist.

172 Mithilfe der PCR lässt sich nicht nur DNA vermehren, sondern auch auswählen, welcher Abschnitt vervielfältigt werden soll. Die Vervielfältigung betrifft nur den Abschnitt der DNA, der durch die Primer markiert ist. Wenn man Primer wählt, die komplementär zum Beginn und Ende des zu übertragenden Gens sind, ist dieser DNA-Abschnitt nach Ende der PCR sehr viel häufiger als andere. Wenn also anschließend der gentechnische Transfer eines DNA-Stücks gelungen ist, dann ist dieses übertragene Stück mit höherer Wahrscheinlichkeit das gewünschte Gen als ein anderes DNA-Stück.

173 Die DNA-Stücke einer Bande sind gleich oder ähnlich lang.

174
- Menschliches Insulin: Behandlung von Diabetes
- Interferon: Stärkung des Immunsystems, Krebsthearpie
- Spezieller Blutgerinnungsfaktor VIII: Behandlung der Bluterkrankheit (Hämophilie)
- Impfstoff gegen Hepatitis B: Aktive Immunisierung (vorbeugende Impfung)
- Erythropoetin: Behandlung der Blutarmut (Anämie)

175 Bereiche, in denen sich Chancen eröffnen:
- Herstellung von Medikamenten, Impfstoffen u. Ä.
- Effektivitätssteigerung bei der Herstellung von Lebensmitteln
- Effektivere Ausnutzung von Rohstofflagerstätten
- Beseitigung von Umweltschäden
- Steigerung der Effektivität bei Verfahren der Abfallbeseitigung und Kompostierung

Risiken, die mit der Herstellung und Nutzung transgener Mikroorganismen verbunden sind:
- Unbeabsichtigte Zucht schwer kontrollierbarer Krankheitserreger
- Ungewollte Genübertragung auf andere Stämme und damit Bildung neuer, eventuell gefährlicher Genkombinationen
- Versehentliche Freisetzung gefährlicher Stämme aus Forschungslabors
- Nutzung transgener Mikroorganismen als biologische Kampfmittel

176 **a** Es ist beabsichtigt, Gene auf Kulturpflanzen zu übertragen, die es ermöglichen, den Stickstoff aus der Luft zu binden. Solche transgenen Pflanzen wären nicht darauf angewiesen, diesen Mineralstoff aus stickstoffhaltigen Verbindungen mit dem Bodenwasser aufzunehmen.

b Kulturpflanzen, die den Luftstickstoff nutzen, könnten folgende Vorteile bringen:
- Die Pflanzen könnten auch auf stickstoffarmen Böden gedeihen.
- Die Kosten für die Stickstoffdüngung würden entfallen, v. a. in Entwicklungsländern wäre das von Bedeutung.
- Die Wasserverschmutzung durch ausgespülten Stickstoffdünger und ähnliche Umweltschäden könnten vermieden werden.

177 Mögliche ungünstige Folgen der Nutzung transgener Pflanzen in der Landwirtschaft und Lebensmittelindustrie:

- Verdrängung heimischer Wildpflanzen durch hohe Leistungsfähigkeit der transgenen Pflanzen (ökologische Störungen)
- Auslösung von Allergien durch die Bildung bisher nicht vorkommender Proteine und anderer Inhaltsstoffe. Evtl. auch Bildung von Stoffen, die noch schwerwiegendere gesundheitliche Schäden auslösen
- Unkontrollierte Übertragung eingeschleuster Fremdgene auf Wildpflanzen (ökologische Störungen)
- Gefährdung von Bienen
- Ausbreitung von Markergenen, die eine Resistenz gegen Antibiotika bewirken.
- Ungewollte Veränderungen gentechnikfreier Produkte durch Pollenübertragung; dadurch Schwierigkeit der Vermarktung

178 Anwendungsmöglichkeiten der Gentechnik in der Tierhaltung und -zucht:

- Einschleusung von Genen, die die Leistungsfähigkeit der Tiere und die Qualität ihrer Produkte erhöhen
- Transfer von Genen, die in den Tieren die Produktion von Medikamenten oder Impfstoffen auslösen
- Auslösung von Gendefekten, um der Forschung bestimmte Versuchstiere zur Verfügung zu stellen (Modellorganismen)
- Behandlung von Tieren mit z. B. gentechnisch hergestellten Hormonen
- Gezielte gentechnische Veränderung von Tieren, die ihre Organe geeignet für Transplantationen machen

179 Wenn die polymorphen Bereiche repetitive Sequenzen enthalten, ist nur eine Gensonde erforderlich, um alle Banden sichtbar zu machen. Bei einer Basenfolge in einem solchen polymorphen DNA-Bereich von z. B. … GGATCGGATCGGATCGGATC … benötigt man nur die Gensonde CCTAG, da alle DNA-Stücke dieses Bereichs dieselbe Basenfolge, allerdings in unterschiedlich häufiger Wiederholung aufweisen.

180 Die meisten Gene sind bei allen Menschen identisch. Man müsste eine äußerst hohe Zahl von Genen vergleichen, um so starke Unterschiede feststellen zu können, dass eine eindeutige Identifizierung möglich wäre. Außerdem müsste zur genauen Analyse eines Gens zunächst seine Basensequenz festgestellt werden. Die Untersuchung einer ausreichenden Zahl von Genen wäre daher sehr aufwendig.

181 Für den genetischen Fingerabdruck in Reihenuntersuchungen, die zur Aufklärung von Verbrechen durchgeführt werden, benutzt man polymorphe Bereiche der DNA. Diese enthalten keine Information über die Ausstattung einer Person mit bestimmten Genen. Außerdem stellt man beim genetischen Fingerabdruck nur die Länge bestimmter DNA-Abschnitte fest, nicht jedoch ihre Basensequenz. Aus der Länge lassen sich über die in den Stücken enthaltenen genetischen Informationen keine Schlüsse ziehen. Dies ist nur durch die Betrachtung der Basensequenz möglich. Das angeführte Argument ist also nicht stichhaltig.

182 **a** Die Banden bestehen aus DNA-Stücken gleicher Länge, da unterschiedlich lange DNA-Stücke während der Elektrophorese verschieden schnell und weit im elektrischen Feld wandern. Sichtbar gemacht werden sie durch Autoradiografie oder fluoreszierende Farbstoffe.

b Die Kinder A und C können nicht die leiblichen Kinder der angegebenen Eltern sein. Sowohl die DNA des Kindes A als auch die des Kindes C haben DNA-Stücke von einer Länge, die weder mit denen des Vaters noch mit denen der Mutter übereinstimmen. Erkennbar ist das an den Banden im Bandenmuster eines Kindes, die weder beim Vater noch bei der Mutter vorhanden sind. Alle Banden des Kindes B dagegen sind auch entweder beim Vater oder bei der Mutter sichtbar.

183 b; e

184 Mit der Möglichkeit zur Genanalyse verbundene, offene gesellschaftliche Fragen sind u. a.:

- Wer soll berechtigt sein, die Analyse eines Menschen zu verlangen?
- Darf die Genanalyse verwendet werden, um die Eignung für bestimmte Arbeitsplätze und Berufe zu überprüfen?
- Dürfen Versicherungen genetische Daten verwenden?
- Dürfen Genanalysen zur Auswahl menschlicher Embryonen verwendet werden?

185 Sowohl bei der somatischen Gentherapie als auch bei der Gentherapie an Keimzellen werden die negativen Auswirkungen eines defekten Gens durch das Einschleusen eines intakten Gens in die Zelle korrigiert.
Wird die Gentherapie z. B. durch einen Gentransfer an Keimzellen oder Zellen sehr früher Embryonalstadien durchgeführt, entstehen Individuen, die in allen Zellen ihres Körpers veränderte Gene tragen.
In der somatischen Gentherapie werden gezielt nur die Zellen des Körpers genetisch verändert, in denen sich das betreffende Gen auswirkt. Das sind in der Regel die Körperbereiche, in denen das Gen aktiv ist und zu Krankheitserscheinungen führt.

186 a Ergebnisse, die in Abb. 82 A dargestellt sind:
Larven, die 0,01 µg des Gifts des Bt-Mais aufgenommen hatten, starben zu etwa 11 %, bei 0,02 µg zu etwa 35 % und bei 0,04 µg zu etwa 70 %. Diese Untersuchung weist nach, dass das Gift, das gegen den Maiswurzelbohrer wirkt, in den angegebenen Dosen auch die Larven des Ampferblattkäfers tötet.

Ergebnisse, die in Abb. 82 B dargestellt sind:
Die Sterblichkeit der Larven, die Pollen des Bt-Mais gefressen haben, war etwa gleich groß wie die der Larven, die Pollen von nicht gentechnisch verändertem Mais gefressen haben.
Gesamtergebnis: Die Larven des Ampferblattkäfers wurden durch das Gift des Bt-Mais getötet. Unter natürlichen Bedingungen fressen sie allerdings so wenige Maispollen, dass die aufgenommene Giftmenge keine Auswirkungen hat. Die in Abb. 82 B angegebenen Sterberaten sind nicht durch das Bt-Gift zu erklären, sondern müssen andere Ursachen haben.

b Die Larven haben im Laufe der gesamten Entwicklung etwa 750 Pollen gefressen. Dargestellt ist aber das Ergebnis für sehr junge Larven (erstes Larvenstadium). Geht man aus Gründen der einfacheren Berechnung trotzdem davon aus, dass auch junge Larven schon 750 Pollen gefressen haben, dann hätten sie ca. 0,00259 µg Gift aufgenommen ($3{,}45 : 1\,000\,000 \times 750$). Diese Giftmenge liegt weit unter der, die die Larven in den Versuchen aus Abb. 82 A aufgenommen haben. Sehr wahrscheinlich ist die Sterblichkeit der Larven im Versuch aus Abb. 82 B nicht auf das Gift, sondern auf andere Ursachen zurückzuführen.

c In den Kontrollversuchen wurden die Larven mit normalem, ihrer natürlichen Umwelt entsprechendem Futter ernährt. Dadurch wird geprüft, ob die Larven unter den Versuchsbedingungen überhaupt am Leben bleiben. Die Versuche sind erforderlich, um sicher zu sein, dass die Larven nicht durch die allgemeinen Bedingungen, unter denen die Versuche durchgeführt werden, sterben, z. B. durch die Haltung in Glasgefäßen, durch das Kunstlicht im Raum oder durch ähnliche Einflüsse.

d Durch folgende Fragen wurden die Kriterien geprüft:

- Welche Käfer sind mit dem Maiswurzelbohrer nahe verwandt?
- Kommen die Käfer in der Nähe von Maisfeldern vor?
- Fressen die Käfer oder ihre Larven Blätter oder andere Pflanzenteile, auf denen Maispollen vorhanden sein können?
- Fressen die Käfer oder ihre Larven Teile von Maispflanzen (Pollen, Blätter, Wurzeln, Samen o. a.)?
- Entwickeln sich die Larven der Käfer zur gleichen Zeit, in der der Mais blüht, sodass Pollen ausgeweht wird, der sich auf Futterpflanzen absetzen kann?

e Um aus der außerordentlich hohen Zahl verschiedener Käferarten diejenigen zu finden, die mit dem Maiswurzelbohrer verwandt sind, benötigt man ein System, das auf der natürlichen Verwandtschaft der Tiere beruht. In diesem Fall ist es erforderlich zu wissen, welche Käfer die Gruppe der Blattkäfer bilden. Die systematische Ordnung in Verwandtschaftsgruppen ist eine Aufgabe der Grundlagenforschung. Ihre Ergebnisse sind zunächst nicht direkt anwendbar, aber von Nutzen, wenn Fragen wie in Aufgabe d gestellt werden.

Die in der Aufgabe d beschriebenen Kriterien kann man nur prüfen, wenn man über die ökologischen Bedingungen Bescheid weiß, die für die verschiedenen Blattkäferarten von Belang sind. Die Erforschung der Lebensbedingungen dieser Käfer bringt häufig zunächst keinen sichtbaren Nutzen. Wenn aber Fragen wie in der Aufgabe d auftauchen, kann man auf die Ergebnisse der ökologischen Grundlagenforschung ohne große Zeitverluste zurückgreifen.

187
- Vegetative Fortpflanzung: a
- Sexuelle Fortpflanzung: b; d; e
- Weder für die vegetative noch für die sexuelle Fortpflanzung: c (Ausnahme: eineiige Zwillinge); f

Aus einer vegetativen Fortpflanzung hervorgehende Nachkommen entstehen nur durch Mitosen. In der Mitose wird das genetische Material zunächst kopiert. Je ein Chromatid wandert anschließend in die sich neu bildende Zelle, sodass die genetische Information der neuen Zelle identisch ist mit der der alten Zelle.
Bei der sexuellen Fortpflanzung entstehen Nachkommen aus Keimzellen (Ei- und Spermien- bzw. Pollenzellen). Keimzellen bilden sich durch Meiose. In der Meiose werden Gene mit extrem hoher Wahrscheinlichkeit neu kombiniert (Rekombination). Dies geschieht durch die zufällige Verteilung homologer Chromosomen auf die Tochterzellen in der Anaphase der ersten Reifeteilung (homologe Chromosomen können unterschiedliche Informationen tragen) sowie durch „Crossing-over" (Austausch von Stücken zwischen homologen Chromosomen). Die Keimzellen eines Individuums sind daher mit extrem hoher Wahrscheinlichkeit untereinander genetisch verschieden. Außerdem haben sie einen anderen Genotyp als die Körperzellen des jeweiligen Organismus. Auch aus unbefruchteten Eizellen entstandene Individuen sind daher untereinander und im Vergleich zum elterlichen Organismus genetisch verschieden. Die Befruchtung ist eine dritte Möglichkeit der Neukombination von Genen.

188 Die Zellen eines sehr jungen Embryos sind totipotent. Sie können sich noch zu allen Zelltypen des späteren erwachsenen Individuums differenzieren. Die Körperzellen des erwachsenen Tieres haben die Totipotenz verloren.

189 GURDON konnte nachweisen, dass

- die Information für die Entwicklung von der Eizelle bis zum fertigen Tier im Zellkern liegt. Die Verwendung des Zellkerns einer Albino-Kaulquappe führte zur Bildung eines Albino-Frosches, obwohl die Eizelle von einem normal gefärbten Tier stammte.
- auch Körperzellen die gesamte genetische Information eines Organismus enthalten. Alle Gene, die erforderlich sind, damit ein vollständiger, erwachsener Krallenfrosch entstehen kann, wurden mit dem Zellkern der Darmzelle übertragen.
- auch bereits differenzierte Zellen unter bestimmten Bedingungen in der Lage sein können, wieder totipotent zu werden. Nach der Übertragung auf die Eizelle wurden alle Gene der DNA aus den Darmzellen der Albino-Kaulquappe in geordneter Weise abgelesen, sodass ein erwachsener Frosch entstand.

- die Fähigkeit, die Totipotenz wiederzuerlangen, mit zunehmendem Alter der Zelle geringer wird. Die Experimente gelangen bei jungen Kaulquappen besser als bei älteren.

190 **a** Bei der künstlichen Besamung werden einer Kuh Spermien eines Bullen durch die Vagina in den Uterus injiziert. Bei der künstlichen Befruchtung werden Eizellen einer Kuh aus dem Eierstock (Ovar) oder aus dem Eileiter entnommen und im Reagenzglas mit Spermien eines Bullen vermischt (*In-vitro*-Fertilisation). Bei einer Sonderform der künstlichen Befruchtung, der Intra-Zytoplasmatischen-Sperma-Injektion (ICSI), bringt man ein einzelnes Spermium durch eine sehr feine Kanüle direkt ins Zytoplasma der Eizelle ein.

b Der künstlichen Besamung bei Tieren entspricht die künstliche Bestäubung bei Pflanzen. Dabei überträgt man den Pollen einer Pflanze auf die Narbe (oberer Teil des Stempels) einer anderen, evtl. auch derselben Pflanze.

191 **a** Intra-Zytoplasmatische Sperma-Injektion (abgekürzt: ICSI)

b Die Glaskanüle sticht in die Eizelle ein und injiziert eine zuvor aufgenommene Spermazelle (Spermium) in das Zytoplasma. Dadurch wird die Eizelle befruchtet.

c Die ICSI ist in der BRD zugelassen.

d

1 = Eierstock	6 = Entnahme von Eizellen
2 = Eileiter	7 = Entw. von Embryonen (nach Befruchtung)
3 = Gebärmutter	8 = Injektion von Embryonen
4 = Eizelle	9 = i. d. Gebärmutter eingepflanzte Embryonen
5 = Follikel	

e Bei Verfahren der künstlichen Befruchtung werden immer mehrere Eizellen aus dem Eileiter entnommen und künstlich befruchtet. Von den sich daraus in der Kulturschale entwickelnden Embryonen pflanzt man aber nur wenige in die Gebärmutter ein. Nicht verwendete Embryonen werden tiefgefroren konserviert. Ethisch problematisch ist die Frage, was mit diesen Embryonen geschehen soll. Dürfen sie getötet werden? Müssen Sie zu einem späteren Zeitpunkt die Chance erhalten, sich zu entwickeln? Darf man sie für andere gentechnische oder reproduktionsbiologische Verfahren verwenden, z. B. für das therapeutische Klonen? Darf man überhaupt Verfahren durchführen, bei denen damit zu rechnen ist, dass nicht alle entstehenden Embryonen die Chance erhalten, sich weiterzuentwickeln?

Ethisch problematisch ist auch folgende Sachlage. Solange die Embryonen sich in der Kulturschale entwickeln, können sie ausgewählt werden. Darf man die Embryonen nach bestimmten Kriterien sortieren? Darf man z. B. nur die Embryonen, die sich schnell entwickeln, in die Gebärmutter einpflanzen?
Während der Zeit in der Kulturschale lässt sich die genetische Ausstattung der Embryonen durch Verfahren der Gendiagnose untersuchen. Man bezeichnet dieses Verfahren als PID. Ein ethisches Problem ist die Frage, ob man die Embryonen von der Einpflanzung in die Gebärmutter ausschließen darf, bei denen man durch eine PID die Anlage für eine Erbkrankheit festgestellt hat.

192 a; c; f; g

193 c; d; e

194 **a** Ein Klon, der aus einem geteilten Embryo hervorgeht, der durch *In-vitro*-Fertilisation entstanden ist, umfasst die Tiere, die aus den Teilen des Embryos heranwachsen. Alle diese Tiere sind untereinander genetisch identisch, da sie aus Zellen bestehen, die durch Mitosen auseinander hervorgegangen sind. Die Eltern des Embryos gehören nicht zum Klon. Der Embryo entstand aus Keimzellen (Ei- und Samenzelle), deren genetische Informationen in der Meiose und durch die Befruchtung neu kombiniert wurden (Rekombination).

b Ein Klon, der durch die Übertragung des Kerns einer Körperzelle auf eine entkernte Eizelle (und der anschließenden Teilung des Embryos) entstand, umfasst alle Tiere, die sich aus den Teilen des Embryos gebildet haben (siehe Teilaufgabe a), sowie das Individuum, von dem der Zellkern der Körperzelle stammt (Kernspender). Die genetische Information des Kernspenders ist in allen Zellen seines Körpers identisch. Sie wurde mit dem Zellkern einer seiner Körperzellen auf die Eizelle und damit auf den daraus heranwachsenden Embryo übertragen. In diesem Fall treten im gesamten Verlauf der Entstehung von Nachkommen keine Meiosen auf. Daher kann es nicht zur Neukombination der genetischen Information (Rekombination) kommen.

195 Arbeitsschritte bei der Klonierung mithilfe von Embryonen:

- Der Rinderembryo wird geteilt. Alle seine Zellen tragen identische genetische Informationen, da sie durch Mitosen entstanden sind.
- Aus jedem Teil des Embryos wächst in einem geeigneten Kulturmedium wieder ein neuer Embryo heran, da die Zellen sehr junger Embryonen noch totipotent sind.
- Je ein Embryo wird in den Uterus einer Ammenkuh übertragen.
- Die nach der Geburt aus den Kälbern heranwachsenden Rinder sind untereinander genetisch identisch, da sie aus den Zellen desselben Embryos entstanden sind (eineiige Mehrlinge). Sie bilden einen Klon.

196 a; c

197 a; d; e; f

198 a; c; d

199 Problematisch aus ethischer Sicht sind z. B.

- das Schicksal „überzähliger", nach einer *In-vitro*-Fertilisation nicht in den Uterus eingepflanzter Embryonen.
- die Auswahl von Embryonen durch eine Genanalyse (PID) vor der Übertragung in den Uterus (Auswahl in Bezug auf Erbkrankheiten, erwünschten Genotyp, erwünschtes Geschlecht).
- Gentransfer auf Embryonen (embryonale Stammzellen).
- Embryotransfer auf eine Frau, die bei künstlicher Befruchtung nicht die Spenderin der Eizelle ist (Leihmutter).
- Erzeugung oder Verbrauch von Embryonen zum Zweck des therapeutischen Klonens.
- Erzeugung von Hybridwesen zwischen Mensch und Tier (Zellverschmelzung, Kernübertragung).

200 a; c; f; g

201 Mit der geschilderten Methode der Kernübertragung auf embryonale Zellen ist eine andersartige Nutzung von Embryonen als zum Zweck der Fortpflanzung verbunden. Sie kann so weit gehen, dass Embryonen „verbraucht" werden, dass sie also durch diese Nutzung sterben. Ob diese Technik erlaubt sein soll, ist in der Gesellschaft umstritten. Außerdem eröffnet dieses Verfahren die Möglichkeit, Menschen zu klonen, d. h. identische Kopien von Menschen herzustellen. Wie alle Möglichkeiten der gezielten Beeinflussung und Veränderung der genetischen Information von Embryonen (Eingriffe in die Keimbahn) ist auch das Klonen mit den Grundwerten unserer Gesellschaft nicht oder nur schwer vereinbar.

202 b; c; d; e

203 a; b; c; d

204 Reihenfolge, in der die Verfahren verwendet wurden: h; e; f

205 Der Artbastard entstand bei einer Bestäubung durch die Verschmelzung einer Ei- mit einer Pollenzelle, also auf sexuellem Weg. Der Bastard besaß daher je einen Chromosomensatz des Weizens (= α) des einen Elternteils, und einen des Roggens (= β) des anderen Elternteils.
Die Verschiedenheit dieser beiden Chromosomensätze α und β verhinderte, dass alle Chromosomen während der Meiose einen homologen Partner finden konnten. Ohne die Paarung homologer Chromosomen kann die Meiose aber nicht ablaufen. Daher konnten sich keine Eizellen und Pollenkörner und infolgedessen auch keine Samen bilden; die Pflanze war steril.
Dass diese Vermutung zutrifft zeigt, dass die Sterilität durch Colchizin beseitigt werden konnte. Colchizin verhindert die Spindelbildung während der Mitose. Dadurch trennen sich die Chromosomen nicht und der Chromosomensatz verdoppelt sich. Die Pflanze hatte nun sowohl den doppelten Chromosomensatz des Weizens wie auch des Roggens ($\alpha\alpha\beta\beta$). In der Meiose konnte jedes Chromosom einen homologen Partner finden, sodass sich Eizellen und Pollen bilden konnten.

206 a; e; g; k; n

207 Antherenkulturen entstehen durch Mitosen aus Pollen. Pollenzellen sind haploid. Der Phänotyp der Pflanzen, die aus Antherenkulturen heranwachsen, entspricht daher in allen Merkmalen dem Genotyp. Aus jedem Merkmal kann der Züchter das zugrunde liegende Allel erschließen. Das gilt auch, wenn durch Colchizin-Behandlung eine Polyploidisierung erreicht wurde. Die Auswahl geeigneter Pflanzen für die Weiterzucht ist daher mithilfe der Antherenkultur besonders leicht möglich.

Außerdem lassen sich Pflanzen mithilfe von Antherenkulturen auch ohne Befruchtungsvorgang vermehren. Das kann bei bestimmten Formen der Sterilität von Bedeutung sein, z. B. wenn sexuelle Hemmungsmechanismen eine Befruchtung verhindern.

208 a Nachkommen eines sterilen Artbastards könnte man erhalten durch:
- Kalluskulturen: Aus Zellen des Artbastards wird eine Kalluskultur angelegt und diese wird geteilt. Aus jedem Teil kann wieder ein neuer Artbastard heranwachsen.
- Polyploidisierung des Artbastards: Häufig liegt die Ursache der Sterilität darin, dass sich der Chromosomensatz der Eizelle vom Chromosomensatz der Pollenzelle unterscheidet. In der Meiose können sich deshalb keine homologen Chromosomen paaren. Bei einer Verdoppelung des Chromosomensatzes nach der Zugabe von Cholchizin entsteht zu jedem Chromosom ein homologer Partner. Häufig wird dadurch die Meiose und damit die Bildung von Keimzellen (Eizellen und Pollen) ermöglicht.

b In Antherenkulturen gehen Pflanzen allein aus Pollenzellen hervor. Pollen können aber bei einem Artbastard nicht entstehen, da er steril ist. Er bildet keine Keimzellen. Außerdem würde sich die genetische Information der Pollenzellen von der der Körperzellen des Artbastards unterscheiden, da Pollen durch Meiosen entstehen.

209 a Durch Antherenkulturen lassen sich aus einer Pflanze, deren glattrandigen Blättern der Genotyp Aa zugrunde liegt, Nachkommen züchten, deren glattrandige Blätter durch den Genotyp AA zustande kommen.
Die Staubbeutel (Staubgefäße, Antheren) mit unreifen Pollen der Pflanze mit dem Genotyp Aa werden dafür in ein geeignetes Kulturmedium gebracht. Aus den Pollen wachsen Pflanzen heran. Wegen ihrer Haploidie (Genotyp A oder Genotyp a) sind diese Pflanzen häufig klein und schwach. Durch die Behandlung mit Colchizin im frühen Wachstumsstadium lässt sich der Chromosomensatz der jungen Pflanze verdoppeln (Polyploidisierung). Auf diese Weise können die Pflanzen vitaler werden.

b Aus Antherenkulturen entstehende und anschließend diploidisierte Pflanzen sind in allen Merkmalen homozygot. Es ist daher leicht, den Genotyp jeder Pflanzen zu erschließen, er entspricht immer dem Phänotyp.

Eine Pflanze mit glattrandigen Blättern kann bei diesem Verfahren nie den Genotyp Aa haben, nur der Genotyp AA ist möglich. Nachkommen aus Kreuzungen zwischen den Genotypen Aa und Aa bringen zwar auch Individuen mit glattrandigen Blättern hervor, diese können jedoch sowohl den Genotyp Aa wie auch AA tragen. Am Phänotyp sind homozygote Pflanzen nicht von heterozygoten zu unterscheiden. Es sind weitere, zeitaufwendige Kreuzungen erforderlich, um festzustellen, welche glattrandigen Nachkommen den Genotyp AA besitzen.

210 b; c; e; f

211 b; c; e

212 Bei der somatischen Hybridisierung von Pflanzen muss zunächst die Zellwand entfernt werden, um Protoplasten zu erhalten, d. h. Zellen, die nur von einer Zellmembran umgeben sind. Das geschieht durch die Behandlung mit bestimmten Enzymen. Bei tierischen Zellen ist dieser Arbeitsschritt nicht erforderlich, da sie keine Zellwand haben.

Stichwortverzeichnis

Die in Klammern angegebenen Ziffern verweisen auf die Bände Abitur-Training Biologie 1, Verlags-Nr. 847018, und Abitur-Training Biologie 2, Verlags-Nr. 847028.

Quellenverzeichnis

Kapitelbild 1(Wandelndes Blatt): © flugzeugfan – Fotolia.com
Kapitelbild 2 (Schaf Dolly und Sir Ian Wilmut): © AFP/Getty Images
Abb. 2, S. 14 (Stammbaum Pferdeartige): verändert nach: Ziegler, Bernhard: Allgemeine Paläontologie, Einführung in die Paläobiologie, Teil1, E. Schweizerbart'sche Verlagsbuchhandlung (Nägele und Obermiller), Stuttgart, 1986
Abb. 3, S. 16 links (*Archaeopteryx*-Zeichnung): nach Kuhn-Schnyder in Vogel, K.: Lebensweise und Umwelt fossiler Tiere, Quelle & Meyer, 1984; rechts (Foto *Archaeopteryx*): Museum für Naturkunde der Humboldt-Universität zu Berlin.
Abb. 7, S. 20 (Stammsukkulenz): Sitte, P. et al.: Strasburgers Lehrbuch der Botanik, Spektrum Akademischer Verlag, Heidelberg, Berlin 1998.
Abb. 8, S. 20 (Stromlinienformen): Osche, Günther: Evolution, © Herder Verlag, Freiburg, 10. Auflage 1990
Abb. 10, S. 21 (Schnabeltier): Wynne, P. J.
Abb. 18, S. 34 *(Tiktaalit)*: Wikipedia, http://de.wikipedia.org/w/index.php?title=Datei:Tiktaalik_roseae_life_restor.jpg&filetimestamp=20110204155939, zur Verfügung gestellt durch die National Science Foundation
Abb. 22, S. 37 (Ameisen-fressende Säugetiere): Strickenberger, M.: Evolution. Jones and Bartlett Publishers, Sudbury 1996
Abb. 24, S. 42 (Storch und Kondor): Prof. Dr. Volker Storch, Lehrstuhl für Zoologie, Universität Heidelberg
Abb. 24, S. 42 (Gänsegeier): A. Göring Aus: Naumann: Naturgeschichte der Vögel Mitteleuropas, Bd. 5, Gera 1899
Abb. 35, S. 70 (Geschlechtliche Zuchtwahl): McFarland, D.: Animal Behaviour © 1989
Abb. 36, S. 71 (Flaschenhalseffekt): Campbell, B. G.: Human Evolution, Aldine Publishing, Chicago 1966
Abb. 42, S. 93 (Schneckengehäuse): Fels, G.; Grah, M.; Grah, H.; Liesenfeld, F. J.: Der Organismus, Klett-Verlag, Stuttgart 1969
Abb. 44, S. 97 (Darwinfinken) und Abb. 61, S. 117 rechts oben (Steinwerkzeug): Harris, M. P. Aus: Invitation to Biology, 3rd edition, Wort Publishers, New York 1982
Abb. 45, S. 98 (Konvergenz bei Säugern und Reptilien): Prof. Dr. Volker Storch, Lehrstuhl für Zoologie, Universität Heidelberg
Abb. 46, S. 103 (Dingo und Beutelwolf): Dingo: http://commons.wikimedia.org/wiki/File:Dingo_on_the_road.jpg, Foto von: Jarrod Amoore, lizensiert unter der Creative Commons Attribution Lizenz; Beutelwolf: © Dannyphoto80/Dreamstime.com
Abb. 47, S. 105 (Affen): Schimpanse: © Sharon Morris/Dreamstime.com; Orang-Utan: © X – Fotolia.com; Gorilla: © Pascal Martin – Fotolia.com
Abb. 49, S. 108 (Körperproportionen): Schwidetzky, I.: Variations- und Typenkunde des Menschen. In: Handbuch der Biologie, Bd. 9, Akademische Verlagsgesellschaft Athenaion, Konstanz – Stuttgart 1965
Abb. 50, S. 108 (Schwerpunkt): Kummer, B.: Das mechanische Problem der Aufrichtung auf die Hinterextremitäten im Hinblick auf die Evolution der Bipedie des Menschen. In: Herberer, G. (Hrsg.): Menschliche Abstammungslehre, Gustav Fischer Verlag 1965, S. 227–248
Abb. 51, S. 109 (Becken): Donner, C. Aus: Evolution des Menschen, Spektrum Akademischer Verlag, Heidelberg – Berlin 1995
Abb. 53, S. 109 (Präzisionsgriff): © Bayram TUNÇ/iStockphoto

Abb. 55, S. 111 (Oberkiefer Menschenaffe, Mensch): Howells, W.; Kurth, Gottfried (Übersetzer): Die Ahnen der Menschheit, © 1963, mit freundlicher Genehmigung der Müller Rüschlikon Verlags AG, CH-6330 Cham

Abb. 56, S. 112 (Unterkiefer Schimpanse, Mensch),
Abb. 65, S. 129 (Halswirbel Mensch, Gorilla),
Abb. 66, S. 130 (Schädel von hinten),
Abb. 68, S. 132 (Unterkiefer in Aufsicht):
Campbell, B. G.: Human Evolution, Aldine Publishing, Chicago 1966

Abb. 59, S. 115 links (*Australopithecus*-Schädel),
Abb. 60, S. 116 links (Schädel *H. habilis*),
Abb. 61, S. 117 oben links (Schädel *H. erectus*),
Abb. 62, S. 118 (Schädel Neanderthaler),
Abb. 67, S. 131 A, B, D (Schädel fossiler menschlicher Vertreter),
Abb. 69, S. 132 (Primatenschädel aus früher menschlicher Stammesgeschichte):
Reprinted by permission of the publisher from Evolution of African Mammals, edited by Vincent J. Maglio and H. B. S. Cooke, pp. 171, 190, 197, 212, Cambridge, Mass.: Harvard University Press, © 1987 by the President and Fellows of Harvard College;

Abb. 59, S. 115 rechts (Fußspuren von Laetoli): Focus, John Reader/Science Photo Library

Abb. 60, S. 116 rechts (Steinwerkzeuge): Facchini, F.: Der Mensch, Ursprung und Entwicklung. Natur-Verlag, Augsburg 1991

Abb. 63, S. 119 links (Schädel *H. sapiens sapiens*): Quagga Illustrations, Berlin, 2012; rechts (Steinwerkzeuge): The Peabody Museum Aus: Invitation to Biology, 3rd edition, Wort Publishers, New York 1982

Abb. 82, S. 177 (Larvensterblichkeit Ampferblattkäfer): http://www.biosicherheit.de/projekte/1026.untersuchungen-nebenwirkungen-mais-cry3bb1-zielorganismen.html; Untersuchungen zu Nebenwirkungen von Bt-Mais (Cry 3Bb1) auf Nicht-Zielorganismen; Autor: Gerd Spelsberg

Abb. 89, S. 192 (Künstliche Befruchtung): www.unica.cz